5 | シリーズ 予測と発見の科学

北川 源四郎・有川 節夫・小西 貞則・宮野 悟 [編集]

計算統計学の方法
— ブートストラップ・EMアルゴリズム・MCMC —

小西 貞則
越智 義道
大森 裕浩 [著]

朝倉書店

まえがき

　計算機システムと計測・測定技術の高度な発展は，諸科学のあらゆる分野で多様なデータの収集と蓄積を可能とし，データベースとして組織化されつつある．その結果，データからの有益かつ効率的な情報抽出に関わる研究と複雑な現象解明のための新たな分析手法の開発が強く望まれるようになってきた．特に，従来理論的アプローチが難しかった問題に対して，解析的・代数的な操作をアルゴリズム化して計算機上で実行する統計的計算法が開発され，諸科学の未解決問題の解明に大きな役割を果たしている．その代表的手法が本書で取り上げるブートストラップ法，EMアルゴリズム，マルコフ連鎖モンテカルロ法である．

　第I部では，1979年にB. Efronによって提唱されたブートストラップ法 (bootstrap methods) を紹介する．ブートストラップ法は，特に統計的推測論において，従来，理論や数式に基づく解析的・代数的アプローチでは，有効な解を得ることが難しかった問題に対して，計算機上で理論的な操作をアルゴリズム化して実行する方法として注目を集めた．その特徴は，ブートストラップ法の実行プロセスのなかに，計算機を用いた大量の反復計算によるモンテカルロ法を組み込んだところにある．これによって，極めて緩やかな仮定のもとで，複雑な推測論の問題に適用できる柔軟な統計手法となり，理論的・実際的側面から集中的に研究が行われると同時に様々な分野への応用研究が進展し，汎用性の高い実用的な統計的手法の一つとして定着していった．

　第II部で紹介するEMアルゴリズム (expectation-maximization algorithm) は，当初，データの欠測等不完全な状態で観測されたデータに基づく最尤推定値を求めるためのアルゴリズムとして，Dempster, Laird and Rubin (1977) によって提唱された．その基本的な考え方は，不完全なデータを与えたもとで完全データに基づく尤度の最大化を利用するという簡潔で自然なものであった．その後，さまざまな問題への適用を通してアルゴリズムの改良や拡張が行われるとともに，

その基本的な考え方を統計科学の複雑な問題解決に応用する試みが広く行われた．その結果，適用可能性が大きく拡がり，複雑な現象をモデル化する際になくてはならない手法として確立していった．現在では，統計科学の世界に留まらず画像処理や信号処理など工学，センサスデータの解析といった社会科学や経済学，さらに学習理論等の分野でも汎用性の高い柔軟な手法として広く利用されている．

第III部で紹介するマルコフ連鎖モンテカルロ法 (Markov chain Monte Carlo methods, MCMC) は，当初，統計物理学の分野で用いられ，その後 1984 年に S. Geman and D. Geman によって画像処理に利用されて以来，統計科学の分野で幅広く用いられるようになった．特に，ベイズ統計学の枠組みで用いられることが多いマルコフ連鎖モンテカルロ法は，当該分野の事前情報を集積してモデル化した事前分布から，観測したデータの情報を融合して事後分布を求める過程において，積分計算を数値的に実行するアルゴリズムを与え，複雑かつ多様な現象分析に大きく寄与するようになった．

21 世紀の高度情報技術環境の中で，生命科学，医学，薬学，工学，地球環境科学，金融工学，経済学，マーケティングをはじめとした科学のさまざまな分野で日々多様なデータの蓄積を促進しつつある．諸科学の複雑かつ多様な様相を呈する現象の解明と本質の探究，そして問題解決にあたっては，より高度な情報処理技術が必要とされ，統計計算法の開発研究はますます重要となってくるものと思われる．本書で取り上げたブートストラップ法，EM アルゴリズム，マルコフ連鎖モンテカルロ法のような極めて汎用性の高い柔軟な手法が，現在の高度に発展した計算機の利用環境のもとで，諸科学の直面している困難な問題，挑戦的課題に立ち向かうための統計的・数理的計算技法が次々に提唱されるものと確信している．

九州大学大学院数理学研究院の小西研究室の大学院生，東京大学大学院経済学研究科の大森研究室の大学院生・学部生には，原稿を読んでいただき数々の指摘をいただいた．朝倉書店の編集部の方々には，原稿の仕上げが大幅に遅れ，ご迷惑をおかけしたにもかかわらず，辛抱強く待っていただいた．ここにお詫びと感謝を申し上げたい．

2008 年 2 月

小西貞則・越智義道・大森裕浩

目 次

第I部 ブートストラップ　　1

1. ブートストラップ法　　5
1.1 基本的事項　　5
　1.1.1 分布関数と期待値　　5
　1.1.2 経験分布関数　　6
　1.1.3 モンテカルロ法とブートストラップ標本　　9
　1.1.4 多次元確率分布　　11
1.2 ブートストラップ法　　11
　1.2.1 推定量のバイアスと分散　　12
　1.2.2 推定量の分布とパーセント点　　15
1.3 パラメトリックブートストラップ法　　19
1.4 効率的ブートストラップシミュレーション　　24
1.5 回帰モデルへの適用例　　25

2. ブートストラップ信頼区間　　33
2.1 信頼区間の構成　　33
　2.1.1 ブートストラップ-t法　　33
　2.1.2 BC_a法　　36
2.2 近似精度の評価　　38
　2.2.1 ブートストラップ分布の近似精度　　39
　2.2.2 ブートストラップ信頼区間の近似精度　　41

3. 予測誤差推定　　45
3.1 判別・識別　　45

3.1.1　判別関数 ………………………………………………… 45
　　3.1.2　ブートストラップ予測誤差推定 ………………………… 48
　　3.1.3　0.632 推定量 …………………………………………… 50
　　3.1.4　適用例 …………………………………………………… 51
　3.2　回帰分析 ……………………………………………………… 54
　3.3　ブートストラップ情報量規準 ……………………………… 56

4. ブートストラップ関連手法 …………………………………… 60
　4.1　平滑化ブートストラップ法 ………………………………… 60
　4.2　ノンパラメトリック傾斜法 ………………………………… 61
　4.3　経験尤度法 …………………………………………………… 62
　4.4　重点サンプリング …………………………………………… 63

文　　献 ……………………………………………………………… 65

第 II 部　EM アルゴリズム　　　　　　　　　　　　　　　69

5. EM アルゴリズムの枠組み …………………………………… 71
　5.1　最尤法と数値解法 …………………………………………… 71
　　5.1.1　最尤法の枠組み …………………………………………… 71
　　5.1.2　数値解法 …………………………………………………… 73
　5.2　EM アルゴリズム …………………………………………… 75
　　5.2.1　EM アルゴリズムの考え方 ……………………………… 75
　　5.2.2　EM アルゴリズムの計算手順 …………………………… 77

6. EM アルゴリズムの適用事例 ………………………………… 79
　6.1　1 変量正規分布の場合 ……………………………………… 79
　6.2　遺伝的連鎖の場合——多項分布への応用 ………………… 82
　6.3　混合分布の場合 ……………………………………………… 88
　6.4　中途打ち切りデータと単回帰 ……………………………… 95

7. EM アルゴリズムの応用と調整 · 102
7.1 指数分布族における EM アルゴリズム · 102
7.2 一般化 EM(GEM) アルゴリズム · 104
7.2.1 GEM アルゴリズム · 104
7.2.2 1 ステップ・ニュートン・ラフソンによる GEM · · · · · · · · · · · · · 105
7.3 EM アルゴリズムとベイズ推測 · 108
7.3.1 EM アルゴリズムとベイズ推測 · 108
7.3.2 遺伝連鎖の事例 (続き) · 109

8. EM アルゴリズムの性質 · 113
8.1 尤度の単調性と停留点への収束 · 113
8.2 正 則 条 件 · 116
8.3 EM(GEM) アルゴリズムにおけるパラメータ系列の収束 · · · · · · · · 119
8.4 欠 測 情 報 · 121
8.5 標準誤差の評価 · 122
8.5.1 標準誤差の評価法 · 122
8.5.2 遺伝連鎖の場合 (続き) · 125
8.6 加 速 法 · 126

9. EM アルゴリズムの拡張と関連手法 · 131
9.1 ECM アルゴリズムとその拡張 · 131
9.2 その他の拡張 · 133
9.3 データ拡大アルゴリズム · 134

文　　献 · 138

第 III 部　マルコフ連鎖モンテカルロ法　　143

10. ベイズ統計学の基礎 · 145
10.1 ベイズの定理と事前分布・事後分布 · 145
10.2 自然共役事前分布 · 148

- 10.3 事前情報の少ない場合 ･････････････････････････････････ 151
- 10.4 ベイズ推論 ･･･ 153
  - 10.4.1 周辺事後分布・事後平均・信用区間 ･･････････････････ 153
  - 10.4.2 仮説検定・予測分布 ････････････････････････････････ 155
  - 10.4.3 モデル選択 ･･･ 155
  - 10.4.4 事後予測分析──モデルの特定化は正しいか ･･････････ 156
- 10.5 参考文献 ･･･ 157
- 10.6 補論：DIC ･･･ 158

11. マルコフ連鎖モンテカルロ法 ･･･････････････････････････ 159
- 11.1 基礎的なモンテカルロ法 ･････････････････････････････ 159
  - 11.1.1 受容–棄却法 ･･･ 159
  - 11.1.2 サンプリング/重点リサンプリング法 ･････････････････ 161
  - 11.1.3 モンテカルロ積分と重点サンプリング法 ･････････････ 162
- 11.2 ギブス・サンプラー ･････････････････････････････････ 164
  - 11.2.1 ギブス・サンプラーのアルゴリズム ･････････････････ 165
  - 11.2.2 事後予測分析 ･･ 173
- 11.3 メトロポリス–ヘイスティングス (MH) アルゴリズム ･･･ 175
  - 11.3.1 MH アルゴリズム ･･･････････････････････････････････ 175
  - 11.3.2 酔歩連鎖 MH アルゴリズム ･････････････････････････ 177
  - 11.3.3 独立連鎖 MH アルゴリズム ･････････････････････････ 181
  - 11.3.4 AR–MH アルゴリズム ･･･････････････････････････････ 183
  - 11.3.5 MH アルゴリズムとギブス・サンプラー ･････････････ 186
- 11.4 参考文献 ･･･ 187
- 11.5 補論：マルコフ連鎖 ･････････････････････････････････ 187

12. マルコフ連鎖の収束判定と効率性の診断 ･･･････････････ 189
- 12.1 マルコフ連鎖の収束判定 ･････････････････････････････ 189
  - 12.1.1 標本経路は安定的か ････････････････････････････････ 189
  - 12.1.2 標本平均は安定的か ････････････････････････････････ 190
- 12.2 サンプリングの効率性の診断 ･････････････････････････ 192

	12.2.1	標本自己相関関数	192
	12.2.2	非効率性因子・有効標本数	193
	12.2.3	サンプリングの効率性を改善する	196
12.3	プログラミングの正しさを診断する		196
12.4	参考文献		198

13. 周辺尤度 199
- 13.1 重点サンプリング法による推定法 199
- 13.2 周辺尤度の恒等式に基づく推定法 200
  - 13.2.1 ギブス・サンプラー 201
  - 13.2.2 MHアルゴリズム 203
  - 13.2.3 AR–MHアルゴリズム 205
- 13.3 参考文献 206
- 13.4 補論 207
  - 13.4.1 MHアルゴリズムを用いた周辺尤度の推定 207
  - 13.4.2 AR–MHアルゴリズムを用いた周辺尤度の推定 210

文　献 213
索　引 219

第I部

ブートストラップ

　複雑な自然現象や社会現象の解明と予測・制御，そして新たな知識発見のためには，現象の情報源であるデータをさまざまな統計的手法を用いて分析し，有益な情報やパターンを効率的に抽出することが必要である．同時に限られたデータからの情報抽出に対して分析結果の信頼性について定量的な目安を与えたり，あるいは，観測データに基づいて構築したモデルを用いて将来の現象を予測した際の統計的誤差の評価を行うことも必要である．このような問題に対して，データを発生した確率分布として特定の分布 (多くの場合正規分布) を想定して，個々の問題に精密理論・漸近理論に基づく解析的方法を適用してきた．

　これに対して，複雑な理論や数式に基づく解析を，計算機を用いた大量の反復計算で置き換えて実行する統計的計算法が提唱された．これが，Efron (1979, 1982) によって紹介された**ブートストラップ法** (bootstrap method) とよばれる統計手法である．ブートストラップ法は，特に統計的推測論において，従来，理論や数式に基づく解析的アプローチが難しかった問題に対して，有効な解を与えることができるということで注目を集めた．その特徴は，ブートストラップ法の実行プロセスのなかで，解析的表現を計算機を用いた大量の反復計算によるモンテカルロ法で置き換えたところにある．これによって，極めて緩やかな仮定のもとで，複雑な推測論の問題に適用できる柔軟な統計手法となった．

　Efron (1979) は，推定量のバイアス，分散のノンパラメトリックな推定法に関して，ブートストラップ法を古くから用いられてきたジャックナイフ法 (Quenouille

(1949), Tukey (1958)) よりも有効な手法として紹介した．そこでは，標本メジアンの分散推定，判別分析における予測誤差推定法などを取り上げ，主としてシミュレーション実験を通してその有効性を示すとともにさまざまな問題提起を行った．さらに，Efron (1981) は，ブートストラップ法の基本的な考え方を推定量の確率分布およびパーセント点の推定に適用し，パラメータに対する信頼区間の構成法を提示した．ブートストラップ信頼区間に関する問題は多くの研究者の興味を引き，1980年代に理論的・数値的両側面にわたって集中的に研究され，数多くの論文が発表された．同時にさまざまな分野の問題への応用研究が進展し，実用的な統計的手法の1つとして定着していった．*Statistical Science* の 2003 年第 18 巻 2 号では，ブートストラップ法が提唱されてから 25 年になるのを機に特集号を組み，理論・方法論の概観，諸科学へのインパクト，今後の展望などが広汎に議論されている．

ブートストラップ法の統計的諸問題への応用と実際的な側面を中心に書かれた著書としては，Efron and Tibshirani (1993), Davison and Hinkley (1997), 汪・田栗 (2003) などがあり，理論的側面を中心としたものとしては，Efron (1982), Hall (1992), Shao and Tu (1995) などがある．また，Efron and Gong (1983), Diaconis and Efron (1983), 小西 (1988, 8 章) では，ブートストラップ法の基本的な考え方を極めて平易に紹介している．

各章の構成は，以下の通りである．1.1 節では，ブートストラップ法の基本的な考え方を理解する上で必要な基礎概念を述べる．そこでは，経験分布関数，ブートストラップ標本とは何か，また解析的アプローチをどのようにして数値的アプローチへと置き換えるかをわかりやすく説明する．1.2 節では，推定量のバイアスと分散の推定問題を通して，ブートストラップ法の基本的な考え方と実行プロセスを紹介する．さらに，推定量の確率分布およびパーセント点のブートストラップ推定法について述べる．

1.3 節では，パラメトリックブートストラップ法についてその実行プロセスを紹介する．ブートストラップ法をパラメトリックモデルのもとで考察することによって，その構造がより明らかになるものと思われる．1.4 節では，ブートストラップアルゴリズムによって生じるシミュレーション誤差を制御するための効率的ブートストラップシミュレーションの考え方について簡単に触れる．1.5 節では，回帰モデルのパラメータ推定に対する統計的誤差評価の問題を取り上げ，線

形回帰モデル，非線形回帰モデルへのブートストラップ法の応用について述べる．

2.1 節では，推定量の確率分布およびパーセント点のブートストラップ推定問題を，パラメータに対する信頼区間の構成法に応用して導かれたさまざまな近似信頼区間を紹介する．また，近似信頼区間の精度をどのような基準のもとで評価したらよいかという問題を 2.2 節で述べる．

観測データから構築したモデルが，将来のデータに対してどの程度有効に機能するかを示す 1 つの尺度を与えるのが予測誤差である．3.1 節では，判別分析の枠組みで予測誤差のブートストラップ推定について述べる．次に，3.2 節で回帰分析における予測誤差推定について触れ，3.3 節でモデル評価基準の 1 つとして広く用いられている情報量規準をブートストラップ法に基づいて構成する方法について述べる．

4 章では，ブートストラップ法の研究に関連して提唱された経験尤度，重点サンプリングなどさまざまな手法についてその基本的な考え方を紹介する．

1

ブートストラップ法

1.1 基本的事項

本節では，ブートストラップ法の基本的な考え方を理解する上で必要な基礎概念，すなわち経験分布関数，ブートストラップ標本とは何か，また解析的アプローチをどのようにして数値的アプローチへと置き換えるかを具体例を交えて説明する．

1.1.1 分布関数と期待値

標本空間 Ω 上で定義された確率変数 X が与えられたとき，任意の実数 $x(\in \mathrm{R})$ に対して $X(\omega) \leq x$ となる事象の確率 $\Pr(\{\omega \in \Omega; X(\omega) \leq x\})$ が定められる．これを x の関数とみなして

$$\begin{aligned} F(x) &= \Pr(\{\omega \in \Omega; X(\omega) \leq x\}) \\ &= \Pr(X \leq x) \end{aligned} \qquad (1.1)$$

と表すとき，$F(x)$ を X の**確率分布関数**という．特に，$f(t) \geq 0$ を満たす関数が存在して

$$F(x) = \int_{-\infty}^{x} f(t) dt \qquad (1.2)$$

と表現できるとき，確率変数 X は連続型とよび，$f(t)$ を**確率密度関数**という．

確率変数 X が有限または可算無限個の離散値 $x_1, x_2, \ldots$ のみをとるとき，X は離散型とよぶ．離散点 $X = x_i$ での確率は

$$\begin{aligned} f_i = f(x_i) &= \Pr(\{\omega \in \Omega; X(\omega) = x_i\}) \\ &= \Pr(X = x_i), \qquad i = 1, 2, \ldots \end{aligned} \qquad (1.3)$$

で決まり，$f(x)$ は**確率関数**という．確率関数 $f(x)$ $(x = x_1, x_2, \ldots)$ の分布関数は，次の式で与えられる．

$$F(x) = \sum_{\{i;\ x_i \leq x\}} f(x_i) \tag{1.4}$$

ただし，$\sum_{\{i;x_i \leq x\}}$ は，$x_i \leq x$ となる離散値 x_i に対する和を表す．

確率分布関数 $F(x)$ に従う確率変数 X の実数値関数 $h(X)$ の期待値は

$$\mathrm{E}_F[h(X)] = \int h(x) dF(x) \tag{1.5}$$

と定義される．もし確率密度関数あるいは確率関数が存在する場合には，それぞれ次のように表すことができる．

$$\begin{aligned}\mathrm{E}_F[h(X)] &= \int h(x) dF(x) \\ &= \begin{cases} \int h(x) f(x) dx & \text{連続型} \\ \sum_{i=1}^{\infty} h(x_i) f(x_i) & \text{離散型} \end{cases}\end{aligned} \tag{1.6}$$

未知の確率分布 $F(x)$ に従う互いに独立な確率変数列 $\{X_1, \ldots, X_n\}$ の実数値関数を $h(X_1, \ldots, X_n)$ とするとき，期待値は

$$\mathrm{E}_{F(\boldsymbol{x})}[h(X_1, \ldots, X_n)] = \int \cdots \int h(x_1, \ldots, x_n) \prod_{i=1}^{n} dF(x_i) \tag{1.7}$$

と定義される．連続型確率分布 $F(x)$ の確率密度関数 $f(x)$ が存在する場合には，期待値は

$$\mathrm{E}_{F(\boldsymbol{x})}[h(X_1, \ldots, X_n)] = \int \cdots \int h(x_1, \ldots, x_n) \prod_{i=1}^{n} f(x_i) dx_i \tag{1.8}$$

と表される．また離散型確率分布の場合は，確率関数 $f(x)$ に対して

$$\mathrm{E}_{F(\boldsymbol{x})}[h(X_1, \ldots, X_n)] \tag{1.9}$$
$$= \sum_{i_1=1}^{\infty} \sum_{i_2=1}^{\infty} \cdots \sum_{i_n=1}^{\infty} h(x_{i_1}, x_{i_2}, \ldots, x_{i_n}) f(x_{i_1}) f(x_{i_2}) \cdots f(x_{i_n})$$

で与えられる．ここで，和は確率変数のとるすべての値に対してとるものとする．

1.1.2 経験分布関数

未知の確率分布 $F(x)$ に従って生成された n 個のデータを $\boldsymbol{x} = \{x_1, \ldots, x_n\}$ とする．これらのデータは，互いに独立に同じ確率分布 $F(x)$ に従う確率変数 $\boldsymbol{X} = \{X_1, \ldots, X_n\}$ の実現値 $X_1 = x_1, \ldots, X_n = x_n$ とする．各点 x_i に等確率 $1/n$ を付与した確率関数 $\hat{f}(x_i) = 1/n \ (i = 1, \ldots, n)$ を考える（図1.1 上）．この確率関数の分布関数は，**経験分布関数** (empirical distribution function) とよばれ

図 1.1 経験分布関数

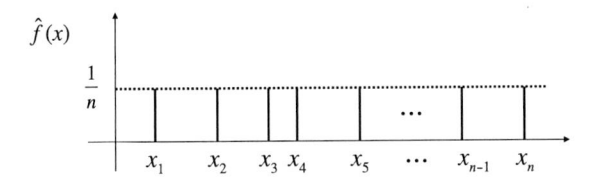

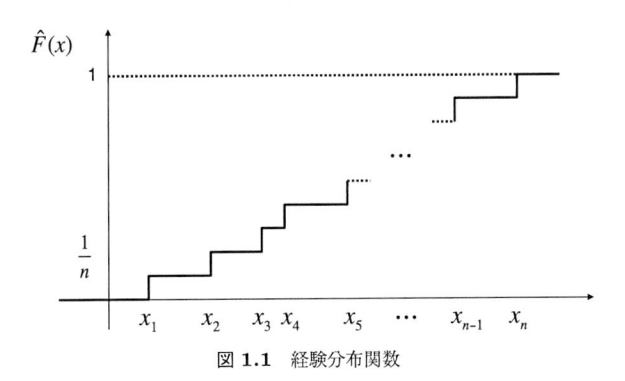

$$\hat{F}(x) = \frac{1}{n}\sum_{i=1}^{n} I(x_i \leq x), \quad -\infty < x < +\infty \tag{1.10}$$

と表すことができる (図 1.1 下). ただし, $I(x_i \leq x)$ は次で与えられる**定義関数** (indicator function) である.

$$I(x_i \leq x) = \begin{cases} 1 & x_i \leq x \text{ のとき} \\ 0 & x_i > x \text{ のとき} \end{cases} \tag{1.11}$$

未知の確率分布 $F(x)$ に従う n 個のデータに基づいて構成した (1.10) 式の経験分布関数 $\hat{F}(x)$ は, $F(x)$ の推定量として用いられる. 図 1.2 左上は平均 8, 分散 1 の正規分布関数 $N(8,1)$ を表し, 右上は $N(8,1)$ から発生させた 10 個のデータに基づく経験分布関数で正規分布関数を近似する様子を表したものである. 左下と右下は, それぞれ $N(8,1)$ に従って発生させた 100 個および 1000 個のデータに基づく経験分布関数を示す. データを増やしていくと経験分布関数は, データを発生した分布関数 $N(8,1)$ に近づいていくことがわかる.

次に, n 個のデータ $x_1, \ldots, x_n$ に基づく経験分布関数 $\hat{F}$ に従う確率変数を X^* と表すことにする. この確率変数の実数値関数 $h(X^*)$ の期待値は, 経験分布関数の定義から (1.6) 式の離散型の場合の $f(x_i)$ を $\hat{f}(x_i)=1/n$ $(i=1,\ldots,n)$ で置き

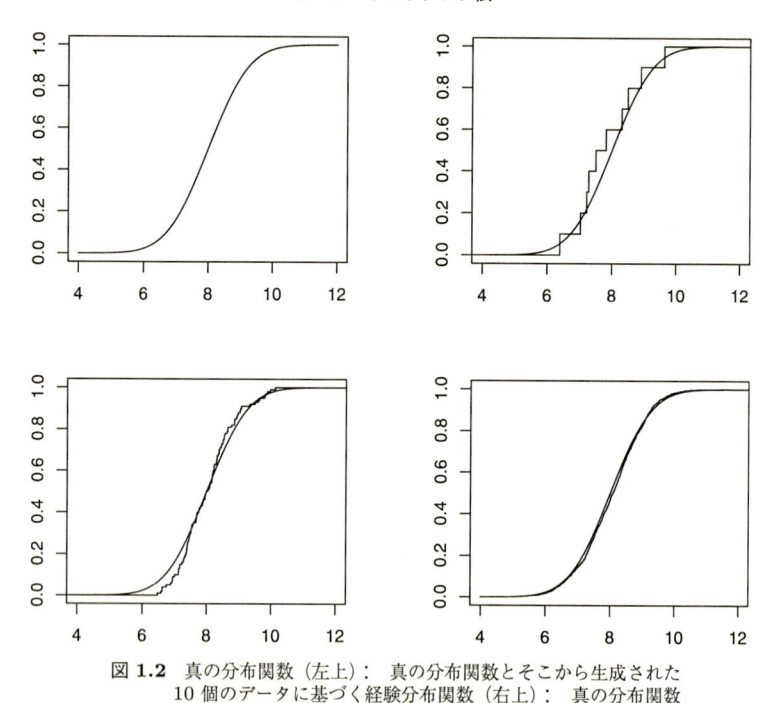

図 1.2 真の分布関数（左上）: 真の分布関数とそこから生成された 10 個のデータに基づく経験分布関数（右上）: 真の分布関数とそれぞれ 100 個（左下）および 1000 個（右下）のデータに基づく経験分布関数

換えると

$$\mathrm{E}_{\hat{F}}\left[h(X^*)\right] = \int h(x^*)d\hat{F}(x^*)$$
$$= \frac{1}{n}\sum_{i=1}^{n}h(x_i) \quad (1.12)$$

となることが容易にわかる．

一方，経験分布関数 $\hat{F}$ に従う n 個の確率変数 $X_1^*, \ldots, X_n^*$ の実数値関数 $h(X_1^*, \ldots, X_n^*)$ の期待値は，同様に $\hat{f}(x_i) = 1/n$ $(i = 1, \ldots, n)$ であることから (1.9) 式より

$$\mathrm{E}_{\hat{F}(\boldsymbol{x}^*)}\left[h(X_1^*, \ldots, X_n^*)\right] = \int \cdots \int h(x_1^*, \ldots, x_n^*) \prod_{i=1}^{n} d\hat{F}(x_i^*) \quad (1.13)$$
$$= \frac{1}{n^n}\sum_{i_1=1}^{n}\sum_{i_2=1}^{n}\cdots\sum_{i_n=1}^{n}h(x_{i_1}, x_{i_2}, \ldots, x_{i_n})$$

となる．この期待値の計算は，各確率変数 $X_1^*, \ldots, X_n^*$ のとるすべての値 $x_1, \ldots,$

x_n に対して和をとることから実際上困難な場合が多いが,モンテカルロ法によって近似的に計算することは可能である.この点がブートストラップ法とどのように関わってくるかを次項で述べる.

1.1.3 モンテカルロ法とブートストラップ標本

たとえば,標準正規分布 $N(0,1)$ の分布関数 $\Phi(x)$ に従う確率変数 $X_1,\ldots,X_n$ に対して,次の期待値の計算を考える.

$$\mathrm{E}_{\Phi(\boldsymbol{x})}[h(X_1,\ldots,X_n)] = \int\cdots\int h(x_1,\ldots,x_n)\prod_{i=1}^{n}d\Phi(x_i) \quad (1.14)$$

この期待値は解析的に求めることはできなくても,モンテカルロ法によって数値的に近似することは可能である.

いま,標準正規分布関数 $\Phi(x)$ に従う個数 n の正規乱数を m 組反復発生させて,これらを

$$\boldsymbol{x}(i) = \{x_1(i), x_2(i), \ldots, x_n(i)\}, \qquad i = 1, 2, \ldots, m \quad (1.15)$$

とする.このとき (1.14) 式の期待値は

$$\begin{aligned}\mathrm{E}_{\Phi(\boldsymbol{x})}[h(X_1,\ldots,X_n)] &= \int\cdots\int h(x_1,\ldots,x_n)\prod_{i=1}^{n}d\Phi(x_i) \\ &\approx \frac{1}{m}\sum_{i=1}^{m}h(x_1(i),\ldots,x_n(i))\end{aligned} \quad (1.16)$$

と数値的に近似される.近似誤差は,$m\to+\infty$ のとき 0 へと近づく.

このように期待値の計算は,解析的アプローチが困難な問題に対しても分布関数がパラメータの値を含めて既知であれば,その分布関数に従う乱数を反復発生させて数値的に近似することが可能である.同様な考え方を適用すると,(1.13) 式の経験分布関数に関する期待値は,n 個のデータから重複を許して採ったすべてのデータの組合せに対する計算を必要とし実際上困難な場合が多いが,経験分布関数から大きさ n の乱数を反復発生させて数値的に近似することは可能である.では,正規乱数に対応する経験分布関数からの乱数はどのように発生すればよいであろうか.これが,次のブートストラップ標本である.

[ブートストラップ標本] 正規乱数列は,図 1.3 左に示すように $(0,1]$ 上の一様乱数 u を反復発生させて,標準正規分布関数 $\Phi(x)$ の逆関数 $\Phi^{-1}(u)$ によって得ることができる.一般に任意の分布関数 $F(x)$ に対して $F(x)$ に従う乱数も $(0,1]$ 上の一様乱数 u を反復発生させて,$F(x)$ の逆関数 $F^{-1}(u)$ によって得ることがで

きる．同様のことを経験分布関数に当てはめると，経験分布関数とは n 個のデータ $x_1, x_2, \ldots, x_n$ の各点上に等確率 $1/n$ をもつ離散分布であることから

$$\hat{F}^{-1}(u) = \{x_1, \ldots, x_n \text{ の中のいずれか 1 つのデータ }\} \qquad (1.17)$$

となる (図 1.3 右)．このように経験分布関数からの乱数の反復発生とは，観測された n 個のデータから重複を許して採られたデータの集まりにほかならないことがわかる．経験分布関数 $\hat{F}$ に従う大きさ n の乱数はブートストラップ標本 (bootstrap sample) とよばれ，観測されたデータ $x_1, \ldots, x_n$ からの n 個のデータの復元抽出 (sampling with replacement; 一度抽出したデータも次の抽出の対象とする抽出法) によって求めることができる．

実際上，n 個のデータが観測されたとき，大きさ n のブートストラップ標本とは，$(0,1]$ 上の一様乱数を発生させてこれを $u_1, u_2, \ldots, u_n$ とするとき，$[nu_1]+1$, $[nu_2]+1, \ldots, [nu_n]+1$ 番目のデータからなることがわかる．ただし，$[nu_i]$ は実数 nu_i を超えない最大の整数とする．たとえば，10 個のデータ $\{12, 15, 16, 17, 19, 20, 22, 24, 25, 28\}$ に対して，発生させた一様乱数が $\{.029, .865, .555, .025, .086, .703, .213, .267, .981, .152\}$ であったとする．抽出するデータの番号は順に $\{1, 9, 6, 1, 1, 8, 3, 3, 10, 2\}$ となり，ブートストラップ標本 $\{12, 25, 20, 12, 12, 24, 16, 16, 28, 15\}$ が抽出される．

これは，10 個のデータからなる図 1.3 右からもわかるように，y 軸上の $(0,1]$

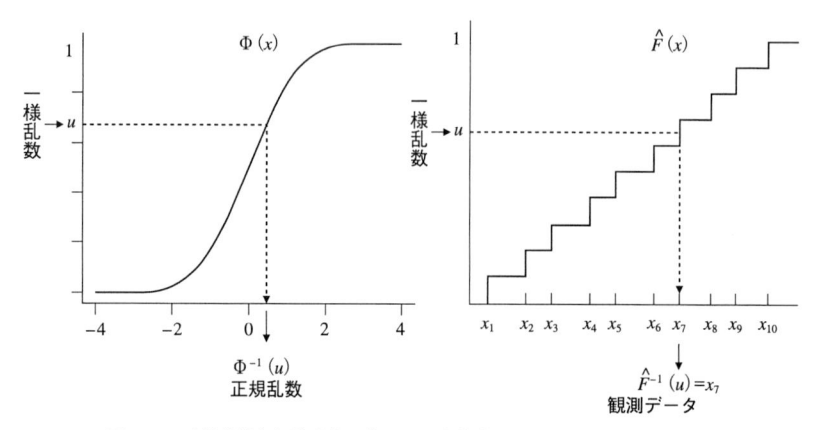

図 **1.3** 正規乱数と経験分布関数からの乱数発生 (ブートストラップ標本)

区間は，各点で 1/10 ずつ確率がステップアップする経験分布関数によって 10 等分され，発生させた一様乱数は $(0, 0.1], (0.1, 0.2], \ldots, (0.9, 1]$ のいずれかの区間へ等確率で含まれる．このことからも，ブートストラップ標本は観測データからの大きさ n の復元抽出によって得られたものであることがわかる．

1.1.4 多次元確率分布

これまでは確率変数 X として 1 次元の場合を考えてきたが，多次元データの分析においては，複数の変数間の関係を考慮した多次元の確率分布を考える必要がある．このような場合には $\boldsymbol{X} = (X_1, \ldots, X_p)^T$ は p 次元の確率変数となり，分布関数は p 次元実数値ベクトル $\boldsymbol{x} = (x_1, \ldots, x_p)^T \in \mathrm{R}^p$ に対して

$$\begin{aligned} F(x_1, \ldots, x_p) &= \Pr(\{\omega \in \Omega : X_1(\omega) \leq x_1, \ldots, X_p(\omega) \leq x_p\}) \\ &= \Pr(X_1 \leq x_1, \ldots, X_p \leq x_p) \end{aligned} \tag{1.18}$$

によって定義される p 次元確率分布となる．

いま，未知の p 次元確率分布 $F(\boldsymbol{x})$ から生成された n 個の p 次元データを $\boldsymbol{x}_1, \ldots, \boldsymbol{x}_n$ とする．多次元データに基づく経験分布関数 $\hat{F}(\boldsymbol{x})$ も 1 次元の場合と同様に，各 p 次元データ $\boldsymbol{x}_i$ 上に等確率 $1/n$ を付与した離散型確率分布の分布関数として定義される．多次元データからのブートストラップ標本も 1 次元の場合と同様に，n 個の観測データからの個数 n の復元抽出によって得られる．

ブートストラップ法を適用するにあたって，対象とする推定量が 1 次元データに基づくものであるか多次元データに基づくものであるかの違いはあるが，実行プロセスは基本的には 1 次元の場合も多次元の場合も同様である．このため経験分布関数を 1 次元の場合と多次元の場合を区別することなく $\hat{F}$ と書いて，個々の問題によって適宜設定を考えることにする．

1.2 ブートストラップ法

本節では，ブートストラップ法の基本的な考え方と実行プロセスを推定量のバイアスと分散および推定量の確率分布とパーセント点について，それぞれ 1.2.1 項と 1.2.2 項で述べる．

1.2.1 推定量のバイアスと分散

未知の確率分布 $F(x)$ に従って生成された n 個のデータを $\boldsymbol{x} = \{x_1, \ldots, x_n\}$ とする.これらのデータは,互いに独立に同じ確率分布 $F(x)$ に従う確率変数 $\boldsymbol{X} = \{X_1, \ldots, X_n\}$ の実現値とする.いま,確率分布 $F(x)$ に関するパラメータ θ をある推定量 $\hat{\theta} = \hat{\theta}(\boldsymbol{X})$ を用いて推定するとする.たとえば,確率分布 $F(x)$ の平均 $\mu = T(F)$ は

$$\mu = T(F) = \mathrm{E}_F[X] = \int x dF(x) \tag{1.19}$$

で定義され,これを標本平均

$$\hat{\mu} = T(\hat{F}) = \int x d\hat{F}(x) = \frac{1}{n}\sum_{i=1}^{n} x_i = \overline{x} \tag{1.20}$$

で推定する.

データからパラメータを推定するだけでなく,このデータの中に含まれる推定の誤差に関する情報を有効に抽出して,推定の信頼度をあわせて評価することが統計的分析を行う上で重要となる.推定の誤差を捉える評価尺度として,次の**推定量のバイアスと分散**が用いられる.

$$b(F) = \mathrm{E}_F[\hat{\theta}] - \theta, \qquad \sigma^2(F) = \mathrm{E}_F\left[\left\{\hat{\theta} - \mathrm{E}_F[\hat{\theta}]\right\}^2\right] \tag{1.21}$$

ここで,期待値は n 次元確率変数 $\boldsymbol{X}$ の同時分布 $F(\boldsymbol{x})$ に関してとる.また,推定量の分散 $\sigma^2(F)$ に対して,$\sigma(F)$ は推定量の**標準誤差** (standard error) とよばれる.

推定量の統計的誤差を定量的に評価するバイアスと分散は,期待値の計算を通していずれも未知の確率分布 $F(x)$ に依存する量であり,観測されたデータに基づいてどのように推定するかが問題となる.ブートストラップ法は,これらの量の推定を個々の推定量に対して解析的に行う代わりに,計算機上で数値的に実行するためのアルゴリズムを組み込んだ手法で,基本的には次のステップを通して実行する.

[ブートストラップバイアスと分散推定のアルゴリズム]

(1) 未知の確率分布 F から生成された n 個のデータ $\{x_1, \ldots, x_n\}$ に基づいて経験分布関数 $\hat{F}$ を構成して F を推定する.

(2) 経験分布関数 $\hat{F}$ からの大きさ n のランダムサンプルは**ブートストラップ標本** (bootstrap sample) とよばれ,これを $\boldsymbol{X}^* = \{X_1^*, \ldots, X_n^*\}$ とする.この

経験分布関数に従う確率変数に基づく推定量を $\hat{\theta}^* = \hat{\theta}(\boldsymbol{X}^*)$ とするとき，ブートストラップ法では (1.21) 式の推定量 $\hat{\theta}$ のバイアスと分散は

$$b(\hat{F}) = \mathrm{E}_{\hat{F}}[\hat{\theta}^*] - \hat{\theta}, \quad \sigma^2(\hat{F}) = \mathrm{E}_{\hat{F}}\left[\left\{\hat{\theta}^* - \mathrm{E}_{\hat{F}}[\hat{\theta}^*]\right\}^2\right] \quad (1.22)$$

と推定する．これらは，それぞれ推定量 $\hat{\theta}$ のバイアス $b(F)$ と分散 $\sigma^2(F)$ のブートストラップ推定値 (bootstrap estimate) という．

(3) (1.22) 式の期待値は，既知の確率分布である経験分布関数の同時分布 $\prod_{\alpha=1}^{n} \hat{F}(x_{\alpha}^*)$ に関する期待値であることから，モンテカルロ法によって数値的に近似することができる (1.1.3 項参照)．すなわち，経験分布関数に従う個数 n の乱数の組 (ブートストラップ標本) を B 組反復発生させて，これらを

$$\boldsymbol{x}^*(b) = \{x_1^*(b), x_2^*(b), \ldots, x_n^*(b)\}, \quad b = 1, 2, \ldots, B \quad (1.23)$$

とおく．このとき (1.22) 式を次のように数値的に近似する．

$$b(\hat{F}) \approx \frac{1}{B}\sum_{b=1}^{B} \hat{\theta}^*(b) - \hat{\theta}, \quad (1.24)$$

$$\sigma^2(\hat{F}) \approx \frac{1}{B-1}\sum_{b=1}^{B}\left\{\hat{\theta}^*(b) - \hat{\theta}^*(\cdot)\right\}^2 \quad (1.25)$$

ただし，$\hat{\theta}^*(b)$ は b 番目のブートストラップ標本 $\boldsymbol{x}^*(b)$ に基づく推定値とし，$\hat{\theta}^*(\cdot) = \sum_{b=1}^{B} \hat{\theta}^*(b)/B$ とする．

この方法は，経験分布関数からの個数 n のブートストラップ標本とは，観測データ $\{x_1, x_2, \ldots, x_n\}$ からの n 個の標本の復元抽出と同値であることを利用している (1.1.3 項参照)．たとえば，$(0, 1]$ 上の一様乱数 u_i を n 個発生させて $[nu_i] + 1$ を計算した結果 $\{8, 2, 6, \ldots, 3\}$ となったとする．このとき，(1.23) 式のブートストラップ標本は

$$x_1^*(b) = x_8, \quad x_2^*(b) = x_2, \quad x_3^*(b) = x_6, \quad \ldots, \quad x_n^*(b) = x_3 \quad (1.26)$$

のように与えられる．

(1.24) 式と (1.25) 式のモンテカルロ法による数値近似の誤差は，ブートストラップ反復抽出の回数 B を無限大とすると無視できるものである．実際には**反復抽出の回数**は，バイアスおよび分散あるいは標準誤差の推定に対しては $B = 50 \sim 200$ は必要である．

図 1.4 からもわかるように，推定量のバイアス $b(F) = \mathrm{E}_F[\hat{\theta}] - \theta$ はブートストラップ法の枠組みでは，$b(\hat{F}) = \mathrm{E}_{\hat{F}}[\hat{\theta}^*] - \hat{\theta}$ と推定される．特に，θ が $\hat{\theta}$ に変わっ

ているのは，次の理由による．

パラメータ θ は，データを生成した未知の確率分布 F に関するもので，この点を強調するために確率分布 F のある実数値関数，すなわち汎関数 $T(F)$ に対して $\theta = T(F)$ と表されるとする．ここで，$T(F)$ は標本空間上のすべての確率分布の族を定義域とするデータ数 n に依存しない実数値関数である．このとき，F から生成されたデータ $\{x_1, \ldots, x_n\}$ に対して，パラメータ θ の推定量 $\hat{\theta}$ は，F を経験分布関数で置き換えた $\hat{\theta} = T(\hat{F})$ によって構成される．これは，推定量が任意のデータに対して経験分布関数を通してのみデータに依存していることを示している．このような汎関数を**統計的汎関数** (statistical functional) という．多くの推定量がこのようにデータを集約した経験分布関数を通してのみデータに依存することから，統計的汎関数を考えることによってブートストラップ法の枠組みへの移行を自然な形で捉えることができる．

たとえば，簡単のため確率分布 F に関するパラメータとして平均

$$F(x) \sim X_1, X_2, \cdots, X_n \Rightarrow \hat{\theta} = \hat{\theta}(X_1, X_2, \cdots, X_n)$$

推定量のバイアス： $b(F) = E_F\left[\hat{\theta}(X_1, X_2, \cdots, X_n)\right] - \theta$

⇩ ブートストラップ

$$\hat{F}(x) \sim X_1^*, X_2^*, \cdots, X_n^* \Rightarrow \hat{\theta}^* = \hat{\theta}(X_1^*, X_2^*, \cdots, X_n^*)$$
ブートストラップ標本

$b(F)$ のブートストラップ推定値： $b(\hat{F}) = E_{\hat{F}}\left[\hat{\theta}(X_1^*, X_2^*, \cdots, X_n^*)\right] - \hat{\theta}$

モンテカルロ近似： $b(\hat{F}) \approx \dfrac{1}{B}\sum_{b=1}^{B} \hat{\theta}(x_1^*(b), x_2^*(b), \cdots, x_n^*(b)) - \hat{\theta}$

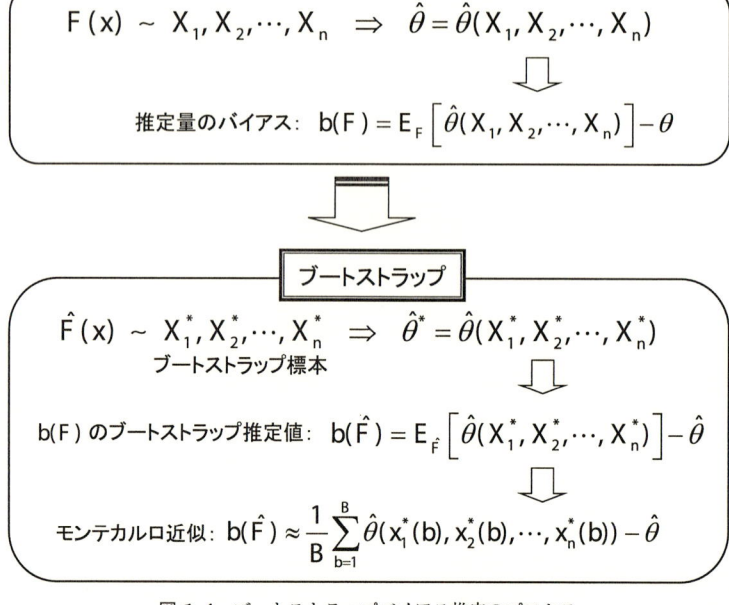

図 1.4 ブートストラップバイアス推定のプロセス

$$\mu = T(F) = \mathrm{E}_F[X] = \int x dF(x) \tag{1.27}$$

を標本平均で推定した場合を考えてみる．ブートストラップ法では，まず観測データを用いて経験分布関数 $\hat{F}$ を構成し，未知の確率分布 F に基づく推測過程を $\hat{F}$ に基づく推測過程へと置き換えた．これによって，われわれが推定しようとする (1.27) 式のパラメータは

$$\hat{\mu} = T(\hat{F}) = \mathrm{E}_{\hat{F}}[X^*] = \int x^* d\hat{F}(x^*) = \frac{1}{n}\sum_{i=1}^{n} x_i \tag{1.28}$$

と自然な形で推定される．

ブートストラップ法の枠組みでは，この経験分布関数に関する平均というパラメータ $\overline{x}$ を，$\hat{F}$ からのランダムサンプルであるブートストラップ標本に基づく標本平均 $\overline{X}^*$ で推定しようとしている．したがって，そのバイアスは

$$b(\hat{F}) = \mathrm{E}_{\hat{F}}[\overline{X}^*] - \overline{x} \tag{1.29}$$

となる．ブートストラップ標本に基づく標本平均の $\hat{F}$ に関する期待値は

$$\mathrm{E}_{\hat{F}}\left[\overline{X}^*\right] = \frac{1}{n}\sum_{i=1}^{n} \mathrm{E}_{\hat{F}}\left[X^*\right] = \overline{x} \tag{1.30}$$

と簡単に計算できるが，一般には期待値のモンテカルロ近似が必要となる．

以上のことからブートストラップ法は，次のような設定へと置き換えて実行していることがわかる．

$$\begin{aligned}
&\text{未知の確率分布 } F &&\Longrightarrow \text{経験分布関数 } \hat{F} \\
&F \text{ に関する } \theta = T(F) &&\Longrightarrow \hat{F} \text{ に関する } \hat{\theta} = T(\hat{F}) \\
&\text{推定量 } \hat{\theta} = T(\hat{F}) &&\Longrightarrow \text{ブートストラップ標本に基づく} \\
& && \text{推定量 } \hat{\theta}^* = T(\hat{F}^*)
\end{aligned}$$

ここで，$\hat{F}^*$ はブートストラップ標本 $\{x_1^*, ..., x_n^*\}$ の各点に $1/n$ の等確率をもつ経験分布関数とする．このように置き換えることの最大のメリットは，経験分布関数からのデータの反復抽出に基づくブートストラップアルゴリズムによる数値近似が可能となることにある．

1.2.2 推定量の分布とパーセント点

未知の確率分布 $F(x)$ に関するあるパラメータ θ を推定量 $\hat{\theta} = \hat{\theta}(\boldsymbol{X})$ で推定するとき，**推定量の確率分布やパーセント点**が求まれば確率あるいは信頼度を用いて推定値とパラメータとの誤差を評価することができるし，またパラメータの信

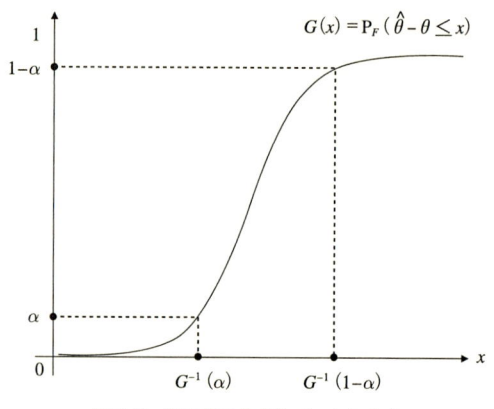

図 1.5 推定量の分布とパーセント点

頼区間の構成が可能となる．このために必要となるのは，基本的には $\hat{\theta}-\theta$ の分布関数

$$G(x) = \mathrm{P}_F(\hat{\theta}-\theta \leq x) \tag{1.31}$$

と次の式で定義される $100\alpha\%$ 点である (図 1.5)．

$$G^{-1}(\alpha) = \inf\{x : G(x) \geq \alpha\} \tag{1.32}$$

問題は，これらの量を未知の確率分布 $F(x)$ から生成された n 個のデータ $\{x_1, \ldots, x_n\}$ に基づいてどのように推定するかである．ブートストラップ法では，これらの値を次のステップを通して推定する．

[ブートストラップ分布とパーセント点推定のアルゴリズム]

(1) 未知の確率分布 F から生成された n 個のデータに基づく経験分布関数 $\hat{F}$ によって F を推定する．

(2) 経験分布関数 $\hat{F}$ からの大きさ n のランダムサンプルであるブートストラップ標本を $\boldsymbol{X}^* = \{X_1^*, \ldots, X_n^*\}$ とする．この経験分布関数に従う確率変数に基づく推定量を $\hat{\theta}^* = \hat{\theta}(\boldsymbol{X}^*)$ とする．このとき (1.31) 式の推定量の分布と (1.32) 式のパーセント点のブートストラップ推定値はそれぞれ

$$\hat{G}(x) = \mathrm{P}_{\hat{F}}\left(\hat{\theta}^*-\hat{\theta} \leq x\right), \quad \hat{G}^{-1}(\alpha) = \inf\left\{\hat{G}(x) \geq \alpha\right\} \tag{1.33}$$

で与えられる．

(3) (1.33) 式の推定量の分布とパーセント点のブートストラップ推定値は，モ

ンテカルロ法によって数値的に近似する．すなわち，経験分布関数から大きさ n のブートストラップ標本を B 組発生させて，

$$\boldsymbol{x}^*(b) = \{x_1^*(b), x_2^*(b), \ldots, x_n^*(b)\}, \qquad b = 1, 2, \ldots, B \qquad (1.34)$$

とおく．次に各ブートストラップ標本に対して推定値を計算してこれらを $\hat{\theta}^*(b)$ $(b=1,\ldots,B)$ とする．このとき，(1.31) 式の推定量の分布は

$$\begin{aligned}
\hat{G}(x) &= \mathrm{P}_{\hat{F}}\left(\hat{\theta}^* - \hat{\theta} \leq x\right) \\
&\approx \frac{1}{B} \sum_{b=1}^{B} I\left\{\hat{\theta}^*(b) - \hat{\theta} \leq x\right\} \qquad (1.35) \\
&= \frac{1}{B} \# \left\{\hat{\theta}^*(b) - \hat{\theta} \leq x\right\}
\end{aligned}$$

と数値的に近似される．ただし，$\#\{\varphi(b) \leq x\}$ は x 以下の値をとる $\varphi(b)$ の個数を表す．したがって，推定量の分布は B 個の $\hat{\theta}^*(b) - \hat{\theta}$ の中で x 以下の割合として近似される．

また (1.32) 式の推定量の 100 α% 点は

$$\begin{aligned}
\hat{G}^{-1}(\alpha) &= \inf\left\{\hat{G}(x) \geq \alpha\right\} \qquad (1.36) \\
&\approx \left\{\text{大きさの順に並べた } B \text{ 個の } \hat{\theta}^*(b) - \hat{\theta} \text{ の中で } B\alpha \text{番目の値}\right\}
\end{aligned}$$

と近似する．ただし，$B\alpha$ が整数でない場合は，$[(B+1)\alpha]$ 番目の大きさの値とする．$[x]$ は実数 x を超えない最大の整数である．

このようにブートストラップ推定のアルゴリズムでは，ブートストラップ推定値をモンテカルロ法によって数値的に近似していることがわかる．(1.35) 式の数値近似の誤差は，バイアス，分散推定のときと同様にブートストラップ反復抽出の回数 B を無限大とすると無視できるものであるが，実際には**反復抽出の回数**は，確率分布とパーセント点の推定では，$B = 1000 \sim 2000$ は必要であることが知られている．

パラメータ θ に対する信頼係数 $1-2\alpha$ のブートストラップ信頼区間 (bootstrap confidence interval) は

$$\begin{aligned}
1-2\alpha &= \mathrm{P}_F\left\{G^{-1}(\alpha) \leq \hat{\theta} - \theta \leq G^{-1}(1-\alpha)\right\} \\
&= \mathrm{P}_F\left\{G^{-1}(\alpha) - \hat{\theta} \leq -\theta \leq G^{-1}(1-\alpha) - \hat{\theta}\right\} \qquad (1.37) \\
&= \mathrm{P}_F\left\{\hat{\theta} - G^{-1}(1-\alpha) \leq \theta \leq \hat{\theta} - G^{-1}(\alpha)\right\}
\end{aligned}$$

であることから,(1.32) 式の真のパーセント点 $G^{-1}(\alpha)$ をブートストラップ推定値で置き換えた次の式で与えられる.
$$\left[\hat{\theta}_B[\alpha],\ \hat{\theta}_B[1-\alpha]\right] = \left[\hat{\theta}-\hat{G}^{-1}(1-\alpha),\ \hat{\theta}-\hat{G}^{-1}(\alpha)\right] \quad (1.38)$$
ただし,ブートストラップ推定値は,(1.36) 式のようにブートストラップアルゴリズムで近似するものとする.

推定量の分布が,なぜ (1.35) 式のように数値的に近似されるのかをもう少し厳密に述べると次のようになる.はじめに確率密度関数 $f(x)$ をもつ確率分布 $F(x)$ に対して確率分布の値
$$P_F(X \leq c) = \int_{-\infty}^c f(x)dx \quad (1.39)$$
を考える.ここで,定義関数
$$I(x|A) = \begin{cases} 1 & x \in A \\ 0 & x \notin A \end{cases} \quad (1.40)$$
を導入する.集合 A を $A = \{x : -\infty < x \leq c\}$ とすると確率分布の積分は
$$\begin{aligned} P_F(X \leq c) &= \int_{-\infty}^c f(x)dx = \int_{-\infty}^c dF(x) = \int_{-\infty}^\infty I(x|A)dF(x) \\ &= E_F[I(X|A)] \end{aligned} \quad (1.41)$$
と表される.そこで確率分布 F に従う乱数 z_i を多数発生させて数値的に
$$\begin{aligned} P_F(X \leq c) &= E_F[I(X|A)] \\ &\approx \frac{1}{m}\sum_{i=1}^m I(z_i|A) \end{aligned} \quad (1.42)$$
と近似できる.つまり,確率分布の値は,発生した m 個の乱数の中で集合 $A=\{x: -\infty < x \leq c\}$ に含まれた乱数の数を数えていることがわかる.このような考え方をパラメータ θ の推定量 $\hat{\theta} = \hat{\theta}(\boldsymbol{X})$ のブートストラップ分布推定のアルゴリズムに適用すると以下のようになる.

推定量の確率分布の値は
$$\begin{aligned} P_F\left\{\hat{\theta}(\boldsymbol{X})-\theta \leq x\right\} &= \int\cdots\int_A \prod_{i=1}^n dF(x_i) \\ &= \int_{-\infty}^\infty\cdots\int_{-\infty}^\infty I(\boldsymbol{x}|A)\prod_{i=1}^n dF(x_i) \quad (1.43) \\ &= E_F[I(\boldsymbol{X}|A)] \end{aligned}$$
と表すことができる.ここで,集合 A は $\hat{\theta}(\boldsymbol{x})-\theta \leq x$ となる点 $\boldsymbol{x} = (x_1, \ldots,$

$x_n)^T$ の集合

$$A = \{\boldsymbol{x} : \hat{\theta}(\boldsymbol{x}) - \theta \leq x\} \tag{1.44}$$

とする．定義関数 $I(\boldsymbol{x}|A)$ は，確率変数ベクトル $\boldsymbol{X}$ の実現値 $\boldsymbol{x}$ が $\hat{\theta}(\boldsymbol{x}) - \theta \leq x$ であれば集合 A に含まれて 1 をとり，そうでなければ 0 とする．

(1.43) 式で与えられる確率分布の値をブートストラップ法の枠組みで表すと

$$\begin{aligned}
\mathrm{P}_{\hat{F}}\left\{\hat{\theta}(\boldsymbol{X}^*) - \hat{\theta} \leq x\right\} &= \int \cdots \int_{A^*} \prod_{i=1}^{n} d\hat{F}(x_i^*) \\
&= \int_{-\infty}^{\infty} \cdots \int_{-\infty}^{\infty} I(\boldsymbol{x}^*|A^*) \prod_{i=1}^{n} d\hat{F}(x_i^*) \quad (1.45) \\
&= \mathrm{E}_{\hat{F}}\left[I(\boldsymbol{X}^*|A^*)\right]
\end{aligned}$$

となる．ここで，A^* は

$$A^* = \{\boldsymbol{x}^* = (x_1^*, \ldots, x_n^*) : \hat{\theta}(x_1^*, \ldots, x_n^*) - \hat{\theta} \leq x\}$$

である．ブートストラップアルゴリズムに従って，大きさ n のブートストラップ標本を反復抽出して，これらを $\{\boldsymbol{x}^*(b); b = 1, 2, \ldots, B\}$ とする．このとき，(1.45) 式の経験分布関数に関する積分値は

$$\mathrm{E}_{\hat{F}}\left[I(\boldsymbol{X}^*|A^*)\right] \approx \frac{1}{B}\sum_{b=1}^{B} I(\boldsymbol{x}^*(b)|A^*) \tag{1.46}$$

と近似される．これは，B 個のブートストラップ標本の中で $\hat{\theta}(\boldsymbol{x}^*(b)) - \hat{\theta}$ の値が x 以下となる個数を数えていることがわかる．(1.35) 式のブートストラップ推定値の近似値は，このようにして求めたものである．

1.3　パラメトリックブートストラップ法

　ブートストラップ法は，本来，推定量の誤差評価のためのノンパラメトリック統計手法として提唱されたものである．しかし，多変量解析においては，推定量の分布はたとえ多変量正規分布の仮定のもとでも，解析的に極めて取り扱いにくい場合が多い．このようなことから，パラメトリックモデルのもとでもブートストラップ法による数値的アプローチは有用と思われる．また，ブートストラップ法をパラメトリックモデルのもとで再考することによって，その構造がより明らかになるものと思われる．そこで，はじめにパラメトリックモデルのもとでのブートストラップ分布推定を述べ，例を通して，従来の解析的手法とどのような関係

にあるかをみていく.

いま,データはパラメトリック確率分布モデル $F(\cdot|\boldsymbol{\eta})$ から生成されたものとする.ここで,$\boldsymbol{\eta}$ は p 次元パラメータベクトルとする.多変量解析では,行列の固有値,固有ベクトルをはじめとして関心のあるパラメータは,$t(\cdot)$ を実数値関数として $\theta = t(\boldsymbol{\eta})$ と表され,これを $\hat{\theta} = t(\hat{\boldsymbol{\eta}})$ で推定する場合が多い.ただし,$\hat{\boldsymbol{\eta}}$ は $\boldsymbol{\eta}$ の最尤推定量とする.たとえば,平均ベクトル $\boldsymbol{\mu} = (\mu_1, \mu_2)^T$,分散共分散行列 $\Sigma = (\sigma_{ij})$ をもつ 2 変量正規分布に対しては,$\boldsymbol{\eta} = (\mu_1, \mu_2, \sigma_{11}, \sigma_{22}, \sigma_{12})^T$ である.このとき,相関係数は $\rho = t(\boldsymbol{\eta}) = \sigma_{12}/\sqrt{\sigma_{11}\sigma_{22}}$ と表される.相関係数 ρ の推定量である標本相関係数 r は,Σ の最尤推定量である標本分散共分散行列 $S = (s_{ij})$ に対して $r = s_{12}/\sqrt{s_{11}s_{22}}$ と定義される.

このようなモデル設定では,未知の確率分布 $F(\cdot|\boldsymbol{\eta})$ はパラメータ $\boldsymbol{\eta}$ を $\hat{\boldsymbol{\eta}}$ で置き換えた $F(\cdot|\hat{\boldsymbol{\eta}})$ で推定することができ,これを $\hat{F}$ とおく.また,$\hat{F}$ からの大きさ n のブートストラップ標本に基づくパラメータベクトル $\boldsymbol{\eta}$ の推定量を $\hat{\boldsymbol{\eta}}^*$ とすると,対応するパラメータ θ の推定量は $\hat{\theta}^* = t(\hat{\boldsymbol{\eta}}^*)$ となる.

このとき,推定量 $\hat{\theta}$ の分布

$$H(x) = \mathrm{P}_F\left\{\sqrt{n}(\hat{\theta} - \theta) \leq x\right\} \tag{1.47}$$

は,ブートストラップ法によると

$$\hat{H}(x) = \mathrm{P}_{\hat{F}}\left\{\sqrt{n}(\hat{\theta}^* - \hat{\theta}) \leq x\right\} \tag{1.48}$$

と推定される.推定量の分布 $H(x)$ を解析的に求めることが難しい場合でも,そのブートストラップ推定値である $\hat{H}(x)$ を既知の分布 $\hat{F} = F(\cdot|\hat{\boldsymbol{\eta}})$ に従う乱数を反復発生させることによってモンテカルロ近似を行えばよい.これが,**パラメトリックブートストラップ法** (parametric bootstrap method) とよばれている手法である.

例 1.〔標本平均〕 正規分布 $F = N(\mu, \sigma^2)$ に従って生成された n 個のデータ $x_1, \ldots, x_n$ に基づく標本平均を $\bar{x} = \sum_{i=1}^n x_i/n$,標本分散を $s^2 = \sum_{i=1}^n (x_i - \bar{x})^2/n$ とする.データを発生した未知の正規分布 $F = N(\mu, \sigma^2)$ を $\hat{F} = N(\bar{x}, s^2)$ によって推定する.このとき,μ の最尤推定量である標本平均 $\overline{X}$ の分布

$$H(x) = \mathrm{P}_{N(\mu, \sigma^2)}\left\{\sqrt{n}(\overline{X} - \mu) \leq x\right\} \tag{1.49}$$

のブートストラップ分布は

$$\hat{H}(x) = \mathrm{P}_{N(\bar{x}, s^2)}\left\{\sqrt{n}(\overline{X}^* - \bar{x}) \leq x\right\} \tag{1.50}$$

で与えられる．ただし，$\overline{X}^*$ は $N(\bar{x}, s^2)$ からの大きさ n のブートストラップ標本に基づく標本平均とする．

この場合，真の分布 $H(x)$ とブートストラップ分布 $\hat{H}(x)$ は，ともに解析的に陽に表現することは容易である．すなわち正規分布に従うランダムサンプルからなる標本平均 $\overline{X}$ の分布は，平均 μ，分散 σ^2/n の正規分布，あるいは $\sqrt{n}(\overline{X}-\mu)/\sigma$ の分布が $N(0,1)$ に従うことから

$$\begin{aligned} H(x) &= \mathrm{P}_{N(\mu,\sigma^2)} \left\{ \sqrt{n}(\overline{X}-\mu) \leq x \right\} \\ &= \mathrm{P}_{N(\mu,\sigma^2)} \left\{ \frac{\sqrt{n}(\overline{X}-\mu)}{\sigma} \leq \frac{x}{\sigma} \right\} \\ &= \Phi\left(\frac{x}{\sigma}\right) \end{aligned} \quad (1.51)$$

と解析的に表すことができる．ここで，$\Phi(x)$ は標準正規分布関数とする．

同様の考え方で $\overline{X}^*$ は，平均 $\bar{x}$，分散 s^2/n の正規分布，あるいは $\sqrt{n}(\overline{X}^*-\bar{x})/s$ の分布が $N(0,1)$ に従うことから

$$\begin{aligned} \hat{H}(x) &= \mathrm{P}_{N(\bar{x},s^2)} \left\{ \sqrt{n}(\overline{X}^*-\bar{x}) \leq x \right\} \\ &= \Phi\left(\frac{x}{s}\right) \end{aligned} \quad (1.52)$$

と表される．このように解析的に陽に表現される場合には，ブートストラップアルゴリズムを適用する必要はないが，$N(\bar{x}, s^2)$ に従う大きさ n の正規乱数を反復発生させることによって次のように近似することもできる．

$$\mathrm{P}_{N(\bar{x},s^2)} \left\{ \sqrt{n}(\overline{X}^*-\bar{x}) \leq x \right\} \approx \frac{1}{B}\# \left\{ \sqrt{n}\left(\bar{x}^*(b)-\bar{x}\right) \leq x \right\} \quad (1.53)$$

ただし，$\bar{x}^*(b)$ $(b=1,...,B)$ は，$N(\bar{x}, s^2)$ からの大きさ n のブートストラップ標本，すなわち $N(\bar{x}, s^2)$ に従う正規乱数 $\boldsymbol{x}^*(b) = \{x_1^*(b),...,x_n^*(b)\}$ を B 組反復発生させて，各正規乱数の組に対する標本平均値 $\bar{x}^*(b)$ を求めたものである．一般には，(1.51) 式や (1.52) 式右辺の解析的表現は難しい場合が多いが，(1.53) 式のブートストラップアルゴリズムによる数値近似は，ほとんどすべての推定量に対して可能であるところにブートストラップ法の最大の特徴がある．

パラメータ μ に対する信頼係数 $1-2\alpha$ の信頼区間 $[\hat{\mu}[\alpha], \hat{\mu}[1-\alpha]]$ は，(1.51), (1.52), (1.53) 式に基づくパーセント点を用いて構成することができる．以下に，標準正規分布の $100\alpha\%$ 点を z_α として，それぞれの場合の $(1-\alpha)$-上側信頼限界 $\hat{\mu}[1-\alpha]$ を与える．

(i) 真の信頼限界： $\hat{\mu}_{EX}[1-\alpha] = \overline{x} - n^{-1/2}\sigma z_\alpha,$

(ii) ブートストラップ信頼限界 (解析的表現)： $\hat{\mu}_B[1-\alpha] = \overline{x} - n^{-1/2}s z_\alpha,$

(iii) ブートストラップ信頼限界 (モンテカルロ近似)：

$\hat{\mu}_B[1-\alpha] = \left\{ \text{大きさの順に並べた } B \text{ 個の } \overline{x}^*(b) \text{ の } B(1-\alpha) \text{ 番目の値} \right\}.$

例 2.〔標本相関係数〕 平均ベクトル $\boldsymbol{\mu}$, 分散共分散行列 Σ をもつ 2 変量正規分布 $N_2(\boldsymbol{\mu}, \Sigma)$ から生成されたデータを $\boldsymbol{x}_1, \ldots, \boldsymbol{x}_n$ とする．$\boldsymbol{\mu}, \Sigma$ の最尤推定量である標本平均ベクトルと標本分散共分散行列はそれぞれ

$$\overline{\boldsymbol{x}} = \frac{1}{n}\sum_{i=1}^n \boldsymbol{x}_i, \quad S = \frac{1}{n}\sum_{i=1}^n (\boldsymbol{x}_i - \overline{\boldsymbol{x}})(\boldsymbol{x}_i - \overline{\boldsymbol{x}})^T \tag{1.54}$$

で与えられる．また，母集団相関係数 ρ に対して r を標本相関係数とする．このときパラメトリックブートストラップ法では，未知の確率分布 $N_2(\boldsymbol{\mu}, \Sigma)$ $(= F)$ を $N_2(\overline{\boldsymbol{x}}, S)$ $(= \hat{F})$ で推定する．したがって，標本相関係数 r の分布

$$H(x) = \mathrm{P}_{N_2(\boldsymbol{\mu}, \Sigma)}\left\{\sqrt{n}(r-\rho) \leq x\right\} \tag{1.55}$$

は，ブートストラップ法では

$$\hat{H}(x) = \mathrm{P}_{N_2(\overline{\boldsymbol{x}}, S)}\left\{\sqrt{n}(r^*-r) \leq x\right\} \tag{1.56}$$

と推定される．ただし，r^* は $\hat{F} = N_2(\overline{\boldsymbol{x}}, S)$ からのブートストラップ標本に基づく推定量とする．この場合，$\hat{H}(x)$ はエッジワース展開によって解析的に求めることもできるし，また $N_2(\overline{\boldsymbol{x}}, S)$ に従う 2 次元正規乱数を反復発生させることによって，数値的に近似することも可能である．

2 次元正規分布からのランダムサンプルに基づく標本相関係数 r に対しては

$$\frac{\sqrt{n}(r-\rho)}{1-\rho^2} \tag{1.57}$$

の分布は，$n \to +\infty$ のとき漸近的に正規分布 $N(0,1)$ に従うことが知られている．ところが極限分布 (漸近分布) で十分な近似精度を得るにはかなりのデータ数を必要とすることから，近似精度改善のための方法が考えられてきた．推定量の極限分布 $N(0,1)$ を第 1 近似として導出し，少ないデータ数での近似精度を改善するためのエッジワース展開 (Edgeworth expansion) の導出もその 1 つである．これは，推定量の分布の多くが非対称で，対称な分布である正規分布による近似では推定量のバイアス，歪みの量を捉えることができないので，これらの量を極限分布に続く項で補正しようとしたものである．

標本相関係数 r の分布のエッジワース展開は

$$H(x) = \mathrm{P}_{N_2(\boldsymbol{\mu},\Sigma)}\left\{\frac{\sqrt{n}(r-\rho)}{1-\rho^2} \le x\right\} \tag{1.58}$$

$$= \Phi(x) - \frac{1}{\sqrt{n}}\left\{-\frac{\rho}{2}+\frac{1}{6}(-6\rho)(x^2-1)\right\}\phi(x)+O(n^{-1})$$

で与えられる.ただし,$\Phi(\cdot)$, $\phi(\cdot)$ はそれぞれ標準正規分布関数とその密度関数とする.エッジワース展開の $1/\sqrt{n}$ の項に含まれる $-\rho/2$ が標本相関係数のバイアスを,-6ρ が歪みの量を近似的に表している.このブートストラップ分布は

$$\hat{H}(x) = \mathrm{P}_{N_2(\overline{\boldsymbol{x}},S)}\left\{\frac{\sqrt{n}(r^*-r)}{1-r^2} \le x\right\} \tag{1.59}$$

$$= \Phi(x) - \frac{1}{\sqrt{n}}\left\{-\frac{r}{2}+\frac{1}{6}(-6r)(x^2-1)\right\}\phi(x)+O(n^{-1})$$

である.これは,(1.58) 式右辺に含まれる相関係数 ρ をその推定値である標本相関係数 r で置き換えた式であることがわかる.これがブートストラップ分布の解析的表現である.また,ブートストラップ分布 $\hat{H}(x)$ の解析的表現が難しい場合でも

$$\mathrm{P}_{N_2(\overline{\boldsymbol{x}},S)}\left\{\sqrt{n}(r^*-r) \le x\right\} \approx \frac{1}{B}\#\left\{\sqrt{n}(r^*(b)-r) \le x\right\} \tag{1.60}$$

とモンテカルロ法によって数値的に近似することもできる.ここで,$r^*(1), \ldots, r^*(B)$ は大きさ n の B 組のブートストラップ標本 (この場合 $N_2(\overline{\boldsymbol{x}},S)$ に従う 2 次元正規乱数) に基づいて計算された標本相関係数の値とする.

分布関数 $H(x)$, $\hat{H}(x)$ の $100\alpha\%$ 点は,それぞれのエッジワース展開 (1.58), (1.59) に基づいて,正規分布のパーセント点 $\Phi(z_\alpha) = \alpha$ を用いて展開するコーニッシュ・フィッシャー逆展開 (Cornish–Fisher inverse expansion) によって求めることができる.すなわち,ρ に対する $(1-\alpha)$-上側信頼限界は,

(i) 真の上側信頼限界:

$$\hat{\rho}_{EX}[1-\alpha] = r - \frac{1}{\sqrt{n}}(1-\rho^2)\left[z_\alpha+\frac{1}{\sqrt{n}}\left\{-\frac{\rho}{2}+\frac{1}{6}(-6\rho)(z_\alpha^2-1)\right\}\right] \tag{1.61}$$

(ii) ブートストラップ上側信頼限界の解析的表現:

$$\hat{\rho}_B[1-\alpha] = r - \frac{1}{\sqrt{n}}(1-r^2)\left[z_\alpha+\frac{1}{\sqrt{n}}\left\{-\frac{r}{2}+\frac{1}{6}(-6r)(z_\alpha^2-1)\right\}\right] \tag{1.62}$$

(iii) ブートストラップ上側信頼限界のモンテカルロ近似:

$$\hat{\rho}_{BS}[1-\alpha] \tag{1.63}$$

$= \{$大きさの順に並べた B 個の $r^*(b)$ $(b=1,\ldots,B)$ の $B(1-\alpha)$ 番目の値$\}$

で与えられる.

(注) 本稿で用いる記号 O, O_p および o, o_p は，次のように定義される．

(i) O, o：$\{a_n\}, \{b_n\}$ を 2 つの実数列とする．もし $n \to +\infty$ のとき，$|a_n/b_n|$ が有界であれば，$a_n = O(b_n)$ と記し，また，$|a_n/b_n|$ が 0 に収束すれば，$a_n = o(b_n)$ と記す．

(ii) O_p, o_p：確率変数列 $\{X_n\}$ および実数列 $\{b_n\}$ に対して，もし $n \to +\infty$ のとき，X_n/b_n が確率有界であれば，$X_n = O_p(b_n)$ と記し，また X_n/b_n が 0 に確率収束すれば，$X_n = o_p(b_n)$ と記す．なお，確率有界とは，任意の $\varepsilon > 0$ に対して，$n > n_0(\varepsilon)$ ならば

$$P\{|X_n| \leq b_n c_\varepsilon\} \geq 1 - \varepsilon$$

となるような定数 c_ε および自然数 $n_0(\varepsilon)$ がとれることである．

標本数 n に関する漸近理論を議論するとき，b_n は $n^{-1/2}, n^{-1}$ などとなり，極限分布への収束の速さあるいは近似精度を評価するための 1 つの目安となる．

1.4 効率的ブートストラップシミュレーション

推定量 $\hat{\theta}$ のバイアス，分散および分布関数は，ある確率変数 $R = r(F, \hat{F})$ の期待値 $e(F) = \mathrm{E}_F[r(F, \hat{F})]$ として統一的に表すことができる．たとえば，$\hat{\theta}$ の分布関数は $r(F, \hat{F}) = I(\hat{\theta} \leq x)$ とおくことによって得られる．統計的誤差 $e(F)$ のブートストラップ推定値は，$e(\hat{F}) = \mathrm{E}_{\hat{F}}[R^*] = \mathrm{E}_{\hat{F}}[r(\hat{F}, \hat{F}^*)]$ であり，これをモンテカルロ法によって $e(\hat{F}) \approx \sum_{i=1}^{B} R^*(i)/B \equiv r_B$ と数値的に近似する．ただし，$\hat{F}^*$ はブートストラップ標本に基づく経験分布関数とする．近似値 r_B は，観測データが与えられたという条件のもとで，ブートストラップ反復回数を無限大にすると，確率 1 で $e(\hat{F})$ に収束する．

たとえば，大きさ n の標本に基づく推定量 $\hat{\theta}$ のパラメータ θ に対するブートストラップバイアス推定は，次のように実行される．

$$b(F) = \mathrm{E}_F[\hat{\theta}_n - \theta] \quad \longleftarrow \boxed{\text{推定}} \longleftarrow \quad b(\hat{F}) = \mathrm{E}_{\hat{F}}[\hat{\theta}^* - \hat{\theta}]$$

$$b(\hat{F}) = \mathrm{E}_{\hat{F}}[\hat{\theta}^* - \hat{\theta}] \quad \approx \quad \hat{b}_{BS} = \frac{1}{B}\sum_{b=1}^{B}\hat{\theta}^*(b) - \hat{\theta} \qquad (1.64)$$

すなわち,バイアス $b(F)$ は,モンテカルロ法によって数値的に近似された $\hat{b}_{BS}$ でもって推定され,$\hat{b}_{BS}$ はデータが与えられたという条件のもとで,反復回数 B を無限大にすると,確率 1 で $b(\hat{F})$ に収束する.

有限なブートストラップ反復回数 B に対してはシミュレーション誤差が生じ,この誤差を制御するための種々の方法が研究されてきた.**効率的ブートストラップシミュレーション** (efficient bootstrap simulation) とは,標本が与えられたもとで,ブートストラップ推定値 r_B の分散を可能な限り小さくするための手法と考えることができる.有効なブートストラップシミュレーション法を適用すれば,通常の経験分布関数からリサンプリングを行う方法 (一様リサンプリング) と比較して,相対的にブートストラップ標本の反復抽出の回数を減らすことが可能となる.これまでに,Davison et al. (1986) による**釣合い型ブートストラップ** (balanced bootstrap),**線形近似法** (linear approximation method) などが提唱されたが,詳細については,小西 (1990), Hall (1992) などを参照されたい.

1.5 回帰モデルへの適用例

回帰モデルは,複数の説明変数 $\bm{x} = (x_1, x_2, \ldots, x_p)^T$ と目的変数 y の間の関係を,観測された n 組のデータ $\{(\bm{x}_i, y_i); i = 1, \ldots, n\}$ に基づいてモデル化する.いま説明変数の各点 $\bm{x}_i$ において観測されたデータ y_i は,ノイズ (誤差項) ε_i をともなって

$$y_i = u(\bm{x}_i; \bm{\beta}) + \varepsilon_i, \quad i = 1, \ldots, n \qquad (1.65)$$

と観測されたとする.ただし,$\varepsilon_1, \ldots, \varepsilon_n$ は互いに独立で平均 0, 分散 σ^2 とし,関数 $u(\bm{x}; \bm{\beta})$ は現象の平均構造 $E[Y|\bm{x}]$ を近似するためのモデル (回帰関数) で,一般に未知のパラメータベクトル $\bm{\beta} = (\beta_0, \beta_1, \ldots, \beta_p)^T$ に依存するとする.

たとえば,線形回帰モデルは,$u(\bm{x}; \bm{\beta}) = \beta_0 + \beta_1 x_1 + \cdots + \beta_p x_p$ と想定したものであり,多項式回帰モデルは説明変数 x に対して $u(x; \bm{\beta}) = \beta_0 + \beta_1 x + \beta_2 x^2 + \cdots + \beta_p x^p$ と想定したものである.また,複雑な非線形構造を捉えるための回帰関数として,(i) スプライン,(ii) B-スプライン,(iii) 動径基底関数,(iv) 階層型ニューラルネットワークなどがあり,それぞれ分析目的に応じて用いられる (た

とえば, Ripley (1996), Imoto (2001), Hastie *et al.* (2001), Imoto and Konishi (2003), 小西・北川 (2004)).

観測データ $\{(\boldsymbol{x}_i, y_i); i=1,\ldots,n\}$ に基づいて, たとえば最小2乗法

$$\hat{\boldsymbol{\beta}} = \mathrm{argmin}_{\boldsymbol{\beta}} \sum_{i=1}^{n} \{y_i - u(\boldsymbol{x}_i; \boldsymbol{\beta})\}^2 \tag{1.66}$$

によって推定した回帰モデルを一般に $y = u(\boldsymbol{x}; \hat{\boldsymbol{\beta}})$ とする. 線形回帰モデルの場合は, $\hat{\boldsymbol{\beta}} = (X^T X)^{-1} X^T \boldsymbol{y}$ に対して $y = \hat{\boldsymbol{\beta}}^T \boldsymbol{x}$ である. ただし, $\boldsymbol{y} = (y_1, \ldots, y_n)^T$ とし, X は次の式で与えられる $n \times (p+1)$ 行列とする.

$$X = \begin{bmatrix} 1 & 1 & \cdots & 1 \\ \boldsymbol{x}_1 & \boldsymbol{x}_2 & \cdots & \boldsymbol{x}_n \end{bmatrix}^T \tag{1.67}$$

回帰モデルのパラメータ推定に対する統計的誤差評価にブートストラップ法を適用するにあたっては, 個々の問題設定に応じて次のようなデータ発生の確率構造が考えられる.

(a) (1.65) 式のノイズ $\varepsilon_1, \ldots, \varepsilon_n$ は, 未知の確率分布 (誤差分布) F から生成されたランダムサンプルで $E_F[\varepsilon] = 0$ とする.

(b) 説明変数 $\boldsymbol{x}$ と目的変数 y に関する n 組のデータ $(\boldsymbol{x}_1, y_1), \ldots, (\boldsymbol{x}_n, y_n)$ は, $(p+1)$ 次元確率分布 F に従って生成されたとする.

このとき, (a) のデータ発生の確率構造のもとでの推定量 $\hat{\boldsymbol{\beta}}$ の統計的誤差のブートストラップ推定は, 以下のプロセスを通して実行される.

(1) データに基づいて推定した回帰モデルを $y = u(\boldsymbol{x}; \hat{\boldsymbol{\beta}})$ とする. 各点での残差 $\hat{\varepsilon}_i = y_i - u(\boldsymbol{x}_i; \hat{\boldsymbol{\beta}})$ $(i=1,\ldots,n)$ を求め, その平均を

$$\hat{\varepsilon}(\cdot) = \frac{1}{n} \sum_{i=1}^{n} \hat{\varepsilon}_i \tag{1.68}$$

とする. 次に, 平均を補正した残差を $e_i = \hat{\varepsilon}_i - \hat{\varepsilon}(\cdot)$ とおき, $\{e_1, \ldots, e_n\}$ の各点に等確率 $1/n$ を付与した経験分布関数を $\hat{F}$ とする.

(2) $\hat{F}$ から n 個の残差 $e_1^*, \ldots, e_n^*$ を発生させて

$$y_i^* = u(\boldsymbol{x}_i; \hat{\boldsymbol{\beta}}) + e_i^*, \qquad (i=1,\ldots,n) \tag{1.69}$$

によって, 各点 $\boldsymbol{x}_i$ でのブートストラップ標本 $\{(\boldsymbol{x}_1, y_1^*), \ldots, (\boldsymbol{x}_n, y_n^*)\}$ を構成する.

(3) ブートストラップ標本 $\{(\boldsymbol{x}_1, y_1^*), \ldots, (\boldsymbol{x}_n, y_n^*)\}$ に基づく

$$\min_{\boldsymbol{\beta}} \sum_{i=1}^{n} \{y_i^* - u(\boldsymbol{x}_i; \boldsymbol{\beta})\}^2 \tag{1.70}$$

を最小とする解を $\hat{\boldsymbol{\beta}}^*(1)$ とおく.

(4) (2),(3) のプロセスを B 回繰り返すことによって得られた $\hat{\boldsymbol{\beta}}^*(1)$, $\hat{\boldsymbol{\beta}}^*(2)$, ..., $\hat{\boldsymbol{\beta}}^*(B)$ に基づいて,推定量 $\hat{\boldsymbol{\beta}}$ に関する誤差評価を行う.

回帰モデルにおいて,n 個のデータ $\{z_i = (\boldsymbol{x}_i, y_i);\ i=1,\ldots,n\}$ が互いに独立に同一の $(p+1)$ 次元確率分布 F から生成された場合には,まず $z_1, \ldots, z_n$ 上に等確率 $1/n$ を付与した経験分布関数 $\hat{F}$ で F を推定する.経験分布関数 $\hat{F}$ から大きさ n のブートストラップ標本を B 組反復抽出して,これらを

$$\{(\boldsymbol{x}_1^*(b), y_1^*(b)), \ldots, (\boldsymbol{x}_n^*(b), y_n^*(b))\}, \quad b=1,\ldots,B \tag{1.71}$$

とする.

次に,各ブートストラップ標本 $\{(\boldsymbol{x}_1^*(b), y_1^*(b)), \ldots, (\boldsymbol{x}_n^*(b), y_n^*(b))\}$ に基づいて

$$\min_{\boldsymbol{\beta}} \sum_{i=1}^n \{y_i^*(b) - u(\boldsymbol{x}_i^*(b); \boldsymbol{\beta})\}^2 \tag{1.72}$$

を最小とする解を求めて $\hat{\boldsymbol{\beta}}^*(b)$ とおく.このようにして求めた B 個の回帰係数ベクトルの推定値 $\hat{\boldsymbol{\beta}}^*(1), \ldots, \hat{\boldsymbol{\beta}}^*(B)$ に基づいて,推定量 $\hat{\boldsymbol{\beta}}$ に関する誤差評価を行う.

例 3.〔線形回帰モデル〕 回帰分析におけるブートストラップ法による推定量の誤差評価を,線形回帰モデルを通して例示する.

ある化学実験を行って,化学反応の結果生成される物質の収量 y (g) に与える温度 x (℃) の効果を調べたいとする.実験は,まず温度を 5 ℃に固定して行い収量 8.6 g を観測した.同様の実験を 50 ℃まで 5 ℃きざみで繰り返し行い,表 1.1 のデータを得た.また,このデータをプロットしたのが図 1.6 左である.

この実験データに基づいて,温度 x と収量 y の間の関係を表すモデル $y = u(x; \hat{\boldsymbol{\beta}})$ を求めたい.このため線形回帰モデル

$$y_i = \beta_0 + \beta_1 x_i + \varepsilon_i, \quad i=1,2,\ldots,10 \tag{1.73}$$

を仮定する.ここで,x_i と y_i は各々 i 番目の実験点と対応する収量の測定値を表す.また,$\varepsilon_1, \ldots, \varepsilon_{10}$ は,互いに独立に同一の未知の確率分布 F に従うとし,$\mathrm{E}_F[\varepsilon]=0$ とする.

表 1.1 化学生成物の収量と温度の関係

温度 (℃): x	5	10	15	20	25	30	35	40	45	50
収量 (g): y	8.6	10.4	21.6	22.8	19.5	30.0	29.5	34.3	38.7	47.4

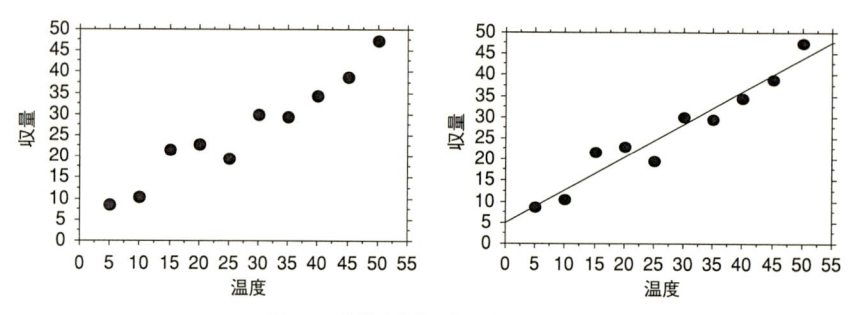

図 1.6 化学生成物の収量と温度の関係

最小2乗法を用いて回帰係数を推定した結果，$\hat{\beta}_0 = 4.9$, $\hat{\beta}_1 = 0.78$ を得た．したがって，表1.1の実験データに基づく温度 (x) と収量 (y) の関係を表す回帰式は，$y = 4.9 + 0.78x$ である (図1.6右)．各実験点での残差は，予測値とよばれる回帰直線上の点 $\hat{y}_i = 4.9 + 0.78x_i$ に対して $y_i - \hat{y}_i$ で定義され，これらは順に

$$\{-0.2, \ -2.3, \ 5.0, \ 2.3, \ -4.9, \ 1.7, \ -2.7, \ -1.8, \ -1.3, \ 3.5\} \qquad (1.74)$$

で与えられる．線形回帰モデルの場合は理論上残差の和は 0 であるから，これらの残差の各点に 1/10 の確率を付与した経験分布関数 $\hat{F}$ を構成する．このとき，回帰係数の推定のブートストラップ誤差評価は，残差を反復抽出することによって，以下のプロセスを通して実行する．

(1) 経験分布関数 $\hat{F}$ から大きさ 10 のブートストラップ標本，すなわちこの場合 (1.74) の残差を復元抽出することによって，次の10個を抽出した．

$$\{-2.3, \ -4.9, \ -0.2, \ 5.0, \ -2.7, \ 1.7, \ 5.0, \ -1.8, \ 3.5, \ -1.8\}$$

(2) (1) で抽出した残差をもとに，新たに収量 (y) に対応するブートストラップ標本を，$6.5 = 4.9 + 0.78 \times 5 + (-2.3)$, $7.8 = 4.9 + 0.78 \times 10 + (-4.9)$, …, $42.1 = 4.9 + 0.78 \times 50 + (-1.8)$ によって求める．これは，(y のブートストラップ標本) = (予測値) + (ブートストラップ残差) として求めたものであるから，各実験点において残差に確率的変動を付与して実験的に観測値を求めたと考えることができる．

(3) (2) で求めたブートストラップ標本を表にすると

温度 (℃)：x	5	10	15	20	25	30	35	40	45	50
収量 (g)：y	6.5	7.8	16.4	25.5	21.7	30.0	37.2	34.3	43.5	42.1

となる.この表に基づいて最小2乗法により回帰直線を求めると,$y = 3.06 + 0.852x$ が得られた.

(4) (1) から (3) のステップを B 回繰り返すことによって,B 個の回帰直線
$$y = \hat{\beta}_0^*(b) + \hat{\beta}_1^*(b)x, \qquad b = 1, 2, \ldots, B \tag{1.75}$$
が求まる.これから,回帰係数の推定の標準誤差は各々

$$\text{SD}(\hat{\beta}_0) = \sqrt{\frac{1}{B-1} \sum_{b=1}^{B} \left\{ \hat{\beta}_0^*(b) - \hat{\beta}_0^*(\cdot) \right\}^2}, \quad \hat{\beta}_0^*(\cdot) = \frac{1}{B} \sum_{b=1}^{B} \hat{\beta}_0^*(b), \tag{1.76}$$

$$\text{SD}(\hat{\beta}_1) = \sqrt{\frac{1}{B-1} \sum_{b=1}^{B} \left\{ \hat{\beta}_1^*(b) - \hat{\beta}_1^*(\cdot) \right\}^2}, \quad \hat{\beta}_1^*(\cdot) = \frac{1}{B} \sum_{b=1}^{B} \hat{\beta}_1^*(b)$$

と推定される.だだし,$\hat{\beta}_0, \hat{\beta}_1$ は,(1.73) 式の回帰係数 β_0, β_1 の推定量とする.また,推定量 $\hat{\beta}_0$ と $\hat{\beta}_1$ の共分散 (covariance) は

$$\text{Cov}(\hat{\beta}_0, \hat{\beta}_1) = \frac{1}{B-1} \sum_{b=1}^{B} \left\{ \hat{\beta}_0^*(b) - \hat{\beta}_0^*(\cdot) \right\} \left\{ \hat{\beta}_1^*(b) - \hat{\beta}_1^*(\cdot) \right\} \tag{1.77}$$

と推定される.(1) から (4) のステップを $B = 200$ 回実行させ,回帰係数の標準誤差を計算すると,

$$\text{SD}(\hat{\beta}_0) = 1.8278, \quad \text{SD}(\hat{\beta}_1) = 0.0599, \quad \text{Cov}(\hat{\beta}_0, \hat{\beta}_1) = -0.0921$$

であった.わずか 10 個の観測点に基づいて回帰直線を求めたこともあり,かなり変動している様子がうかがえる.

さらに,ステップ (4) で求めた B 個の回帰係数の推定値に基づいて区間推定を行うこともできるし,ヒストグラムを描いて回帰係数の推定の確率的変動の様相を視覚的に捉えることもできる.また,図 1.7 は,50 組のブートストラップ標本を発生させて,各ブートストラップ標本に基づく回帰直線 50 本を表 1.1 の実験データとともに図示したものである.これによって,回帰直線の変動の様相を視覚的に捉えることもできる.

例 4.〔*B*-スプライン回帰モデル〕 図 1.8 はオートバイの衝突実験を繰り返し,衝突した瞬間から経過した時間 x (ms; ミリセカンド) において,頭部に加わる加速度 Y(g; 重力) を計測した 133 個のデータをプロットしたものである (Härdle (1990)).このように複雑な非線形構造のみられるデータに対しては,多項式モデルや特定の非線形関数によるモデリングでは現象の構造を有効に捉えることは難しい.複雑な非線形構造をもつデータに対しては,真の構造により柔軟なモデル

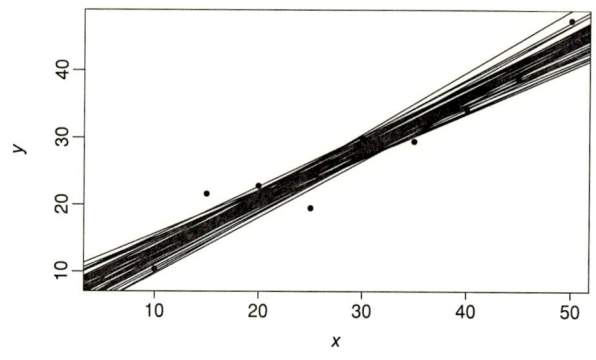

図 1.7 50 組のブートストラップ標本に基づく回帰直線

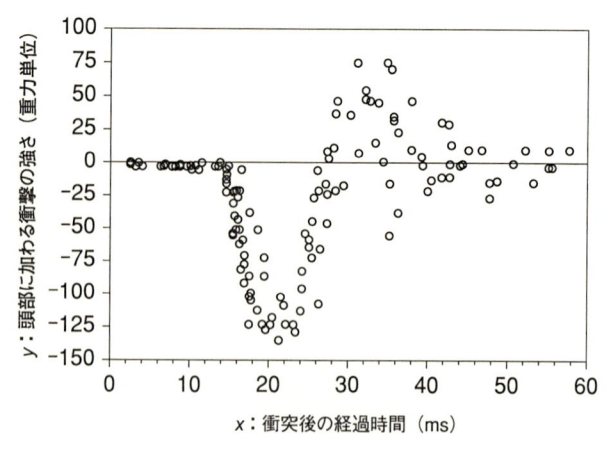

図 1.8 モーターサイクル衝突実験データ

を想定する必要がある.

本例では, B-スプラインに基づく非線形回帰モデルを適用して, 複雑な非線形構造を捉えるモデルを構築する (Imoto (2001), Imoto and Konishi (2003)). いま, 説明変数 $x\ (\in R)$ と目的変数 $y\ (\in R)$ に関して n 組のデータ $\{(x_\alpha, y_\alpha); \alpha = 1, 2, \ldots, n\}$ が観測されたとする. ただし, 説明変数に関するデータは大きさの順に並び替えたものとする. これらのデータは (1.65) 式に従って生成されたと仮定し, 基底関数として 3 次 B-スプライン関数を考える. B-スプライン基底関数 $b_j(x)$ は, 節点とよばれる等間隔に配置された点 t_i において滑らかに連結した既知の区分的多項式で構成される.

1.5 回帰モデルへの適用例

いま,m 個の基底関数 $\{b_1(x), b_2(x), \ldots, b_m(x)\}$ を構成するために必要な節点 t_i を次のようにとる.

$$t_1 < t_2 < t_3 < t_4 = x_1 < \cdots < t_{m+1} = x_n < \cdots < t_{m+4}$$

このように節点をとることによって,n 個のデータは $m-3$ 個の区間 $[t_4, t_5]$, $[t_5, t_6], \ldots, [t_m, t_{m+1}]$ によって分割されることになる.また,各区間 $[t_i, t_{i+1}]$ $(i = 4, \ldots, m)$ はそれぞれ 4 つの B-スプライン基底関数で覆われる.この B-スプライン基底関数を構成するには,de Boor (2001) のアルゴリズムが有用である.

一般に r 次の B-スプライン関数を $b_j(x; r)$ とおく.まず 0 次の B-スプライン関数を

$$b_j(x; 0) = \begin{cases} 1, & t_j \leq x < t_{j+1} \\ 0, & その他 \end{cases}$$

と定義する.この 0 次の B-スプライン関数から出発して r 次のスプライン関数は,次の逐次計算法によって求めることができる.

$$b_j(x; r) = \frac{x - t_j}{t_{j+r} - t_j} b_j(x; r-1) + \frac{t_{j+r+1} - x}{t_{j+r+1} - t_{j+1}} b_{j+1}(x; r-1)$$

このようにして構成された 3 次 B-スプライン基底関数を $b_j(x) = b_j(x; 3)$ とするとき,B-スプライン基底関数に基づく非線形回帰モデル

$$\begin{aligned} y_i &= \beta_1 b_1(x_i) + \beta_2 b_2(x_i) + \cdots + \beta_m b_m(x_i) + \varepsilon_i \\ &= \boldsymbol{\beta}^T \boldsymbol{b}(x_i) + \varepsilon_i, \qquad i = 1, 2, \ldots, n \end{aligned} \quad (1.78)$$

を得る.ただし,$\boldsymbol{b}(x_i) = (b_1(x_i), b_2(x_i), \ldots, b_m(x_i))^T$ とする.モデルのパラメータ $\boldsymbol{\beta}$ を最小 2 乗法で推定すると,推定量は

$$\hat{\boldsymbol{\beta}} = (B^T B)^{-1} B^T \boldsymbol{y} \quad (1.79)$$

で与えられる.ここで,$\boldsymbol{y} = (y_1, y_2, \ldots, y_n)^T$,$B$ は基底関数からなる $n \times m$ 行列で

$$B = \begin{bmatrix} \boldsymbol{b}(x_1)' \\ \boldsymbol{b}(x_2)' \\ \vdots \\ \boldsymbol{b}(x_n)' \end{bmatrix} = \begin{bmatrix} b_1(x_1) & b_2(x_1) & \cdots & b_m(x_1) \\ b_1(x_2) & b_2(x_2) & \cdots & b_m(x_2) \\ \vdots & \vdots & \cdots & \vdots \\ b_1(x_n) & b_2(x_n) & \cdots & b_m(x_n) \end{bmatrix} \quad (1.80)$$

とする.このようにして,当てはめたモデルと予測値

$$y = \hat{\boldsymbol{\beta}}^T \boldsymbol{b}(x), \qquad \hat{\boldsymbol{y}} = B(B^T B)^{-1} B^T \boldsymbol{y} \quad (1.81)$$

を得る.

モーターサイクル衝突実験データの場合は，133 個の測定データ $\{(x_i, y_i);\ i = 1, \ldots, 133\}$ を発生させた分布 F は，各点 (x_i, y_i) 上に等確率 $1/133$ をもつ経験分布関数 $\hat{F}$ で推定する．したがって，$\hat{F}$ からのブートストラップ標本 $\{(x_i^*(b), y_i^*(b));\ i = 1, \ldots, 133\}$ は，133 個の測定データから復元抽出によって取り出される．

図 1.9 は，大きさ 133 の 50 組のブートストラップ標本を発生させ，各ブートストラップ標本に基づいて推定した B-スプライン曲線 50 本をデータとともに図示したものである．この図からもわかるように，最尤法で推定した B-スプライン曲線は不安定で，特に境界領域での不安定さの問題があることがわかる．このような場合には，最尤法に代えて正則化法あるいは罰則付最尤法によるモデル推定法が有効に機能することが知られている．この点については，小西・北川 (2004)，Konishi and Kitagawa (2008) を参照されたい．

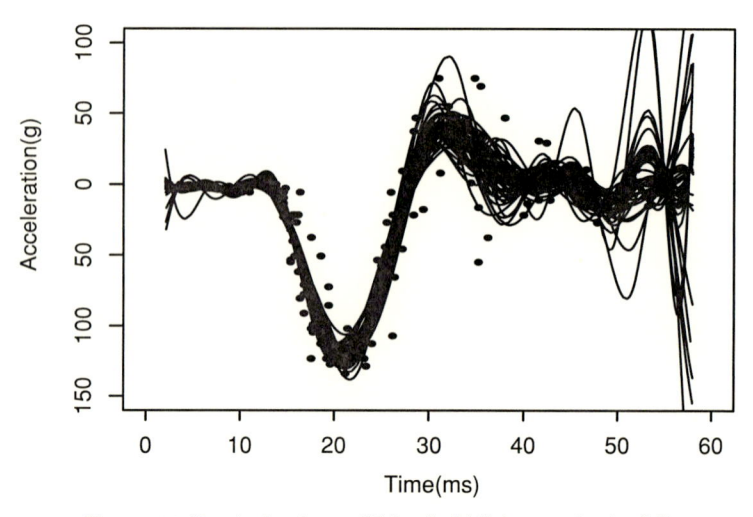

図 1.9　50 組のブートストラップ標本に基づく推定 B-スプライン曲線

2

ブートストラップ信頼区間

2.1 信頼区間の構成

未知の確率分布 F に関するパラメータ θ を推定量 $\hat{\theta}$ で推定したとき,パラメータ θ に対するブートストラップ法に基づく信頼係数 $(1-2\alpha)$ の近似信頼区間は,当初ブートストラップ分布 $\hat{G}(x) = \mathrm{P}_{\hat{F}}(\hat{\theta}^* \leq x)$ のパーセント点 $\hat{G}^{-1}(\alpha)$ を用いて $[\hat{G}^{-1}(\alpha), \hat{G}^{-1}(1-\alpha)]$ で与えられ,**パーセンタイル法** (percentile method) とよばれた (Efron (1981, 1982)).これは,基準量 $\hat{\theta}-\theta$ に基づく (1.38) 式の方法と同等な方法である.

しかしながら一般に推定量の分布は非対称で,その近似精度は推定量のバイアスと歪みの大きさに影響され精度の点で問題があることが指摘された.このため近似信頼区間の精度改善をはかる研究が多様な観点から行われ,ブートストラップ法に基づくさまざまな信頼区間構成法が提唱された (詳しくは,小西 (1990, 1993), Hall (1992), Efron and Tibshirani (1993), DiCiccio and Efron (1996) などを参照).ここでは,推定量の分散の情報を取り入れた**ブートストラップ-t 法** (bootstrap-t method) とよばれる方法と推定量の正規化変換に基づいて構成された BC_a 法 (bias-corrected and accelerated method; Efron (1987)) とよばれている信頼区間について紹介する.また 2.2.2 項では,なぜパーセンタイル法と比べてこれらの方法が近似精度を改善しているといえるのかを理論的な枠組みで述べる.

2.1.1 ブートストラップ-t 法

もし推定量 $\hat{\theta}$ の分散を何らかの方法で推定できるならば,その情報を取り入れて基準量を構成したらどうか.いま,$\hat{\sigma}^2 = \hat{\sigma}^2(X_1, \ldots, X_n)$ を推定量 $\hat{\theta}$ の (漸近) 分散 σ^2 の推定量とする.このとき,$\hat{\theta}$ の推定標準誤差 $\hat{\sigma}$ で基準化したスチュー

デント化された統計量 (studentized statistic)

$$T = \frac{\hat{\theta} - \theta}{\hat{\sigma}} \tag{2.1}$$

に基づくパラメータ θ のブートストラップ信頼区間の構成法が考えられる.

スチューデント化統計量 T の真の分布関数を

$$K(x) = P_F\left(\frac{\hat{\theta} - \theta}{\hat{\sigma}} \leq x\right) \tag{2.2}$$

とし,その $100\alpha\%$ 点を

$$K^{-1}(\alpha) = \inf\{x : K(x) \geq \alpha\} \tag{2.3}$$

とする.ブートストラップ法によると,これらは各々

$$\hat{K}(x) = P_{\hat{F}}\left(\frac{\hat{\theta}^* - \hat{\theta}}{\hat{\sigma}^*} \leq x\right), \quad \hat{K}^{-1}(\alpha) = \inf\left\{x : \hat{K}(x) \geq \alpha\right\} \tag{2.4}$$

によって推定される.ただし,$\hat{\theta}^*$ と $\hat{\sigma}^*$ は,$\hat{F}$ からのブートストラップ標本 X_1^*, ..., X_n^* に基づく推定量 $\hat{\theta}^* = \hat{\theta}(X_1^*, ..., X_n^*)$ および推定量の標準誤差 $\hat{\sigma}^* = \hat{\sigma}(X_1^*, ..., X_n^*)$ とする.

スチューデント化統計量 $T = (\hat{\theta}-\theta)/\hat{\sigma}$ に基づくパラメータ θ の信頼係数 $1-2\alpha$ のブートストラップ信頼区間は,以下のようにして構成することができる.まず

$$\begin{aligned}
1-2\alpha &= P_F\left\{K^{-1}(\alpha) \leq \frac{\hat{\theta}-\theta}{\hat{\sigma}} \leq K^{-1}(1-\alpha)\right\} \\
&= P_F\left\{\hat{\sigma}K^{-1}(\alpha) - \hat{\theta} \leq -\theta \leq \hat{\sigma}K^{-1}(1-\alpha) - \hat{\theta}\right\} \\
&= P_F\left\{\hat{\theta} - \hat{\sigma}K^{-1}(1-\alpha) \leq \theta \leq \hat{\theta} - \hat{\sigma}K^{-1}(\alpha)\right\}
\end{aligned} \tag{2.5}$$

であることから,(2.3) 式の真のパーセント点 $K^{-1}(\alpha)$ をブートストラップ推定値 $\hat{K}^{-1}(\alpha)$ で置き換えて

$$\left[\hat{\theta}_T[\alpha], \hat{\theta}_T[1-\alpha]\right] = \left[\hat{\theta} - \hat{\sigma}\hat{K}^{-1}(1-\alpha), \quad \hat{\theta} - \hat{\sigma}\hat{K}^{-1}(\alpha)\right] \tag{2.6}$$

で与えられ,**ブートストラップ-t 信頼区間** (bootstrap-t confidence interval) とよばれている.ここで,パーセント点は経験分布関数 $\hat{F}$ からの大きさ n の B 組のブートストラップ標本 $\boldsymbol{x}^*(b) = \{x_1^*(b), ..., x_n^*(b)\}$ $(b = 1, ..., B)$ に対して求めた B 個の推定値 $\hat{\theta}^*(b) = \hat{\theta}(\boldsymbol{x}^*(b))$ と $\hat{\sigma}^*(b) = \hat{\sigma}(\boldsymbol{x}^*(b))$ を用いて,ブートストラップアルゴリズムによって

$$\hat{K}^{-1}(\alpha) \tag{2.7}$$
$$\approx \{\text{大きさの順に並べた } B \text{ 個の } \{\hat{\theta}^*(b) - \hat{\theta}\}/\hat{\sigma}^*(b) \text{ のなかで } B\alpha \text{ 番目の値}\}$$

と近似する．推定量 $\hat{\theta}$ の分散 (σ^2) あるいは標準誤差 (σ) は，デルタ法，ジャックナイフ法 (jackknife method) や**二段階ブートストラップ法** (double bootstrap) によって推定することも考えられる．

[**ジャックナイフ法**] ブートストラップ法が，観測されたデータからの復元抽出を繰り返すことによってブートストラップ標本を抽出したのに対して，規則的な繰り返しによって標本を抽出して推定量の標準誤差を評価する方法がある．これが Quenouille (1949), Tukey (1958) らによって提唱されたジャックナイフ法とよばれる方法である．いま，n 個のデータを $x_1, x_2, \ldots, x_n$ とする．このとき，ジャックナイフ法によると推定量 $\hat{\theta}$ の標準誤差は次のようにして推定される．

(1) まず，n 個のデータの中から x_1 を除いた残りの $n-1$ 個のデータ $x_2, \ldots, x_n$ に基づいて推定量の値を計算し，これを $\hat{\theta}_{(1)}$ とおく．次に，x_2 を除いた残りの $n-1$ 個のデータ $x_1, x_3, \ldots, x_n$ を用いて推定量の値を求め，これを $\hat{\theta}_{(2)}$ とおく．このプロセスを n 個のデータに対して順次繰り返すことによって n 個の推定値
$$\hat{\theta}_{(1)}, \hat{\theta}_{(2)}, \ldots, \hat{\theta}_{(n)}$$
が求まる．

(2) ステップ (1) で求めた n 個の推定値に基づいて，推定量 $\hat{\theta}$ の標準誤差は
$$\hat{\sigma} = \sqrt{\frac{n-1}{n} \sum_{i=1}^{n} \left\{ \hat{\theta}_{(i)} - \hat{\theta}_{(\cdot)} \right\}^2}, \qquad \hat{\theta}_{(\cdot)} = \frac{1}{n} \sum_{i=1}^{n} \hat{\theta}_{(i)} \qquad (2.8)$$
と推定される．

推定量の標準誤差を推定する問題に対して，ジャックナイフ法はブートストラップ法と違って計算量が著しく少なくて済むが，適用できる推定量の範囲はブートストラップ法よりは多少狭くなることに注意する．たとえば，標本中央値 (メジアン) の誤差の推定に対しては有効でないことが知られている (Efron (1982, p.16))．

[**二段階ブートストラップ法**] 正規モデルの仮定のもとでは，推定量の漸近分散を陽に表現することが可能で，十分大きな n に対して有効な分散の推定値を得ることはさほど困難ではない．しかし，ノンパラメトリックモデルのもとではこのような場合はまれで，分散それ自身を数値的に推定する必要がある．

いま，推定量 $\hat{\theta}$ の分散推定にブートストラップ法を用いるとする．観測された

n 個のデータ $\{x_1,\ldots,x_n\}$ からの復元抽出によって,大きさ n のブートストラップ標本を B 組用意する.
$$\{x_1^*(b),\ldots,x_n^*(b)\}, \qquad b=1,\ldots,B$$
各ブートストラップ標本に基づいて推定値 $\hat{\theta}^*(b)$ を求める.ブートストラップ-t 法を適用するにあたっては,この推定値に対する標準誤差 $\hat{\sigma}(\hat{\theta}^*(b)) = \hat{\sigma}(x_1^*(b),\ldots,x_n^*(b))$ を求める必要がある.ブートストラップ法では,これを二段階ブートストラップ標本,すなわち $\{x_1^*(b),\ldots,x_n^*(b)\}$ から再び大きさ n のブートストラップ標本
$$\{x_1^{**}(j),\ldots,x_n^{**}(j)\}, \qquad j=1,\ldots,M$$
を M 組反復抽出して
$$\hat{\sigma}(\hat{\theta}^*(b)) = \sqrt{\frac{1}{M-1}\sum_{j=1}^{M}\left\{\hat{\theta}^{**}(j)-\hat{\theta}^{**}(\cdot)\right\}^2} \tag{2.9}$$
と推定する.ただし,$\hat{\theta}^{**}(j)$ はブートストラップ標本からの二段階ブートストラップ標本 $\{x_1^{**}(j),\ldots,x_n^{**}(j)\}$ に基づく推定値とし
$$\hat{\theta}^{**}(\cdot) = \frac{1}{M}\sum_{j=1}^{M}\hat{\theta}^{**}(j)$$
とする.したがって,分布およびパーセント点は,B 個の
$$T(b) = \frac{\hat{\theta}^*(b)-\hat{\theta}}{\hat{\sigma}(\hat{\theta}^*(b))}, \qquad b=1,\ldots,B \tag{2.10}$$
に基づいて推定される.二段階ブートストラップ法を用いると,合計 $B \times M$ 回のブートストラップ標本の反復抽出を必要とすることになる.

2.1.2　BC_a 法

Efron (1981, 1982) によって紹介されたブートストラップ法に基づくパラメータ θ の近似信頼区間は,推定量 $\hat{\theta}$ の分布 $P_F(\hat{\theta} \leq x)$ のパーセント点をブートストラップ分布 $\hat{G}(x) = P_{\hat{F}}(\hat{\theta}^* \leq x)$ のパーセント点で推定して構成するものであった.ここで,経験分布関数 $\hat{F}$ からの大きさ n の B 組のブートストラップ標本に基づく推定値 $\hat{\theta}^*(1),\ldots,\hat{\theta}^*(B)$ に対して
$$\hat{G}(x) \approx \frac{1}{B}\#\left\{\hat{\theta}^*(b) \leq x\right\} \tag{2.11}$$
と近似する.

パラメトリックブートストラップ法でもみてきたように,一般に推定量の分布は非対称で,その近似精度は推定量のバイアスと歪みの大きさに影響され,精度

の点で問題があることが指摘されてきた．この問題に対して Efron (1981, 1987) は，その一連の論文のなかで近似信頼区間の精度の改良を試みてきた．まず，バイアスの修正を数値的に取り入れた方法を提唱し，次いでバイアスと歪みの修正を同時に取り入れた **BC_a 信頼区間** (bias-corrected and the accelerated confidence interval) とよばれる次の近似信頼区間を提唱した (Efron(1987))．

$$\left[\hat{\theta}_{BC_a}[\alpha],\ \hat{\theta}_{BC_a}[1-\alpha]\right] = \left[\hat{G}^{-1}\left\{\Phi(z(\alpha))\right\},\ \hat{G}^{-1}\left\{\Phi(z(1-\alpha))\right\}\right] \tag{2.12}$$

ただし，$\Phi(\cdot)$ は標準正規分布関数，z_α は標準正規分布の $100\alpha\%$ 点 $\Phi(z_\alpha) = \alpha$ とし

$$z(\alpha) = z_0 + \frac{z_0 + z_\alpha}{1 - a(z_0 + z_\alpha)} \tag{2.13}$$

とする．バイアスの修正項である z_0 は $z_0 = \Phi^{-1}\{\hat{G}(\hat{\theta})\}$ で与えられる．また加速項とよばれる a は，実際上ジャックナイフ影響関数 $(n-1)(\hat{\theta}_{(\cdot)} - \hat{\theta}_{(i)})$ を用いて

$$a = \frac{1}{6} \frac{\sum_{i=1}^{n}(\hat{\theta}_{(\cdot)} - \hat{\theta}_{(i)})^3}{\left\{\sum_{i=1}^{n}(\hat{\theta}_{(\cdot)} - \hat{\theta}_{(i)})^2\right\}^{3/2}} \tag{2.14}$$

と推定する．ただし $\hat{\theta}_{(i)}$ は，i 番目のデータを除く残りの $n-1$ 個のデータに基づく推定値，$\hat{\theta}_{(\cdot)} = \sum_{i=1}^{n}\hat{\theta}_{(i)}/n$ とする．

ノンパラメトリックモデルでは，確率分布 F に関するパラメータ θ の推定量が，統計的汎関数 T に対して $\hat{\theta} = T(\hat{F})$ で与えられるとするとき

$$a = \frac{1}{6} \frac{\sum_{i=1}^{n} T_1^3(x_i; \hat{F})}{\left\{\sum_{i=1}^{n} T_1^2(x_i; \hat{F})\right\}^{3/2}} \tag{2.15}$$

と推定する．ここで $T_1(x_i; \hat{F})$ は，経験影響関数とよばれる量で，点 F での方向微分である影響関数

$$T_1(x_i; F) = \lim_{\varepsilon \to 0} \frac{T((1-\varepsilon)F + \varepsilon\delta_x) - T(F)}{\varepsilon} \tag{2.16}$$

に対して F を経験分布関数 $\hat{F}$ で置き換えたものである．また，δ_x は点 x 上に確率 1 をもつ分布関数 (デルタ関数) とする．実際上，経験影響関数に代えてジャックナイフ影響関数 $(n-1)(\hat{\theta}_{(\cdot)} - \hat{\theta}_{(i)})$ を用いたのが (2.14) 式である．

仮に，(2.13) 式においてバイアス修正項 z_0 と加速項 a をともに 0 とすると

$z(\alpha) = z_\alpha$ となり，(2.12) 式の BC_a 信頼区間は $[\hat{G}^{-1}(\alpha), \hat{G}^{-1}(1-\alpha)]$ となって，基本的なパーセンタイル信頼区間に帰着されることがわかる．

バイアス修正項 z_0 は，与えられた推定量に対して (2.11) 式を用いて次のように計算機上で自動的に求めることができる．

$$z_0 = \Phi^{-1}\left(\hat{G}(\hat{\theta})\right) \approx \Phi^{-1}\left(\frac{1}{B}\#\left\{\hat{\theta}^*(b) \leq \hat{\theta}\right\}\right) \qquad (2.17)$$

これに対して，一般には修正項 a を求めるには，推定量の影響関数を解析的に導く必要があり，計算機上で完全に自動化された方法ではない．Efron の提唱した (2.12) 式の BC_a 信頼区間は，その理論的基礎を推定量の正規化変換に置いている．すなわち

$$\frac{g(\hat{\theta}) - g(\theta)}{1 + ag(\theta)} + z_0 \qquad (2.18)$$

の分布が標準正規分布となるような単調増加関数 g の存在を仮定して，BC_a 区間は構成された．その特徴は，関数 g を具体的に導出する過程をブートストラップ反復抽出で置き換えている点にある (詳しくは，Efron (1987), Konishi (1991), DiCiccio and Efron (1996) を参照されたい)．さらに，DiCiccio and Efron (1992) は，BC_a 信頼区間の計算量を軽減するためにその解析的近似である ABC 信頼区間 (approximate bootstrap confidence intervals) を提唱した．これは，信頼区間の構成にバイアス修正項，加速項に加えて，非線形性の要因を考慮したものである．ABC 法の構成法については，Efron and Tibshirani (1993, 14 章, 22 章), DiCiccio and Efron (1996, 4 節) を参照されたい．ブートストラップ法の因子分析への応用については，Ichikawa and Konishi (1995, 2002) を参照されたい．

2.2 近似精度の評価

本節では，ブートストラップ分布およびブートストラップ信頼区間の近似精度をどのような基準に基づいて評価したかを簡単に述べる．近似精度を評価するための基本的な道具として用いられたのが，エッジワース展開とよばれる漸近展開式と，パーセント点の展開式であるコーニッシュ・フィッシャー (逆) 展開であった (Hall (1992))．また，有効なエッジワース展開が可能な推定量のクラスとしてブートストラップ法の理論研究でしばしば用いられたのが，本節最後に紹介する多変量ベクトル平均の十分滑らかな関数として表される推定量 (Bhattacharya and Ghosh (1978), Hall (1992)) および十分滑らかな統計的汎関数で定義される推定量である (小西・北川 (2004, p.68)).

2.2.1 ブートストラップ分布の近似精度

未知の確率分布 F に関するあるパラメータ θ を推定量 $\hat{\theta} = \hat{\theta}(\boldsymbol{X})$ で推定したとする.このとき,$n \to +\infty$ に対して $\sqrt{n}(\hat{\theta}-\theta)$ の分布が正規分布に法則収束するとき,推定量は漸近正規性を有するという.

推定量の分布
$$H(x) = \mathrm{P}_F\left\{\sqrt{n}(\hat{\theta}-\theta) \leq x\right\} \tag{2.19}$$
のブートストラップ推定値は
$$\hat{H}(x) = \mathrm{P}_{\hat{F}}\left\{\sqrt{n}(\hat{\theta}^*-\hat{\theta}) \leq x\right\} \tag{2.20}$$
で与えられた (1.2.2 項参照).このブートストラップ分布の近似精度はどの程度であろうか.この問題に対して,真の分布とそのブートストラップ分布との距離を,たとえば,
$$\sup_x \left|\mathrm{P}_F\left\{\sqrt{n}(\hat{\theta}-\theta) \leq x\right\} - \mathrm{P}_{\hat{F}}\left\{\sqrt{n}(\hat{\theta}^*-\hat{\theta}) \leq x\right\}\right| \tag{2.21}$$
で測り,その誤差を評価できればよい.しかし,ノンパラメトリックなモデルのもとでの誤差評価は一般に困難で,このため $n \to +\infty$ としたときの漸近的な様相を調べる研究が行われた.

実際,多くの推定量に対して,ある正則条件のもとで (2.21) 式は,$n \to +\infty$ のとき確率 1 で 0 に収束し,収束のオーダーは $O(n^{-1/2})$ であることが示される.大雑把にいえば,漸近正規性を有する推定量 $\hat{\theta}$ に対して,基本的なブートストラップ分布の近似精度は,$\sqrt{n}(\hat{\theta}-\theta)$ の分布の正規近似の精度とほぼ同程度と考えられる.

例 5.〔標本平均〕 正規分布 $N(\mu, \sigma^2)$ からの大きさ n のランダムサンプルに基づく標本平均 $\overline{X}$ に対して,$\sqrt{n}\,\overline{X}$ の分散の推定量は,標本分散 s^2 である.また,標準誤差の推定量 s が $\sqrt{n}$-一致性すなわち $s = \sigma + O_p(n^{-1/2})$ であることに注意すると,確率 1 で
$$\sup_x \left|\mathrm{P}_{N(\mu,\sigma^2)}\left\{\sqrt{n}(\overline{X}-\mu) \leq x\right\} - \mathrm{P}_{N(\overline{x},s^2)}\left\{\sqrt{n}(\overline{X}^*-\overline{x}) \leq x\right\}\right|$$
$$= \sup_x \left|\Phi\left(\frac{x}{\sigma}\right) - \Phi\left(\frac{x}{s}\right)\right| = O(n^{-1/2}) \tag{2.22}$$

であることが示される.

例 6.〔標本相関係数〕 標本相関係数に対しても同様に, $r = \rho + O_p(n^{-1/2})$ であることに注意すると, (1.58) と (1.59) の両式より確率 1 で

$$\sup_x \left| P_{N_2(\mu,\Sigma)} \left\{ \sqrt{n}(r-\rho) \le x \right\} - P_{N_2(\overline{x},S)} \left\{ \sqrt{n}(r^*-r) \le x \right\} \right| = O(n^{-1/2}) \quad (2.23)$$

となり, また

$$\sup_x \left| P_{N_2(\mu,\Sigma)} \left\{ \sqrt{n}(r-\rho) \le x \right\} - \Phi\left(\frac{x}{1-r^2}\right) \right| = O(n^{-1/2}) \quad (2.24)$$

であることが示される. したがって, ブートストラップ分布推定の近似精度は, だいたい極限分布に基づく正規近似と同程度と考えられる.

以上の議論から, ブートストラップ分布の**漸近的一致性**とは, $n \to +\infty$ のとき, $P_{\hat{F}}\{\sqrt{n}(\hat{\theta}^* - \hat{\theta}) \le x\}$ が $P_F\{\sqrt{n}(\hat{\theta} - \theta) \le x\}$ と同じ極限分布に弱収束するときと定義することができる. ブートストラップ法を適用しようとするとき, 推定量がこの性質を満たすものであるかどうかを調べておく必要がある. 本節最後に述べる多変量ベクトル平均の滑らかな関数として表される推定量, 滑らかな統計的汎関数で定義される推定量 (小西・北川 (2004, p.68)) に対しては, 漸近的一致性を示すことができる. 多変量解析においては, 標本分散共分散行列 S の連続微分可能な関数として表される推定量がこれに相当する (Beran and Srivastava (1985)).

ブートストラップ分布の漸近的一致性, 近似精度の研究は, Bickel and Freedman (1981), Singh (1981) の論文に端を発し, その後, Babu and Singh (1983), Beran (1982) らによって幅広く研究された. これらの理論研究は, 基本的なブートストラップ法が, 未知の確率分布 F を経験分布関数 $\hat{F}$ で推定したのに対して, 一般にある分布関数で推定した場合に拡張し, さまざまな角度から検討が加えられた. このような研究に関しては, レビュー論文 DiCiccio and Romano (1988, 3 節) を参照されたい.

ブートストラップ法による分布推定が有効に機能しない場合も研究され, Bickel and Freedman (1981) は, U-統計量, 極値統計量に基づいて構成された反例をあげた. そのほか, DiCiccio and Romano (1988, 3.3 節) にいくつかの反例がまとめられている.

2.2.2 ブートストラップ信頼区間の近似精度

ブートストラップ信頼区間の近似精度も $n \to +\infty$ としたときの収束のオーダーを調べることによって,次のように評価することができる.

もし,$\sqrt{n}(\hat{\theta}-\theta)$ の分布 $H(x) = P_F\{\sqrt{n}(\hat{\theta}-\theta) \leq x\}$ の真の $100\alpha\%$ 点 $H^{-1}(\alpha)$ が求まれば,θ に対する精密な $(1-\alpha)$-上側信頼限界は

$$\begin{aligned}
P_F\left\{H^{-1}(\alpha) \leq \sqrt{n}(\hat{\theta}-\theta)\right\} &= P_F\left\{n^{-1/2}H^{-1}(\alpha) \leq \hat{\theta}-\theta\right\} \\
&= P_F\left\{\theta \leq \hat{\theta}-n^{-1/2}H^{-1}(\alpha)\right\} \\
&= 1-\alpha \quad (2.25)
\end{aligned}$$

であることから

$$\hat{\theta}_{EX}[1-\alpha] = \hat{\theta}-n^{-1/2}H^{-1}(\alpha) \quad (2.26)$$

で与えられる.しかし,$H^{-1}(\alpha)$ の値は未知であるから,これを何らかの方法で推定する必要がある.ブートストラップ法では,これを経験分布関数 $\hat{F}$ に対して,

$$\hat{H}^{-1}(\alpha) = \inf\left[x : P_{\hat{F}}\left\{\sqrt{n}\left(\hat{\theta}^*-\hat{\theta}\right) \leq x\right\} \geq \alpha\right] \quad (2.27)$$

と推定し,(2.26) 式の近似 $(1-\alpha)$-上側信頼限界

$$\hat{\theta}_B[1-\alpha] = \hat{\theta}-n^{-1/2}\hat{H}^{-1}(\alpha) \quad (2.28)$$

を求めた.したがって,(2.26) 式の真の $(1-\alpha)$-上側信頼限界に対しては

$$\begin{aligned}
P_F\left\{\theta \leq \hat{\theta}_{EX}[1-\alpha]\right\} &= 1-P_F\left\{\sqrt{n}(\hat{\theta}-\theta) \leq H^{-1}(\alpha)\right\} \\
&= 1-\alpha \quad (2.29)
\end{aligned}$$

であるが,そのブートストラップ推定値 $\hat{\theta}_B[1-\alpha]$ に対しては

$$\begin{aligned}
P_F\left\{\theta \leq \hat{\theta}_B[1-\alpha]\right\} &= 1-P_F\left\{\sqrt{n}(\hat{\theta}-\theta) \leq \hat{H}^{-1}(\alpha)\right\} \\
&= 1-\alpha+(誤差項) \quad (2.30)
\end{aligned}$$

となる.ただし,$H(x)$ は連続な狭義増加関数とする.

多くの推定量に対して,この誤差項のオーダーを評価すると,

$$P_F\left\{\theta \leq \hat{\theta}_B[1-\alpha]\right\} = 1-\alpha+O(n^{-1/2}) \quad (2.31)$$

となることが示される.このとき,$(1-\alpha)$-上側信頼限界 $\hat{\theta}_B[1-\alpha]$ は,**1 次の精度** (first-order accuracy) を有すると定義する.また,もし

$$P_F\left\{\theta \leq \hat{\theta}_B[1-\alpha]\right\} = 1-\alpha+O(n^{-1}) \quad (2.32)$$

が満たされれば,$(1-\alpha)$-上側信頼限界 $\hat{\theta}_B[1-\alpha]$ は,**2 次の精度** (second-order accuracy) を有すると定義する.さらに,精密な上側信頼限界との確率誤差を比

較して,
$$\hat{\theta}_{EX}[1-\alpha] - \hat{\theta}_B[1-\alpha] = O_p(n^{-3/2}) \qquad (2.33)$$
となるとき,近似信頼限界は **2 次の正確さ** (second-order correctness) を有するという.これは,理論信頼限界とブートストラップ信頼限界が, $n^{-1} = (n^{-1/2})^2$ の項まで一致していることを示す.

このように,データ数 n を十分大きくしたときの漸近的な様相を調べることによって,ブートストラップ分布および信頼区間の近似精度の 1 つの目安を与えることができる.このような基準をもとにブートストラップ-t 法と BC_a 法の近似精度を評価すると,次のようにまとめることができる.

[ブートストラップ-t 法の近似精度] 推定量 $\sqrt{n}\hat{\theta}$ の推定標準誤差 $\hat{\sigma}$ で基準化したスチューデント化された統計量
$$T = \frac{\sqrt{n}(\hat{\theta}-\theta)}{\hat{\sigma}}$$
を基準量としてとることによって,近似精度の改善がはかられるということは,Efron (1982), Hinkley and Wei (1984) らによって示唆され,Hall (1988) によって理論的に近似精度が評価された.すなわち,もし推定量が多変量ベクトル平均の十分滑らかな関数として表されるものであれば,θ に対する精密な $(1-\alpha)$-上側信頼限界は,
$$K(x) = \mathrm{P}_F\left\{\frac{\sqrt{n}(\hat{\theta}-\theta)}{\hat{\sigma}} \leq x\right\}, \quad K^{-1}(\alpha) = \inf\{x:\ K(x) \geq \alpha\} \quad (2.34)$$
に対して
$$\begin{aligned}
\mathrm{P}_F\left\{K^{-1}(\alpha) \leq \frac{\sqrt{n}(\hat{\theta}-\theta)}{\hat{\sigma}}\right\} &= \mathrm{P}_F\left\{n^{-1/2}\hat{\sigma}K^{-1}(\alpha) \leq \hat{\theta}-\theta\right\} \\
&= \mathrm{P}_F\left\{\theta \leq \hat{\theta} - n^{-1/2}\hat{\sigma}K^{-1}(\alpha)\right\} \\
&= 1-\alpha \qquad (2.35)
\end{aligned}$$
であることから
$$\hat{\theta}_{EX}[1-\alpha] = \hat{\theta} - n^{-1/2}\hat{\sigma}K^{-1}(\alpha) \qquad (2.36)$$
で与えられる.

ブートストラップ-t 法の $(1-\alpha)$-上側信頼限界とは,(2.36) 式の $K^{-1}(\alpha)$ をそのブートストラップ推定値 $\hat{K}^{-1}(\alpha)$ で置き換えたものであることから
$$\hat{\theta}_{BT}[1-\alpha] = \hat{\theta} - n^{-1/2}\hat{\sigma}\hat{K}^{-1}(\alpha) \qquad (2.37)$$

である.このとき

$$\mathrm{P}_F\left\{\theta \leq \hat{\theta}_{BT}[1-\alpha]\right\} = 1-\mathrm{P}_F\left\{\frac{\sqrt{n}(\hat{\theta}-\theta)}{\hat{\sigma}} \leq \hat{K}^{-1}(\alpha)\right\}$$
$$= 1-\alpha+O(n^{-1}) \qquad (2.38)$$

となることが示される.このことは,推定量が十分滑らかな統計的汎関数で定義されるものであれば同様に成り立つ.したがって,$\sqrt{n}(\hat{\theta}-\theta)$ に基づく上側信頼限界 $\hat{\theta}_B[1-\alpha]$ が **1 次の精度** ((2.31) 式) しかもたないのに対して,スチューデント化統計量 $T=\sqrt{n}(\hat{\theta}-\theta)/\hat{\sigma}$ に基づく上側信頼限界 $\hat{\theta}_{BT}[1-\alpha]$ は,**2 次の精度**をもち近似精度の改善がはかられていることが示される.

では,ブートストラップ法を適用する代わりに,直接スチューデント化された統計量 T を平均 0,分散 1 の正規分布で近似したらどうか.これは,(2.37) 式の推定パーセント点 $\hat{K}^{-1}(\alpha)$ を標準正規分布の $100\alpha\%$ 点 z_α で置き換えることをさし,したがって上側信頼限界 $\hat{\theta}_N[1-\alpha]=\hat{\theta}_n-n^{-1/2}\hat{\sigma}z_\alpha$ を用いることに相当する.このとき,一般に $\hat{\theta}_{EX}[1-\alpha]-\hat{\theta}_N[1-\alpha]=O_p(n^{-1})$ であり,$\hat{\theta}_N[1-\alpha]$ は 1 次の精度を有することになり,近似精度の改善ははかられない.すなわち,もし推定量の分散を有効に推定でき,スチューデント化された統計量を構成できるのであれば,正規近似を行うよりもブートストラップ法を適用する方が,2 次の精度が得られるという意味で良いといえる.このような点からもブートストラップ法の有効性を示唆することができる.

[BC_a 信頼区間の近似精度] (2.12) 式で与えられた BC_a 信頼区間の近似精度は,$(1-\alpha)$-上側信頼限界 $\hat{\theta}_{BC_a}[1-\alpha]=\hat{G}^{-1}\{\Phi(z(1-\alpha))\}$ に対して

$$\mathrm{P}_F\left\{\theta \leq \hat{\theta}_{BC_a}[1-\alpha]\right\} = 1-\alpha+O(n^{-1}) \qquad (2.39)$$

であることが示される.すなわち BC_a 信頼区間は **2 次の精度**を有するといえる.Efron (1987) は,1 母数モデルのもとで,BC_a 区間は 2 次の精度を有することを示した.Hall (1988) は,多変量ベクトル平均の滑らかな関数によるモデルのもとで,また Konishi (1991) は,統計的汎関数で定義される推定量に対してそれぞれ 2 次の精度を有していることを示した.

[多変量平均ベクトルの滑らかな関数によるモデル] ある標本空間 Ω 上の未知の確率分布 F からの大きさ n のランダムサンプルを $X_1, X_2, \ldots, X_n$ とする.関心のあるパラメータ $\theta=T(F)$ を推定量 $\hat{\theta}=T(\hat{F})$ で推定する.滑らかな関

数によるモデルとは,パラメータ θ がある平均ベクトルの十分滑らかな実数値関数で表されるモデルをいう.これは,エッジワース展開の有効性を示すために Bhattacharya and Ghosh (1978) が導入したもので,Hall (1988), DiCiccio and Romano (1990) らはブートストラップ信頼区間の近似精度を評価するためのモデルとして用いた.

いま,Ω 上の q 個の実数値関数 $g^{(1)}(\cdot), g^{(2)}(\cdot), \ldots, g^{(q)}(\cdot)$ に対して

$$\boldsymbol{Y}_\alpha = \left(g^{(1)}(X_\alpha), g^{(2)}(X_\alpha), \ldots, g^{(q)}(X_\alpha)\right)^T = \boldsymbol{g}(X_\alpha) \qquad (2.40)$$

とおき,その期待値を

$$\boldsymbol{\mu}(F) = \mathrm{E}_F\left[\boldsymbol{g}(X_\alpha)\right] \qquad (2.41)$$

とする.このとき,十分滑らかな関数 $h: R^q \to R$ に対して,パラメータ $\theta = T(F)$ が $\theta = h(\boldsymbol{\mu}(F))$ と表されると仮定する.

経験分布関数 $\hat{F}$ に対して

$$\boldsymbol{\mu}(\hat{F}) = \mathrm{E}_{\hat{F}}\left[\boldsymbol{g}(X_\alpha)\right] = \frac{1}{n}\sum_{\alpha=1}^{n}\boldsymbol{Y}_\alpha = \overline{\boldsymbol{Y}} \qquad (2.42)$$

であることに注意すると,θ の 1 つの推定量 $\hat{\theta} = h(\boldsymbol{\mu}(\hat{F})) = h(\overline{\boldsymbol{Y}})$ が求まる.したがって,Bhattacharya and Ghosh (1978) で述べられた正則条件のもとで,$\sqrt{n}\{h(\overline{\boldsymbol{Y}}) - h(\boldsymbol{\mu}(F))\}$ の分布のエッジワース展開を求め,ブートストラップ分布推定の解析的な表現を得ることができ,(2.21) 式や (2.30) 式の誤差項の収束のオーダーを求めて近似精度を評価したといえる.

3

予測誤差推定

予測誤差 (prediction error) は，観測データから構築したモデルが将来のデータに対してどの程度有効に機能するかを示す1つの尺度を与える．本章では，はじめに判別分析の枠組みでの予測誤差のブートストラップ推定について述べる．次に，回帰分析における予測誤差推定について触れ，最後にモデル評価基準の1つとして広く用いられている情報量規準をブートストラップ法に基づいて構成する方法について述べる．

3.1 判別・識別

3.1.1 判別関数

ある対象あるいは個体を特徴づける p 個の特性 $\boldsymbol{x} = (x_1, \ldots, x_p)^T$ について観測した n 組のデータを $\chi_n = \{(\boldsymbol{x}_i, y_i); i = 1, \ldots, n\}$ とする．ただし，y_i は p 次元データ $\boldsymbol{x}_i$ の属する群を表すラベル変数とする．たとえば，2群判別においては $\boldsymbol{x}_i$ が群 G_1 に属する場合は $y_i = 1$，群 G_2 へ属する場合には $y_i = 0$ とする．多群判別の場合には，複数の群の中で $\boldsymbol{x}_i$ が属する群の番号を対応させる．

2群の判別分析で最も基本的なフィッシャーの線形判別関数 (Fisher's linear discriminant function) は，群 G_1 の n_1 個の p 次元データと群 G_2 の n_2 個の p 次元データを，それぞれ標本平均ベクトル $\overline{\boldsymbol{x}}_1, \overline{\boldsymbol{x}}_2$ と (不偏) 標本分散共分散行列 S_1, S_2 に集約して，次のように変数の線形結合で与えられる．

$$h(\boldsymbol{x}|\chi_n) = (\overline{\boldsymbol{x}}_1 - \overline{\boldsymbol{x}}_2)^T S^{-1} \boldsymbol{x} - \frac{1}{2}(\overline{\boldsymbol{x}}_1 - \overline{\boldsymbol{x}}_2)^T S^{-1} (\overline{\boldsymbol{x}}_1 + \overline{\boldsymbol{x}}_2) \quad (3.1)$$

ただし，S は共通の標本分散共分散行列で $S = \{(n_1-1)S_1 + (n_2-1)S_2\}/(n_1+n_2-2)$ とする．

このときフィッシャーの線形判別法とは，群 G_1 または G_2 のどちらか一方の群から観測されたデータ $\boldsymbol{x}$ を次のように判別する．

$$y = \begin{cases} 1 & (\text{群 } G_1) \quad \text{もし} \quad h(\boldsymbol{x}|\boldsymbol{\chi}_n) \geq 0 \\ 0 & (\text{群 } G_2) \quad \text{もし} \quad h(\boldsymbol{x}|\boldsymbol{\chi}_n) < 0 \end{cases} \quad (3.2)$$

これは，判別関数に対して $h(\boldsymbol{x}|\boldsymbol{\chi}_n) = 0$ を境界として，データの観測される領域 R を次の 2 つの互いに排反な判別領域に分割することと同等である．

$$R_1 = \{\boldsymbol{x};\ h(\boldsymbol{x}|\boldsymbol{\chi}_n) \geq 0\}, \qquad R_2 = \{\boldsymbol{x};\ h(\boldsymbol{x}|\boldsymbol{\chi}_n) < 0\} \quad (3.3)$$

複数の群 $G_1, G_2, \ldots, G_K$ を対象とする多群判別に対しては，2 群の判別方式を任意の 2 つの群に適用して互いに排反な K 個の領域に分割した判別領域を構成することができる．あるいは，それぞれの群を確率分布モデル $f_j(\boldsymbol{x}|\boldsymbol{\theta}_j)$ $(j = 1, \ldots, K)$ で特徴づけることができる場合には，ベイズの定理より**事後確率**

$$\Pr(Y = k|\boldsymbol{\chi}_n) = \frac{\pi_k f_k(\boldsymbol{x}|\hat{\boldsymbol{\theta}}_k)}{\sum_{j=1}^{K} \pi_j f_j(\boldsymbol{x}|\hat{\boldsymbol{\theta}}_j)} \quad (3.4)$$

を最大とする群 G_k へ判別する．ただし，π_j は各群に対する事前確率とし，$\hat{\boldsymbol{\theta}}_k$ はパラメータベクトル $\boldsymbol{\theta}_k$ の推定値とする．事前確率は，各群 G_k に属するデータ数 n_k に対して $\pi_k = n_k/n$ $(n = n_1 + \cdots + n_K)$ とする．

特に，確率分布モデルとして p 次元正規分布

$$f_k(\boldsymbol{x}|\boldsymbol{\theta}_k) = \frac{1}{(2\pi)^{p/2}|\Sigma_k|^{1/2}} \exp\left\{-\frac{1}{2}(\boldsymbol{x}-\boldsymbol{\mu}_k)^T \Sigma_k^{-1}(\boldsymbol{x}-\boldsymbol{\mu}_k)\right\} \quad (3.5)$$

を仮定し，各群の平均ベクトル $\boldsymbol{\mu}$ を標本平均ベクトル $\overline{\boldsymbol{x}}_1$ で，また各群の分散共分散行列を共通の標本分散共分散行列 S で置き換えた**多群の線形判別法**は，データ $\boldsymbol{x}$ を事後確率を最大とする群，すなわち

$$\operatorname{argmax}_k \left[\log\left\{\pi_k f_k(\boldsymbol{x}|\hat{\boldsymbol{\theta}}_k)\right\}\right] \quad (3.6)$$

の群へ判別する．ここで，各群に共通に含まれる項を取り除くと

$$\log\left\{\pi_k f_k(\boldsymbol{x}|\hat{\boldsymbol{\theta}}_k)\right\} \approx \overline{\boldsymbol{x}}_k^T S^{-1}\boldsymbol{x} - \frac{1}{2}\overline{\boldsymbol{x}}_k^T S^{-1}\overline{\boldsymbol{x}}_k + \log \pi_k \quad (3.7)$$

の値が最大の群へ判別する．また，**2 次判別法**ではそれぞれの群の標本分散共分散行列 S_k を用いた

$$\log\left\{\pi_k f_k(\boldsymbol{x}|\hat{\boldsymbol{\theta}}_k)\right\}$$
$$\approx -\frac{1}{2}\log|S_k| - \frac{1}{2}(\boldsymbol{x}-\overline{\boldsymbol{x}}_k)^T S_k^{-1}(\boldsymbol{x}-\overline{\boldsymbol{x}}_k) + \log \pi_k \quad (3.8)$$

を最大とする群へ判別する．

判別分析には，このように線形判別，2 次判別，非線形判別などのさまざまな判別法が提案されている．一般に，どの群に属するかすでにわかっているデータ

χ_n (学習データ) に基づいて構成した判別法を $r(\boldsymbol{x}|\chi_n)$ とする.たとえば,(3.2) 式は線形判別関数に基づく 2 群の判別法を与える.われわれが判別しようとするデータ $\boldsymbol{x}$ に対して $r(\boldsymbol{x}|\chi_n)$ は,2 群判別の場合には 1 または 0 を出力し,多群判別の場合にはあらかじめ設定した複数の群のいずれかの群番号を出力するとする.

次に,ある判別法の良さあるいは悪さを測る指標として,対象とするいずれかの群から観測されたデータ $(\boldsymbol{x}_0, y_0)$ に対して

$$Q[y_0, r(\boldsymbol{x}_0|\chi_n)] = \begin{cases} 0 & y_0 = r(\boldsymbol{x}_0|\chi_n) \text{ のとき} \\ 1 & y_0 \neq r(\boldsymbol{x}_0|\chi_n) \text{ のとき} \end{cases} \quad (3.9)$$

を用いるとする.この関数は,y_0 が観測データ $\boldsymbol{x}_0$ の属する群を表すラベル変数であることから,正しく判別されたら 0 を,そうでなければ 1 を対応させた関数であることがわかる.

学習データに基づいて構築した判別法の良さを評価するためには,将来のデータをどの程度正しく判別 (識別) する能力があるかを測る必要がある.このため,学習データ $\boldsymbol{z}_1 = (\boldsymbol{x}_1, y_1), \boldsymbol{z}_2 = (\boldsymbol{x}_2, y_2), \ldots, \boldsymbol{z}_n = (\boldsymbol{x}_n, y_n)$ を生成した確率分布を F として,この学習データとは独立に将来同じ確率構造 F からランダムに採られたデータ $(\boldsymbol{X}_0, Y_0) = (\boldsymbol{x}_0, y_0)$ に対して

$$\text{PRE}(\chi_n, F) = \text{E}_F\left[Q[Y_0, r(\boldsymbol{X}_0|\chi_n)]\right] \quad (3.10)$$

で評価する.これは,**予測誤差** (prediction error) とよばれ,この値をどのように推定するかが予測誤差推定の本質的な問題である.

ここで,将来のデータに代えて判別法の構築に用いたデータ $\chi_n = \{(\boldsymbol{x}_i, y_i); i = 1, \ldots, n\}$ を再び用いて予測誤差を推定したのが,**見かけ上の誤判別率** (apparent error rate) とよばれる

$$\text{APE}(\chi_n, \hat{F}) = \frac{1}{n} \sum_{i=1}^n Q[y_i, r(\boldsymbol{x}_i|\chi_n)] \quad (3.11)$$

である.入力データ $\boldsymbol{x}_i$ に対して $y_i = r(\boldsymbol{x}_i|\chi_n)$ と出力しなかったデータの割合,すなわち誤判別したデータの割合を示している.これは,未知の確率分布 F を学習データ $\boldsymbol{z}_1 = (\boldsymbol{x}_1, y_1), \boldsymbol{z}_2 = (\boldsymbol{x}_2, y_2), \ldots, \boldsymbol{z}_n = (\boldsymbol{x}_n, y_n)$ の各点で等確率 $1/n$ をもつ経験分布関数 $\hat{F}$ で推定して,(3.10) 式の期待値を $\hat{F}$ に関してとったもの,すなわち

$$\begin{aligned} \text{PRE}(\chi_n, \hat{F}) &= \text{E}_{\hat{F}}\left[Q[Y_0, r(\boldsymbol{X}_0|\chi_n)]\right] \\ &= \frac{1}{n} \sum_{i=1}^n Q[y_i, r(\boldsymbol{x}_i|\chi_n)] \end{aligned} \quad (3.12)$$

としたものである.

見かけ上の誤判別率は，判別法を構築したデータとその評価に同じデータを用いることから予測誤差を過小に推定する傾向がある．**交差検証法** (cross-validation; Stone (1974)) は，学習データそれ自身を判別法の構築に用いるデータと (3.10) 式の予測誤差の推定に用いるデータに分離して推定を行う方法で，次のようにして実行する．

まず，n 個のデータのなかから i 番目のデータ $(\boldsymbol{x}_i, y_i)$ を取り除いた残りの $n-1$ 個のデータ $\boldsymbol{\chi}_n^{(-i)}$ に基づいて判別法を構築し，これを $r(\boldsymbol{x}|\boldsymbol{\chi}_n^{(-i)})$ とする．取り除いたデータ $(\boldsymbol{x}_i, y_i)$ を判別して評価式 $Q[y_i, r(\boldsymbol{x}_i|\boldsymbol{\chi}_n^{(-i)})]$ で正しく判別されたか否かを測る．このプロセスをすべてのデータに適用して

$$\mathrm{CV} = \frac{1}{n}\sum_{i=1}^{n} Q[y_i, r(\boldsymbol{x}_i|\boldsymbol{\chi}_n^{(-i)})] \tag{3.13}$$

によって (3.10) 式の予測誤差を推定したのが交差検証法である．

一般には n 個の観測データを L 個のほぼ大きさの等しいデータ集合 $\{\boldsymbol{\chi}_1, \boldsymbol{\chi}_2, \dots, \boldsymbol{\chi}_L\}$ に分割して，i 番目の $\boldsymbol{\chi}_i$ を除く $L-1$ 個のデータ集合でモデルを推定する．推定したモデルを取り除いた n/L 個のデータを含む $\boldsymbol{\chi}_i$ で評価し，このプロセスを $i = 1, \dots, L$ に対して順に実行して，その平均値を予測誤判別率の推定値とする．この方法は **L 分割交差検証法** (L-fold cross-validation) とよばれる．特に，$L = n$ としたのが通常用いられる交差検証法で，leave-one-out cross-validation とよばれる．

3.1.2 ブートストラップ予測誤差推定

(3.11) 式で定義される見かけ上の誤判別率は，判別法の構築に用いたデータを再び用いて予測誤差を推定していることから，一般に予測誤差を過小に推定する．そこで，見かけ上の誤判別率という 1 つの推定量で (3.10) 式の予測誤差を推定したとき，平均的にどの程度過小に推定しているか，すなわちバイアス

$$\mathrm{bias}(F) = \mathrm{E}_{F(\boldsymbol{z})}\left[\mathrm{E}_F[Q[Y_0, r(\boldsymbol{X}_0|\boldsymbol{\chi}_n)]] - \frac{1}{n}\sum_{i=1}^{n} Q[Y_i, r(\boldsymbol{X}_i|\boldsymbol{\chi}_n)]\right] \tag{3.14}$$

を推定できれば，見かけ上の誤判別率の過小推定に対する補正項として用いることができる．この値は，ブートストラップ法を適用すると次のように推定される．

まずブートストラップ法の基本的な考え方は，データを発生した確率分布を経験分布関数 $\hat{F}$ で推定することであった．次に経験分布関数からの大きさ n のブー

トストラップ標本の反復抽出,すなわち学習データ $\chi_n = \{(\bm{x}_i, y_i); i = 1, \ldots, n\}$ からの復元抽出によって求めた B 組のブートストラップ標本を

$$\bm{\chi}_n^*(b) = \{(\bm{x}_i^*(b), y_i^*(b)); i = 1, \ldots, n\}, \qquad b = 1, \ldots, B \qquad (3.15)$$

とする.

ある1組のブートストラップ標本 $\bm{\chi}_n^*(b) = \{(\bm{x}_i^*(b), y_i^*(b)); i = 1, \ldots, n\}$ を学習データとみて判別法を構成し,これを $r(\bm{x}|\bm{\chi}_n^*(b))$ とする.このとき予測誤差は,(3.10) 式において未知の確率分布 F を経験分布関数 $\hat{F}$ で置き換えると

$$\begin{aligned}\mathrm{PRE}(\bm{\chi}_n^*(b), \hat{F}) &= \mathrm{E}_{\hat{F}}\left[Q[Y, r(\bm{X}|\bm{\chi}_n^*(b))]\right] \\ &= \frac{1}{n}\sum_{i=1}^n Q[y_i, r(\bm{x}_i|\bm{\chi}_n^*(b))] \qquad (3.16)\end{aligned}$$

と表される.あるブートストラップ標本で構成した判別法を学習データで評価しているといえる.

一方,見かけ上の誤判別率とは,判別法を構成するのに用いたデータを再び用いて予測誤差を推定することから

$$\mathrm{APE}(\bm{\chi}_n^*(b), \hat{F}^*) = \frac{1}{n}\sum_{i=1}^n Q[y_i^*(b), r(\bm{x}_i^*(b)|\bm{\chi}_n^*(b))] \qquad (3.17)$$

で与えられる.ただし,$\hat{F}^*$ は $\bm{\chi}_n^*(b) = \{(\bm{x}_i^*(b), y_i^*(b)); i = 1, \ldots, n\}$ 上の各点に等確率 $1/n$ を付与した経験分布関数とする.

したがって,(3.14) 式のバイアスのブートストラップ推定値は

$$\mathrm{bias}(\hat{F}) \qquad (3.18)$$
$$= \mathrm{E}_{\hat{F}}\left[\frac{1}{n}\sum_{i=1}^n Q[y_i, r(\bm{x}_i|\bm{\chi}_n^*(b))] - \frac{1}{n}\sum_{i=1}^n Q[y_i^*(b), r(\bm{x}_i^*(b)|\bm{\chi}_n^*(b))]\right]$$

で与えられる.この経験分布関数に関する期待値は,(3.15) 式の B 個のブートストラップ標本に関する平均値

$$\mathrm{bias}(\hat{F})^{(BS)} \qquad (3.19)$$
$$= \frac{1}{B}\sum_{b=1}^B \left\{\frac{1}{n}\sum_{i=1}^n Q[y_i, r(\bm{x}_i|\bm{\chi}_n^*(b))] - \frac{1}{n}\sum_{i=1}^n Q[y_i^*(b), r(\bm{x}_i^*(b)|\bm{\chi}_n^*(b))]\right\}$$

によって数値的に近似される.

以上より,予測誤差を過小推定する傾向がある見かけ上の誤判別率のバイアスの推定値を加えて補正した

$$\mathrm{APE}^{(BS)}(\bm{\chi}_n, \hat{F}) = \frac{1}{n}\sum_{i=1}^n Q[y_i, r(\bm{x}_i|\bm{\chi}_n)] + \mathrm{bias}(\hat{F})^{(BS)} \qquad (3.20)$$

を予測誤差の推定値として用いる.

交差検証法では，判別法を構築するためのデータの一部をテストデータとして用いて予測誤差を推定した．これに対してブートストラップ法では，学習データから反復抽出したブートストラップ標本を用いて判別法を構築していることからわかるように，ブートストラップ標本を学習データとみなして，一方，学習データそれ自身をテストデータとして予測誤差を推定していることがわかる．

3.1.3　0.632 推定量

前項では，予測誤差を見かけ上の誤判別率で推定したときのバイアスをブートストラップ法で推定する方法について述べた．しかし，このバイアスの補正量を加えても (3.20) 式は，予測誤差を小さめに推定する傾向がある．すなわち (3.19) 式のバイアスのブートストラップ推定値が過小に推定されていることを示す．

その原因は予測誤差のブートストラップへの置き換えにあると考えられる．すなわち予測誤差を，学習データとは独立に将来同じ確率分布 F からランダムに採られたデータ $(\boldsymbol{X}_0, Y_0) = (\boldsymbol{x}_0, y_0)$ に対して $\mathrm{PRE}(\boldsymbol{\chi}_n, F) = \mathrm{E}_F[Q[Y_0, r(\boldsymbol{X}_0|\boldsymbol{\chi}_n)]]$ で定義した．これは，学習データ $\boldsymbol{\chi}_n$ からある距離にあるデータ $((\boldsymbol{x}_0, y_0) \notin \boldsymbol{\chi}_n)$ をランダムに抽出したときの誤差である．ところがこれをブートストラップ法の枠組みで数値的に近似すると，(3.19) 式右辺の第 1 項からわかるように

$$\frac{1}{B}\sum_{b=1}^{B}\frac{1}{n}\sum_{i=1}^{n}Q\left[y_i, r(\boldsymbol{x}_i|\boldsymbol{\chi}_n^*(b))\right] \qquad (3.21)$$

であった．問題は，ブートストラップ標本 $\boldsymbol{\chi}_n^*(b)$ に基づいて構成した判別法 $r(\boldsymbol{x}_i|\boldsymbol{\chi}_n^*(b))$ を評価するときのデータ $(\boldsymbol{x}_i, y_i)$ が，このブートストラップ標本に含まれる確率が極めて高いことにある．この確率は

$$\begin{aligned}\Pr\{(\boldsymbol{x}_i, y_i) \in \boldsymbol{\chi}_n^*(b)\} &= 1 - \left(1 - \frac{1}{n}\right)^n \\ &\approx 1 - e^{-1} \qquad (n \to +\infty) \qquad (3.22) \\ &= 0.632\end{aligned}$$

で与えられる．そこで，i 番目のデータ $(\boldsymbol{x}_i, y_i)$ がブートストラップ標本 $\boldsymbol{\chi}_n^*(b)$ に含まれない場合のみに対してバイアスを計算すれば，バイアスの過小推定の程度が多少解消されると考えられる．

このような考えから，交差検証法の期待値をブートストラップ法で推定したと考えられる量を

$$\mathrm{CV}_{BS} = \frac{1}{n} \sum_{b=1}^{B} \sum_{i=1}^{n} \left\{ \frac{1}{B_i} \sum_{b \in C_i} Q\left[y_i, r(\boldsymbol{x}_i | \boldsymbol{\chi}_n^*(b))\right] \right\} \quad (3.23)$$

とする.ただし,C_i はデータ $(\boldsymbol{x}_i, y_i)$ をブートストラップ標本 $\boldsymbol{\chi}_n^*(b)$ に含まない場合の番号の集合,B_i はそのようなブートストラップ標本の個数とする.たとえば,10 個のブートストラップ標本 $\boldsymbol{\chi}_n^*(1), ..., \boldsymbol{\chi}_n^*(10)$ に対して,データ $(\boldsymbol{x}_i, y_i)$ が $\boldsymbol{\chi}_n^*(2), \boldsymbol{\chi}_n^*(5), \boldsymbol{\chi}_n^*(8)$ に含まれなければ,$C_i = \{2, 5, 8\}$ であり,$B_i = 3$ である.

Efron (1983) は,見かけ上の誤判別率で予測誤差を推定したときの過小推定の程度を (3.19) 式に対して

$$\mathrm{bias}(\hat{F})^{.632} = 0.632 \left\{ \mathrm{CV}_{BS} - \mathrm{APE}(\boldsymbol{\chi}_n, \hat{F}) \right\} \quad (3.24)$$

で評価した.**0.632 推定量**とよばれる予測誤差の推定量は,このバイアス補正値を見かけ上の誤判別率に加えることによって

$$\begin{aligned} 0.632\,\mathrm{EST} &= \mathrm{APE}(\boldsymbol{\chi}_n, \hat{F}) + 0.632 \left\{ \mathrm{CV}_{BS} - \mathrm{APE}(\boldsymbol{\chi}_n, \hat{F}) \right\} \\ &= 0.368\,\mathrm{APE}(\boldsymbol{\chi}_n, \hat{F}) + 0.632\,\mathrm{CV}_{BS} \end{aligned} \quad (3.25)$$

で与えられた.

0.632 推定量は,見かけ上の誤判別率 $\mathrm{APE}(\boldsymbol{\chi}_n, \hat{F})$ とある種のブートストラップ交差検証法 CV_{BS} の 2 つの推定法の重みづけによって新しい推定量を構成しているといえる.Efron (1983) は,(3.23) 式の CV_{BS} が一度に観測データの半数を取り除く交差検証法 (CV_{HF}) にほぼ等しいことを指摘して,0.632 推定量の近似として

$$0.632\,\mathrm{EST}_{AP} = 0.368\,\mathrm{APE}(\boldsymbol{\chi}_n, \hat{F}) + 0.632\,\mathrm{CV}_{HF} \quad (3.26)$$

を用いることができることを示した.0.632 推定量については,Efron (1983),Efron and Tibshirani (1997),小西・本多 (1992) を参照されたい.

3.1.4 適 用 例

例 7.〔シュウ酸カルシウム結晶の鑑別診断〕(Andrew and Herzberg (1985, p.249)) 精密検査の結果,尿中にシュウ酸カルシウム結晶の存在が確認された 33 名の患者群 (G_1) と存在しない正常群 44 名 (G_2) の 2 群の 6 次元データ 77 個があるとする.各個体に対して測定された尿中の 6 つの検査項目は,次の通りである.

x_1 : 比重 (specific gravity), $\qquad x_2$: pH,
x_3 : 尿浸透圧 (osmolarity; mOsm), $\quad x_4$: 伝導度 (conductivity),
x_5 : 尿素濃度 (urea concentration),
x_6 : カルシウム濃度 (calcium concentration; CALC)

このとき，両群の 77 個のデータから構成された (3.1) 式の線形判別関数

$$h(\boldsymbol{x}|\chi_n) = (\overline{\boldsymbol{x}}_1 - \overline{\boldsymbol{x}}_2)^T S^{-1} \boldsymbol{x} - \frac{1}{2}(\overline{\boldsymbol{x}}_1 - \overline{\boldsymbol{x}}_2)^T S^{-1}(\overline{\boldsymbol{x}}_1 + \overline{\boldsymbol{x}}_2) \qquad (3.27)$$

に基づいて，群 G_1 または G_2 のどちらか一方の群から観測されたデータ $\boldsymbol{x}$ を次のように判別する．

$$y = \begin{cases} 1 & (\text{群 } G_1) \quad \text{もし} \quad h(\boldsymbol{x}|\chi_n) \geq 0 \\ 0 & (\text{群 } G_2) \quad \text{もし} \quad h(\boldsymbol{x}|\chi_n) < 0 \end{cases} \qquad (3.28)$$

(1) 予測誤差推定法の比較 (3.28) 式の線形判別法の予測誤差を種々の推定法によって推定した結果をまとめたのが次の表 3.1 である．

表 3.1 種々の予測誤差推定法による推定結果

見かけ上の誤判別率	0.169
交差検証法	0.221
見かけ上の誤判別率のブートストラップバイアス補正	0.202
0.632 推定量	0.221

この表からも見かけ上の誤判別率は予測誤差をかなり過小に推定していることがわかる．ブートストラップ法による見かけ上の誤判別率のバイアス補正は十分でなく，0.632 推定量はこれを改善している様子がうかがえる．交差検証法も予測誤差の不偏な推定値を与えるが，推定の変動が大きいことが難点である．なお，表中のブートストラップ反復回数は 100 とした．

(2) 変数選択 尿中の 6 つの検査項目に基づいて線形判別法を構成したが，何らかの基準を適用して最適な変数の組を見出すことが考えられる．この変数選択の基準として見かけ上の誤判別率を適用すると，変数を追加するにつれて誤判別率は小さくなり，結局すべての変数を選択することになる．次の表 3.2 は，まず 1 つの変数で線形判別法を構成し，見かけ上の誤判別率を最小とする変数を探し，次に 2 つの変数の組で線形判別法を構成し，見かけ上の誤判別率を最小とする変数の組を探すというプロセスを繰り返した結果をまとめたものである．この表か

表 3.2 見かけ上の誤判別率 (AP) に基づく変数選択

変数の個数	APE	選択された変数
1	0.260	CALC 濃度
2	0.234	比重, CALC 濃度
3	0.182	比重, 尿浸透圧, CALC 濃度
4	0.182	比重, 尿浸透圧, 伝導度, CALC 濃度
5	0.169	比重, pH, 伝導度, 尿素濃度, CALC 濃度
6	0.169	比重, pH, 尿浸透圧, 伝導度, 尿素濃度, CALC 濃度

らも，6 変数すべてを取り込んだ線形判別関数の誤判別率が最小となっていることがわかる．

(3) ブートストラップ選択確率 77 個の 6 次元データから 100 組のブートストラップ標本を反復抽出して，各ブートストラップ標本に基づいて変数選択を行い選択された変数の組の割合を求めた．変数選択の基準として用いた予測誤差の推定法は，交差検証法，見かけ上の誤判別率のブートストラップバイアス補正法および 0.632 推定量である．表 3.3 は，各予測誤差推定法に基づいて選択された変数の組の 100 回中の割合を表す．その結果，複数の予測誤差推定法を用いて変数選択を行い総合的に判断すると，(比重, 尿浸透圧, CALC 濃度) の 3 変数が線形

表 3.3 ブートストラップ選択確率

(a) 交差検証法

選択された変数	100 回中の割合
比重, 尿浸透圧, CALC 濃度	0.16
尿浸透圧, 伝導度, 尿素濃度, CALC 濃度	0.14
pH, 尿浸透圧, 伝導度, 尿素濃度, CALC 濃度	0.09

(b) ブートストラップバイアス補正法

選択された変数	100 回中の割合
pH, 尿浸透圧, 伝導度, 尿素濃度, CALC 濃度	0.16
比重, 尿浸透圧, CALC 濃度	0.12
比重, 伝導度, 尿素濃度, CALC 濃度	0.12

(c) 0.632 推定量

選択された変数	100 回中の割合
比重, 尿浸透圧, CALC 濃度	0.15
比重, 伝導度, 尿素濃度, CALC 濃度	0.11
尿浸透圧, 伝導度, 尿素濃度, CALC 濃度	0.10
比重, 尿浸透圧, 伝導度, 尿素濃度, CALC 濃度	0.10

判別法に基づく尿中のシュウ酸カルシウム結晶の存在判定に関わる重要な検査項目であることがわかる．

ブートストラップ選択確率のバイオインフォマティックスへの応用については，Felsenstein (1985), Kishino and Hasegawa (1989), Shimodaira and Hasegawa (1999), Shimodaira (2004) などを参照されたい．

3.2 回帰分析

いま，目的変数 y と複数の説明変数 $\boldsymbol{x} = (x_1, x_2, \ldots, x_p)^T$ に関して観測された n 組のデータ $\boldsymbol{\chi}_n = \{(y_i, \boldsymbol{x}_i); i = 1, \ldots, n\}$ に基づいて，最小2乗法あるいは最尤法によって推定した回帰式を一般に $y = u(\boldsymbol{x}; \hat{\boldsymbol{\beta}})$ とする．ただし，$\hat{\boldsymbol{\beta}}$ は想定した回帰関数に含まれる未知のパラメータベクトルの推定値である．

推定した回帰式 $y = u(\boldsymbol{x}; \hat{\boldsymbol{\beta}})$ の良さを測る指標として2乗誤差

$$Q\left[y, u(\boldsymbol{x}; \hat{\boldsymbol{\beta}})\right] = \left\{y - u(\boldsymbol{x}; \hat{\boldsymbol{\beta}})\right\}^2 \tag{3.29}$$

を用いるとする．これは，(3.9) 式の判別分析の 0-1 誤差に対応するものである．推定した回帰モデルの良さを，未知の確率分布 F から生成された観測データ $\boldsymbol{\chi}_n$ とは独立にランダムに採られたデータ $(Y_0, \boldsymbol{X}_0)$ に対して (平均) **予測2乗誤差** (predictive squared error)

$$\begin{aligned}\text{PSE}(\boldsymbol{\chi}_n, F) &= \text{E}_F\left[Q\left[Y_0, u(\boldsymbol{X}_0; \hat{\boldsymbol{\beta}})\right]\right] \\ &= \text{E}_F\left[\left\{Y_0 - u(\boldsymbol{X}_0; \hat{\boldsymbol{\beta}})\right\}^2\right]\end{aligned} \tag{3.30}$$

で評価するものとする．

ここで，将来のデータの代わりに回帰モデルの構築に用いたデータ $\boldsymbol{\chi}_n$ を再び利用して，この予測2乗誤差を推定したのが，**残差平方和**とよばれる

$$\text{RSS}(\boldsymbol{\chi}_n, \hat{F}) = \frac{1}{n}\sum_{i=1}^{n}\{y_i - u(\boldsymbol{x}_i; \hat{\boldsymbol{w}})\}^2 \tag{3.31}$$

である．残差平方和は，(3.30) 式の予測2乗誤差の期待値を未知の確率分布 F に代えて観測データ $\boldsymbol{\chi}_n$ に基づく経験分布関数 $\hat{F}$ で期待値を求めたもので，判別分析の見かけ上の誤判別率に対応する．

残差平方和は，変数選択や次数選択の基準として有効に機能しない．たとえば多項式モデルであれば，高次のモデルほど残差平方和は小さくなり，すべてのデー

タを通る $n-1$ 次の多項式を選択してしまう．これは，モデルの評価には予測の観点が必要であることを示している．すなわち観測データ (学習データ) に基づいて 1 つのモデルを構築したとき，そのモデルの良さはモデル構築に用いたデータとは独立に採られたデータ (テストデータ) による評価の必要性を示している．

判別分析における見かけ上の誤判別率で予測誤差を推定したときのブートストラップバイアス補正法は，回帰モデルの場合にも同様に適用できる．すなわち，残差平方和で (3.30) 式の予測 2 乗誤差を推定したときのバイアスは

$$\text{bias}(F) = \text{E}_F\left[\text{PSE}(\boldsymbol{\chi}_n, F) - \text{RSS}(\boldsymbol{\chi}_n, \hat{F})\right] \tag{3.32}$$

と定義される．このバイアスのブートストラップ推定値は

$$\text{bias}(\hat{F}) = \text{E}_{\hat{F}}\left[\text{PSE}(\boldsymbol{\chi}_n^*, \hat{F}) - \text{RSS}(\boldsymbol{\chi}_n^*, \hat{F}^*)\right] \tag{3.33}$$

である．ただし，$\boldsymbol{\chi}_n^*$ は経験分布関数から抽出されたブートストラップ標本，$\hat{F}^*$ はブートストラップ標本に基づく経験分布関数とすると

$$\text{PSE}(\boldsymbol{\chi}_n^*, \hat{F}) = \frac{1}{n}\sum_{i=1}^n \left\{y_i - u(\boldsymbol{x}_i; \hat{\boldsymbol{\beta}}^*)\right\}^2,$$

$$\text{RSS}(\boldsymbol{\chi}_n^*, \hat{F}^*) = \frac{1}{n}\sum_{i=1}^n \left\{y_i^* - u(\boldsymbol{x}_i^*; \hat{\boldsymbol{\beta}}^*)\right\}^2 \tag{3.34}$$

で与えられる．

(3.32) 式のバイアスは，B 組のブートストラップ標本

$$\boldsymbol{\chi}_n^*(b) = \left\{(y_1^*(b), \boldsymbol{x}_1^*(b)), (y_2^*(b), \boldsymbol{x}_2^*(b)), \ldots, (y_n^*(b), \boldsymbol{x}_n^*(b))\right\} \tag{3.35}$$

$(b = 1, 2, \ldots, B)$ に関する平均値

$$\text{bias}(\hat{F})^{(BS)} = \frac{1}{B}\sum_{b=1}^B \left\{\text{PSE}(\boldsymbol{\chi}_n^*(b), \hat{F}) - \text{RSS}(\boldsymbol{\chi}_n^*(b), \hat{F}^*)\right\} \tag{3.36}$$

で数値的に近似される．したがって，残差平方和の予測 2 乗誤差に対するバイアスのブートストラップ推定値を補正した

$$\text{RSS}^{(BS)}(\boldsymbol{\chi}_n, \hat{F}) = \frac{1}{n}\sum_{i=1}^n \left\{y_i - u(\boldsymbol{x}; \hat{\boldsymbol{\beta}})\right\}^2 + \text{bias}(\hat{F})^{(BS)} \tag{3.37}$$

を予測 2 乗誤差の推定量とする．

交差検証法による予測 2 乗誤差の推定は，次のようにして実行する．まず，n 個の観測データの中から i 番目のデータ $(y_i, \boldsymbol{x}_i)$ を除く残りの $n-1$ 個のデータに基づいて回帰モデルの未知パラメータベクトル $\boldsymbol{\beta}$ を推定し，これを $\hat{\boldsymbol{\beta}}^{(-i)}$ とする．対応する推定回帰関数 $y = u(\boldsymbol{x}; \hat{\boldsymbol{\beta}}^{(-i)})$ を用いて，取り除いたデータ点 $\boldsymbol{x}_i$ での予測値 $\hat{y}_i = u(\boldsymbol{x}_i; \hat{\boldsymbol{\beta}}^{(-i)})$ を求めて 2 乗誤差 $(y_i - \hat{y}_i)^2$ を計算する．この

プロセスをすべてのデータに対して実行する．このとき，対応する推定回帰関数 $y = u(\boldsymbol{x}; \hat{\boldsymbol{\beta}}^{(-i)})$ に対して，交差検証法は

$$\mathrm{CV} = \frac{1}{n}\sum_{i=1}^{n}\left\{y_i - u(\boldsymbol{x}_i; \hat{\boldsymbol{\beta}}^{(-i)})\right\}^2 \tag{3.38}$$

を最小とするモデルを最適なモデルとして選択する．

回帰モデリングにおけるモデル評価基準は，多様なアプローチによって研究されて多くの評価基準が提唱されていてる．特に，カルバック・ライブラー情報量の推定量として導出された情報量規準 AIC (Akaike (1973,1974))，ベイズアプローチに基づいて構成されたベイズ型モデル評価基準 BIC (Schwarz (1978)) などが実際上有用な手法として広く用いられている．

3.3 ブートストラップ情報量規準

本節では，確率密度関数 $g(x)$ をもつ未知の確率分布 $G(x)$ から生成された n 個のデータを $\boldsymbol{x} = \{x_1, \ldots, x_n\}$ とし，このデータを発生した真の分布 $g(x)$ を近似するために想定したパラメトリック確率分布モデルを $\mathcal{F} = \{f(x|\boldsymbol{\theta}); \boldsymbol{\theta} \in \Theta \subset R^p\}$ とする．想定したモデル $f(x|\boldsymbol{\theta})$ に含まれる未知のパラメータ $\boldsymbol{\theta}$ を，推定量 $\hat{\boldsymbol{\theta}} = \hat{\boldsymbol{\theta}}(\boldsymbol{x})$ で置き換えた $f(x|\hat{\boldsymbol{\theta}})$ でデータを発生した真の分布 $g(x)$ を近似する．このように，一般に確率分布で表現されたモデル $f(x|\hat{\boldsymbol{\theta}})$ を**統計モデル** (statistical model) という．

構築した統計モデル $f(x|\hat{\boldsymbol{\theta}})$ の良さを測る指標として

$$Q\left[g(x), f(x|\hat{\boldsymbol{\theta}})\right] = \log \frac{g(x)}{f(x|\hat{\boldsymbol{\theta}})} \tag{3.39}$$

を用いる．これは，(3.9) 式の判別分析の 0-1 誤差に，あるいは (3.29) 式の回帰分析の 2 乗誤差に対応するものである．ここで，データ $\boldsymbol{x}$ とは独立に，同じ $g(x)$ に従ってランダムに生成されたデータ $Z = z$ に対して構築した統計モデルの良さを

$$\mathrm{E}_{G(z)}\left[\log \frac{g(Z)}{f(Z|\hat{\boldsymbol{\theta}})}\right] = \mathrm{E}_{G(z)}[\log g(Z)] - \mathrm{E}_{G(z)}\left[\log f(Z|\hat{\boldsymbol{\theta}})\right] \tag{3.40}$$

で測るとする．ここで，期待値は与えられた $\hat{\boldsymbol{\theta}}$ のもとで真の分布 $G(z)$ に関してとる．

この式は，**カルバック・ライブラー情報量** (Kullback–Leibler information) と

よばれ，観測データとは独立に，将来同じ確率構造 G からランダムに採られたデータ $Z = z$ の従う分布 $g(z)$ を，モデル $f(z|\hat{\boldsymbol{\theta}})$ で予測したときの平均的な良さを測っており，この値がより小さいモデルを採用する．これは，(3.40) 式の右辺第 1 項が個々のモデルに依存せず一定であることから，統計モデルの**平均対数尤度**とよばれる

$$\mathrm{E}_{G(z)}[\log f(Z|\hat{\boldsymbol{\theta}})] = \int \log f(z|\hat{\boldsymbol{\theta}}) dG(z) \tag{3.41}$$

を最大とするモデルの選択と同等である．この平均対数尤度の推定量として導かれたモデル評価基準を一般に情報量規準 (information criterion) という．

ここで，将来のデータの代わりに統計モデルの構築に用いたデータ $\boldsymbol{x} = \{x_1, \ldots, x_n\}$ を再び用いて平均対数尤度を推定すると

$$\begin{aligned}\mathrm{E}_{\hat{G}(z)}[\log f(Z|\hat{\boldsymbol{\theta}})] &= \int \log f(z|\hat{\boldsymbol{\theta}}) d\hat{G}(z) \\ &= \frac{1}{n} \sum_{i=1}^{n} \log f(x_i|\hat{\boldsymbol{\theta}}) \end{aligned} \tag{3.42}$$

を得る．ただし，$\hat{G}$ は観測データ $\{x_1, \ldots, x_n\}$ の各点に等確率 $1/n$ をもつ経験分布関数である．(3.42) 式は，統計モデル $f(z|\hat{\boldsymbol{\theta}})$ の**対数尤度**

$$\ell(\hat{\boldsymbol{\theta}}) \equiv \sum_{i=1}^{n} \log f(x_i|\hat{\boldsymbol{\theta}}) = \log f(\boldsymbol{x}|\hat{\boldsymbol{\theta}}) \tag{3.43}$$

を表し，平均対数尤度の n 倍 ($n\mathrm{E}_{G(z)}[\log f(Z|\hat{\boldsymbol{\theta}})]$) の推定量である．

回帰分析においては，推定した回帰モデル $y = u(\boldsymbol{x}; \hat{\boldsymbol{\beta}})$ を評価する指標として 2 乗誤差 $\{y - u(\boldsymbol{x}; \hat{\boldsymbol{\beta}})t\}^2$ を損失関数とし，将来のデータに対する期待損失の 1 つの推定量として残差平方和が得られた．また，判別分析においては構築した判別法を 0-1 損失関数で評価して，予測誤差の推定量として見かけ上の誤判別率が導かれた．これに対して情報量規準構成においては，統計モデル $f(x|\hat{\boldsymbol{\theta}})$ の良さあるいは悪さを測る指標として $-\log f(x|\hat{\boldsymbol{\theta}})$ を損失関数として用いたとき，将来のデータに対する期待損失の 1 つの推定量である $-\ell(\hat{\boldsymbol{\theta}})$ が対応していることがわかる．

対数尤度 $\ell(\hat{\boldsymbol{\theta}})$ は，将来のデータに代えてモデルの推定に用いたデータを再び利用して平均対数尤度を推定した結果として導かれたものであり，平均対数尤度を過大に推定する傾向がある．このように同じデータをモデルの推定と推定されたモデルの評価に用いたことが，バイアスを生じる原因となっている．このバイアスは

$$\mathrm{bias}(G) = \mathrm{E}_{G(\boldsymbol{x})}\left[\log f(\boldsymbol{X}|\hat{\boldsymbol{\theta}}(\boldsymbol{X})) - n\mathrm{E}_{G(z)}[\log f(Z|\hat{\boldsymbol{\theta}}(\boldsymbol{X}))]\right] \tag{3.44}$$

で定義される．ここで，期待値は標本 $\boldsymbol{X}$ の同時分布 $G(\boldsymbol{x})$ に関してとる．

ブートストラップ法では，データ $\boldsymbol{x} = \{x_1, x_2, \ldots, x_n\}$ が与えられたとき，まずデータを生成した真の分布関数 $G(x)$ を経験分布関数 $\hat{G}(x)$ で推定する．経験分布関数からの標本，すなわちブートストラップ標本 $\boldsymbol{X}^* = \boldsymbol{x}^*$ に基づいて統計モデル $f(x|\hat{\boldsymbol{\theta}}(\boldsymbol{x}^*))$ を構築する．次に経験分布関数を真の分布とみたときの $f(x|\hat{\boldsymbol{\theta}}(\boldsymbol{x}^*))$ に対する平均対数尤度は，(3.41) 式より

$$\begin{aligned}
\mathrm{E}_{\hat{G}(z)}\left[\log f(Z|\hat{\boldsymbol{\theta}}(\boldsymbol{x}^*))\right] &= \int \log f(z|\hat{\boldsymbol{\theta}}(\boldsymbol{x}^*)) d\hat{G}(z) \\
&= \frac{1}{n} \sum_{i=1}^{n} \log f(x_i|\hat{\boldsymbol{\theta}}(\boldsymbol{x}^*)) \quad (3.45) \\
&\equiv \frac{1}{n} \ell(\boldsymbol{x}|\hat{\boldsymbol{\theta}}(\boldsymbol{x}^*))
\end{aligned}$$

となることがわかる．

一方，平均対数尤度の1つの推定量である対数尤度は，$\hat{\boldsymbol{\theta}}(\boldsymbol{x}^*)$ に用いたブートストラップ標本 $\boldsymbol{x}^*$ を再び利用して構成されることから

$$\begin{aligned}
\mathrm{E}_{\hat{G}^*(z)}\left[\log f(Z|\hat{\boldsymbol{\theta}}(\boldsymbol{x}^*))\right] &= \int \log f(z|\hat{\boldsymbol{\theta}}(\boldsymbol{x}^*)) d\hat{G}^*(z) \\
&= \frac{1}{n} \sum_{i=1}^{n} \log f(x_i^*|\hat{\boldsymbol{\theta}}(\boldsymbol{x}^*)) \quad (3.46) \\
&\equiv \frac{1}{n} \ell(\boldsymbol{x}^*|\hat{\boldsymbol{\theta}}(\boldsymbol{x}^*))
\end{aligned}$$

と表すことができる．ただし，$\hat{G}^*(z)$ はブートストラップ標本 $\boldsymbol{x}^* = \{x_1^*, x_2^*, \ldots, x_n^*\}$ に基づく経験分布関数とする．したがって，ブートストラップ法によると (3.44) 式のバイアスのブートストラップ推定値は

$$\begin{aligned}
\mathrm{bias}(\hat{G}) &= \mathrm{E}_{\hat{G}(\boldsymbol{x}^*)}\left[\ell(\boldsymbol{X}^*|\hat{\boldsymbol{\theta}}(\boldsymbol{X}^*)) - \ell(\boldsymbol{X}|\hat{\boldsymbol{\theta}}(\boldsymbol{X}^*))\right] \\
&= \int \cdots \int \left\{\ell(\boldsymbol{X}^*|\hat{\boldsymbol{\theta}}(\boldsymbol{X}^*)) - \ell(\boldsymbol{X}|\hat{\boldsymbol{\theta}}(\boldsymbol{X}^*))\right\} \prod_{i=1}^{n} d\hat{G}(x_i^*)
\end{aligned} \quad (3.47)$$

で与えられる．

この積分は，1.1.3 項で述べたように $\hat{G}$ が既知の確率分布 (経験分布関数) であることを利用して，モンテカルロ法によって数値的に近似できるところにブートストラップ情報量規準の最大の特徴がある．すなわち，大きさ n のブートストラップ標本を B 組抽出して

$$\boldsymbol{x}^*(b) = \{x_1^*(b), x_2^*(b), \ldots, x_n^*(b)\}, \qquad b = 1, 2, \ldots, B \quad (3.48)$$

とする．次に，b 番目のブートストラップ標本 $\boldsymbol{x}^*(b)$ に対する (3.46) 式と (3.45)

式の値の差を

$$D^*(b) = \ell(\boldsymbol{x}^*(b)|\hat{\boldsymbol{\theta}}(\boldsymbol{x}^*(b))) - \ell(\boldsymbol{x}|\hat{\boldsymbol{\theta}}(\boldsymbol{x}^*(b))) \qquad (3.49)$$

とする．ただし，$\hat{\boldsymbol{\theta}}(\boldsymbol{x}^*(b))$ は b 番目のブートストラップ標本による $\boldsymbol{\theta}$ の推定値である．このとき，B 個のブートストラップ標本に基づく (3.47) 式の期待値は，

$$\text{bias}(\hat{G}) \approx \frac{1}{B}\sum_{b=1}^{B} D^*(b) \equiv b_{BS}(\hat{G}) \qquad (3.50)$$

と数値的に近似される．この $b_{BS}(\hat{G})$ をもって (3.44) 式で定義される対数尤度のバイアス bias(G) の推定値とする．したがって，ブートストラップ法によって対数尤度のバイアスを補正した次の情報量規準が求まる．

[ブートストラップ情報量規準 EIC]

$$\text{EIC} = -2\sum_{i=1}^{n} \log f(X_i|\hat{\boldsymbol{\theta}}) + 2b_{BS}(\hat{G}) \qquad (3.51)$$

Ishiguro *et al.* (1997) は，これをブートストラップ情報量規準 EIC (extended information criterion) とよんだ．Konishi and Kitagawa (1996) は，ブートストラップ法による情報量規準構成の理論的整合性を示すとともに対数尤度のバイアス推定の変動減少法を提案した．詳しくは，小西・北川 (2004) を参照されたい．

4

ブートストラップ関連手法

　ブートストラップ法の理論的研究が進むにつれて，手法の意味，ほかの統計手法との関連性が明らかとなり，さらには，新しい統計手法開発のヒントを与えるものとなった．本章では，ブートストラップ法の研究に関連して提唱されたいくつかの手法を紹介する．

4.1　平滑化ブートストラップ法

　基本的なブートストラップ法は，未知の確率分布 F から生成されたデータの各点に等確率を付与した離散型の経験分布関数 $\hat{F}$ によって F を推定した．これに対して，適当な平滑化を行った分布関数 $\hat{F}_h$ で推定したのが，**平滑化ブートストラップ法**である．
　Efron (1982, p.30) は，標本相関係数 r に対する Fisher の z-変換の標準誤差推定の問題を取り上げ，シミュレーションによって，経験分布関数 $\hat{F}$ より $\hat{F}_h$ に基づくブートストラップ推定の方が良い場合があることを示した．Silverman and Young (1987) は，核関数による平滑化に基づいて，推定量の平均2乗誤差の推定問題を考察した．まず，線形汎関数 $A(F)$ に対して，$A(\hat{F}_h)$ の平均2乗誤差が，$A(\hat{F})$ のそれより小さくなるための条件について検討した．一般の汎関数に対しては，von Mises 展開による線形近似を試みている．Young (1988) は，標本相関係数に対する z-変換の標準誤差推定について，また Hall *et al.* (1989) は，推定パーセント点の分散の推定について，ブートストラップ法と平滑化ブートストラップ法の比較検討を行った．
　もし，適当に平滑化パラメータを選ぶことによって，$\hat{F}$ より $\hat{F}_h$ に基づくブートストラップ法の方が，たとえば平均2乗誤差を小さくするという意味で良いということがいえれば，平滑化ブートストラップ法の有用性は増す．しかし，一般

に平滑化パラメータは汎関数と F に依存し，その決め方については種々の問題があることに注意する．

4.2 ノンパラメトリック傾斜法

データを発生した確率分布モデルを単純化して有効な統計手法を開発し，これをより複雑なモデルのもとで適用できるように一般化する．Efron (1987) のノンパラメトリックモデルのもとでの BC_a 信頼区間は，このような方法によって提唱されたものである．単純化したモデルとは，撹乱母数を含まない1母数分布族が用いられ，ノンパラメトリックモデルを1母数分布族の設定へと置き換える手法として，**ノンパラメトリック傾斜法**が用いられた．

いま，未知の確率分布 F からの n 個のデータを $\{x_1, x_2, \ldots, x_n\}$ とし，パラメータ $\theta = T(F) \in \Theta$ に関する推測を行うものとする．ここで，T は統計的汎関数 (1.2.1 項参照) とする．F_w を各データ x_i 上に確率 w_i を付与した分布関数とする．したがって，$\{w = (w_1, \ldots, w_n) \mid w_i \geq 0, \sum_{i=1}^n w_i = 1\}$ であり，$w_i = 1/n$ $(i = 1, \ldots, n)$ としたものが経験分布関数 $\hat{F}$ である．

次に，Θ の任意の固定された点 φ に対して，$T(F_w) = \varphi$ という制約条件のもとで，w と $w_0 = (1/n, \ldots, 1/n)$ の間のカルバック・ライブラー情報量

$$D(w, w_0) = \sum_{i=1}^n w_i \log(n w_i) \tag{4.1}$$

を最小とする w を求め，これを $w(\varphi) = (w_1(\varphi), \ldots, w_n(\varphi))$ とおく．

ラグランジュの未定乗数法を適用すると $w_i(\varphi)$ は

$$w_i(\varphi) = \frac{\exp\{\lambda_\varphi T_1(x_i; F_{w(\varphi)})\}}{\sum_{i=1}^n \exp\{\lambda_\varphi T_1(x_i; F_{w(\varphi)})\}} \tag{4.2}$$

によって与えられる．ただし，λ_φ は $T(F_{w(\varphi)}) = \varphi$ を満たす定数，T_1 は $\hat{\theta} = T(\hat{F})$ の影響関数とする．このようにして，ノンパラメトリックモデルをパラメトリック分布族 $\{F_{w(\varphi)}; \varphi \in \Theta\}$ に帰着させることができる．

例 8.〔確率分布の平均〕 パラメータ $\theta = T(F)$ は，1変量確率分布 F の平均とする．このとき，

$$\hat{\theta} = T(\hat{F}) = \frac{1}{n} \sum_{i=1}^n x_i, \qquad T(F_w) = \sum_{i=1}^n w_i x_i \tag{4.3}$$

となる.したがって,ある定数 φ に対して,制約条件 $T(F_w) = \sum_{i=1}^{n} w_i x_i = \varphi$ のもとで,$D(w, w_0)$ を最小とする w を求めることになる.この解は

$$w_i(\varphi) = \frac{\exp(\lambda_\varphi x_i)}{\sum_{i=1}^{n} \exp(\lambda_\varphi x_i)}, \quad \sum_{i=1}^{n} w_i(\varphi) x_i = \varphi \tag{4.4}$$

で与えられる.

4.3 経験尤度法

ブートストラップ法は,基本的には経験分布関数 $\hat{F}$ からのリサンプリングに基礎を置いた1つの数値的計算法である.これに対して,ブートストラップ法とは異なるタイプの計算法が Owen (1988, 1990) によって提唱された.これが,**経験尤度**に基づく信頼区間 (領域) の構成法である.基本的な考え方は,ノンパラメトリック傾斜法と似ており,その説明のなかで用いた記号を用いると,次のように述べることができる.

ノンパラメトリック傾斜法は,任意の与えられた点 $\varphi \in \Theta$ に対して,$T(F_w) = \varphi$ という制約条件下で,(4.1) 式で与えられるカルバック・ライブラー情報量を最小にするようウェイト $w = (w_1, \ldots, w_n)$ を決めた.これに対して,$T(F_w) = \varphi$ という制約条件下で,$\prod_{i=1}^{n} w_i$ の最大値を求めるのが経験尤度法で,その値を点 φ での経験尤度 $L(\varphi)$ として定義する.

すなわち,いま

$$D = \{w = (w_1, \ldots, w_n) \mid T(F_w) = \varphi, \ \sum_{i=1}^{n} w_i = 1, \ w_i \geq 0\}$$

とすると,点 φ での経験尤度は

$$L(\varphi) = \max_{w \in D} \prod_{i=1}^{n} w_i$$

と定義される.

制約条件 $\sum_{i=1}^{n} w_i = 1$ のもとで $\prod_{i=1}^{n} w_i$ の最大化を考えると,最大値は n^{-n} となる.これは $(w_1, \ldots, w_n) = (1/n, \ldots, 1/n)$ のとき,すなわち経験分布関数 $\hat{F}$ に対して達成される.したがって,$\hat{\theta} = T(\hat{F})$ であることに注意すると $L(\hat{\theta}) = n^{-n}$ となり,**経験尤度比**は

$$L(\varphi)/L(\hat{\theta}) = \max_{w \in D} \prod_{i=1}^{n} (nw_i)$$

と定義することができる.このとき,$(-2) \log\{L(\varphi)/L(\hat{\theta}_n)\}$ をカイ2乗分布に

よって近似し，信頼領域を構成しようという考え方である．経験尤度に基づく方法は，Owen (2001) を参照されたい．

4.4 重点サンプリング

推定量の確率分布やパーセント点のブートストラップ推定には，$B = 1000 \sim 2000$ 回のブートストラップ標本の反復抽出を必要とする．推定量にもよるが，この程度の計算は計算機の高速化によってさほど困難ではなくなった．しかし，二段階ブートストラップ法あるいはそれ以上のリサンプリングを必要とする場合，反復回数は無視できなくなる．

このブートストラップ標本の反復抽出の回数を減少させるための工夫が，Davison et al. (1986), Johns (1988), Efron (1990) などによって研究されてきた．このなかで Johns (1988) による **重点サンプリング** (importance sampling) (たとえば，Hammersley and Handscomb (1964), Lewis and Orav (1989, p.390)) を応用した方法は，次のような考え方に基づくものである．

基本的なブートストラップ法は，n 個のデータの各点に一様に確率 $1/n$ を付与した経験分布関数 $\hat{F}$ から標本の反復抽出を行った．これに対して各データ点に $\{w_1, w_2, \ldots, w_n\}$ のウェイトを置いた確率分布 $\hat{F}_w$ を構成して，そこから標本抽出を実行する．直感的には，推定量の分布の裾の部分のパーセント点の推定に有効な標本の抽出確率を高くするよう，データに基づいて新たな分布関数 $\hat{F}_w$ を再構成したといえる．

簡単のため推定量を T とし，その連続な密度関数が存在すると仮定し，これを $f(t)$ とおく．T の分布の真の $100\alpha\%$ 点 c_α に対して

$$\alpha = \int_{-\infty}^{c_\alpha} f(t)dt = \int_{-\infty}^{\infty} I(t \leq c_\alpha) \frac{f(t)}{g(t)} g(t) dt \tag{4.5}$$

と書き表すことができる．ここで，$I(\cdot)$ は定義関数とする．$f(t)$ に代わって，ある密度関数 $g(t)$ から標本を抽出し，これを $t_1 \leq t_2 \leq \cdots \leq t_B$ とする．このとき，c_α の推定値 $\hat{c}_{\alpha,B}$ は

$$\alpha = \frac{1}{B} \sum_{i=1}^{B} I(t_i \leq \hat{c}_{\alpha,B}) \frac{f(t_i)}{g(t_i)} \tag{4.6}$$

となる点 $\hat{c}_{\alpha,B}$ として与えられる．

Johns (1988) は，$B \to +\infty$ とするとき $\sqrt{B}(\hat{c}_{\alpha,B} - c_\alpha)$ は漸近的に平均 0, 分散

$$\left\{\int_{-\infty}^{c_\alpha} \frac{f^2(t)}{g(t)} dt - \alpha^2 \right\} \bigg/ f^2(c_\alpha) \tag{4.7}$$

の正規分布に従うことを示した.したがって,この分散をできるだけ小さくするよう $g(t)$ を決め,そこから標本を抽出すれば,比較的小さな B でも推定パーセント点 $\hat{c}_{\alpha,B}$ の精度が保証されるという考え方である.

これを推定量 $\hat{\theta}$ のパーセント点のブートストラップ推定の問題に適用する際には,(4.6) 式の密度関数 $f(t), g(t)$ を尤度関数で置き換えた

$$\alpha = \frac{1}{B}\sum_{b=1}^{B} I(\hat{\theta}^*(b) \leq \hat{c}_{\alpha,B}) \frac{L(\boldsymbol{X}^*(b);\ \hat{F})}{L(\boldsymbol{X}^*(b);\ \hat{F}_w)} \tag{4.8}$$

を用いる.ここで,$\hat{\theta}^*(b)$ は $\hat{F}_w$ からの大きさ n の標本 $\boldsymbol{x}^*(b)$ $(b=1,\ldots,B)$ に基づく推定値とし,$\hat{\theta}^*(1) \leq \cdots \leq \hat{\theta}^*(B)$ であるとする.また,$L(\boldsymbol{X}^*(b); \hat{F}) = n^{-n}$ は $\hat{F}$ に基づく尤度関数,$\hat{F}_w$ に基づく尤度関数は

$$L(\boldsymbol{X}^*(b);\ \hat{F}_w) = \prod_{i=1}^{n}\prod_{j=1}^{n} w_{ij}^*; \tag{4.9}$$

$$w_{ij}^* = w_j \quad (X_i^* = X_j \text{のとき}), \qquad w_{ij}^* = 1 \quad (\text{その他の場合})$$

で定義される.Johns (1988) は,ノンパラメトリック傾斜法を用いて,基本的には (4.7) 式の分散ができるだけ小さくなるようウェイトを決める方法を提唱した.

文　　献

Akaike, H. (1973). Information theory and an extention of the maximum likelihood principle. In Petrov, B. N. and Csaki, F. (eds.) *Proceedings of 2nd International Symposium on Information Theory*. Akademiai Kiado, Budapest, pp.267–281.

Akaike, H. (1974). A new look at the statistical model identification. *IEEE Transactions on Automatic Control*, AC-19, 716–723.

Andrews, D. F. and Herzberg, A. M. (1985). *Data*. Springer, New York.

Babu, G. J. and Singh, K. (1983). Inference on means usuing the bootstrap. *The Annals of Statistics*, **11**, 999–1003.

Beran, R. (1982). Estimated sampling distributions: The bootstrap and competitors. *The Annals of Statistics*, **10**, 212–225.

Beran, R. and Srivastava, M. S. (1985). Bootstrap tests and confidence regions for functions of a covariance matrix. *The Annals of Statistics*, **13**, 95–115.

Bhattacharya, R. N. and Ghosh, J. K. (1978). On the validity of the formal Edgeworth expansion. *The Annals of Statistics*, **6**, 434–451.

Bickel, P. J. and Freedman, D. A. (1981). Some asymptotic theory for the bootstrap. *The Annals of Statistics*, **9**, 1196–1271.

Davison, A. C. and Hinkley, D. V. (1997). *Bootstrap Methods and their Application*. Cambridge University Press.

Davison, A. C., Hinkley, D. V. and Schechtman, E. (1986). Efficient bootstrap simulation. *Biometrika*, **73**, 555–566.

de Boor, C. (2001). *A Practical Guide to Splines*, Revised edition. Springer, New York.

Diaconis, P. and Efron, B. (1983). Computer-intensive methods in statistics. *Scientific American*, **248**, 116–130 (松原 望 訳 (1983). コンピュータがひらく新しい統計学. サイエンス, **13**, pp.58–75).

DiCiccio, T. J. and Romano, J. P. (1988). A review of bootstrap confidence intervals. *Journal of the Royal Statistical Society*, Ser. B **50**, 338–354.

DiCiccio, T. J. and Romano, J. P. (1990). Nonparametoric confidence limits by resampling methods and least favorable families. *International Statistical Revew*, **58**, 59–76.

DiCiccio, T. J. and Efron, B. (1992). More accurate confidence intervals in exponential families. *Biometrika*, **79**, 231–245.

DiCiccio, T. J. and Efron, B. (1996). Bootstrap confidence intervals (with discussion). *Statistical Science*, **11**, 189–228.

Efron, B. (1979). Bootstrap methods: Another look at the jackknife. *The Annals of Statistics*, **7**, 1–26.

Efron, B. (1981). Nonparametric standard errors and confidence intervals (with discussion). *The Canadian Journal of Statistics*, **9**, 139–172.

Efron, B. (1982). *The Jackknife, the Bootstrap and Other Resampling Plans*. **SIAM**, Philadelphia.

Efron, B. (1983). Estimating the error rate of a prediction rule: improvement on cross-validation. *Journal of the American Statistical Association*, **78**, 316–331.

Efron, B. (1986). How biased is the apparent error rate of a prediction rule? *Journal of the American Statistical Association*, **81**, 461–470.

Efron, B. (1987). Better bootstrap confidence intervals (with discussion). *Journal of the American Statistical Association*, **82**, 171–200.

Efron, B. (1990). More efficient bootstrap computations. *Journal of the American Statistical Association*, **85**, 79–89.

Efron, B. and Gong, G. (1983). A leisurely look at the bootstrap, the jackknife, and cross-validation. *The American Statistician*, **37**, 36–48.

Efron, B. and Tibshirani, R. (1986). Bootstrap methods for standard errors, confidence intervals, and other measures of statistical accuracy. *Statistical Science*, **1**, 54–77.

Efron, B. and Tibshirani, R. (1993). *An Introduction to the Bootstrap*. Chapman & Hall, New York.

Efron, B. and Tibshirani, R. (1997). Improvements on cross-validation. The .632+ bootstrap method. *Journal of the American Statistical Association*, **92**, 548–560.

Felsenstein, J. (1985). Confidence limits on phylogenies: An approach using the bootstrap. *Evolution*, **39**, 783–791.

Hall, P. (1988). Theoretical comparison of bootstrap confidence intervals (with discussion). *The Annals of Statistics*, **16**, 927–985.

Hall, P. (1992). *The Bootstrap and Edgeworth Expansion*. Springer-Verlag, New York.

Hall, P., DiCiccio, T. J., and Romano, J. P. (1989). Om smoothing and the bootstrap. *The Annals of Statistics*, **17**, 692–704.

Hammersley, I. M. and Handscomb, D. C. (1964). *Monte Carlo Methods*. Wiley, New York.

Hastie, T., Tibshirani, R. and Friedman, J. (2001). *The Elements of Statistical Learning*. Springer, New York.

Härdle, W. (1990). *Applied Nonparametric Regression*. Cambridge University Press, Cambridge.

Hinkley, D. and Wei, B. -C. (1984). Improvements of jackknife confidence limit methods. *Biometrika*, **71**, 331–339.

Ichikawa, M. and Konishi, S. (1995). Application of the bootstrap methods in factor analysis. *Psychometrika*, **60**, 77–93.

Ichikawa, M. and Konishi, S. (2002). Asymptotic expansions and bootstrap approximations in factor analysis. *Journal of Multivariate Analysis*, **81**, 47–66.

Imoto, S. (2001). B-spline nonparametric regression models and information criteria, Ph. D. thesis, Kyushu University.

Imoto, S. and Konishi, S. (2003). Selection of smoothing parameters in B-spline nonparametric regression models using information criteria. *Annals of the Institute of Statistical Mathematics*, **55**, 671–687.

Ishiguro, M., Sakamoto, Y. and Kitagawa, G. (1997). Bootstrapping log likelihood and EIC, an extension of AIC. *Annals of the Institute of Statistical Mathematics*, **49**, 411–434.

Johns, V. (1988). Importance sampling for bootstrap confidence intervals. *Journal of the*

American Statistical Association, **83**, 709–714.

Kishino, H. and Hasegawa, M. (1989). Evaluation of the maximum likelihood estimate of the evolutionary tree topologies from DNA sequence data. *Journal of Molecular Evolution*, **29**, 170–179.

小西 貞則 (1988). ブートストラップ法による推定量の誤差評価. 赤池 弘次 監修：パソコンによるデータ解析. 朝倉書店, pp.123–142.

小西 貞則 (1990). ブートストラップ法と信頼区間の構成. 応用統計学, **19**, 137–162.

Konishi, S. (1991). Normalizing transformations and bootstrap confidence intervals. *The Annals of Statistics*, **19**, 2209–2225.

小西 貞則 (1993). ブートストラップ法とその応用. 日本統計学会誌増刊号, **22–3**, 291–312.

小西 貞則・本多 正幸 (1992). 判別分析における誤判別率推定とブートストラップ法. 応用統計学, **21**, 67–100.

Konishi, S. and Kitagawa, G. (1996). Generalised information criteria in model selection. *Biometrika*, **83**, 875–890.

小西 貞則・北川 源四郎 (2004). 情報量規準, 朝倉書店.

Konishi, S. and Kitagawa, G. (2008). *Information Criteria and Statistical Modeling*. Springer, New York.

Lewis, P. A. W. and Orav, E. J. (1989). *Simulation Methodology for Statisticians, Operations Analysis, and Engineers*, Vol. 1. Wadworth & Brooks.

Owen, A. B. (1988). Empirical likelihood ratio confidence intervals for a single functional. *Biometrika*, **75**, 237–249.

Owen, A. B. (1990). Empirical likelihood ratio confidence regions. *The Annals of Statistics*, **18**, 90–120.

Owen, A. (2001). *Empirical likelihood*. Chapman and Hall/CRC, Boca Raton, FL.

Quenouille, M. H. (1949). Approximate tests of correlation in time series. *Journal of the Royal Statistical Society*, Ser. B **11**, 18–84.

Ripley, R. D. (1996). *Pattern Recognition and Neural Networks*. Cambridge University Press.

Schwarz, G. (1978). Estimating the dimension of a model. *The Annals of Statistics*, **6**, 461–464.

Shao, J. & Tu, D.-S. (1995). *The Jackknife and Bootstrap*. Springer-Verlag, New York.

Shimodaira, H. (2004). Approximately unbiased tests of regions using multistep-multiscale bootstrap resampling. *The Annals of Statistics*, **32**, 2616–2641.

Shimodaira, H. and Hasegawa, M. (1999). Multiple comparisons of log-likelihoods with applications to phylogenetic inference. *Molecular Biology and Evolution*, **16**, 1114–1116.

Silverman, B. W. and Young, G. A. (1987). The bootstrap: To smooth or not to smooth? *Biometrika*, **74**, 469–79.

Singh, K. (1981). On the asymptotic accuracy of Efron's bootstrap. *The Annals of Statistics*, **9**, 1187–1195.

Stone, M. (1974). Cross-validation choice and assessment of statistical predictions. *Journal of the Royal Statistical Society*, B **36**, 111–147.

Tukey, J. (1958). Bias and confidence in not quite large samples. Abstract, *The Annals of*

Mathematical Statistics, **29**, 614.

汪 金芳・田栗 正章 (2003). ブートストラップ法入門. 甘利 俊一・竹内 啓・竹村 影道・伊庭 幸人 編. 計算統計 I ——確率計算の新しい手法. 岩波書店, pp.1-64.

汪 金芳・大内 俊二・景平・田栗 正章 (1992). ブートストラップ法——最近までの発展と今後の展望. 行動計量学, **19**, 50-81.

Young, G. A. (1988). A note on bootstrappimg the correlation coefficient. *Biometrika*, **75**, 370-373.

第II部

EMアルゴリズム

　EMアルゴリズムは1976年にDempster, Laird and RubinらがRoyal Statistical Societyで発表し，翌年1977年に雑誌 *Journal of the Royal Statistical Society*, Series Bに掲載された論文 (Dempster *et al.* (1977)) で紹介した手法である．この論文のタイトル "Maximum likelihood from incomplete data via the EM algorithms" が示すように，EMアルゴリズムは不完全な状態で観測されたデータについて最尤法に基づいた推測を行うための方法である．EMアルゴリズムは，不完全なデータから形成される尤度を最大化するために，完全な観測による尤度を利用して簡潔で扱いやすい枠組みを提供する手法である．

　Dempster *et al.* (1977) がEMアルゴリズムを提案した後，多くの改良や拡張が行われ，簡潔さと柔軟な適用可能性のために広く利用されるようになってきた．不完全データの分析法として，単に統計の世界にとどまらず，画像処理や信号処理など工学分野のほか，センサスデータの解析といった社会学や経済学分野，あるいはデータに欠測や打ち切りなどの多い医学・疫学分野でも用いられ，学習理論など人工知能分野でも利用されてきている．Meng and Pedlow (1992) らの調査によれば，当時すでに，1000を超えるEMアルゴリズムに関連した論文が300あまりの学術雑誌に掲載され，このうち85%は統計以外の学術雑誌であったという．

　各章の構成は以下の通りである．5章では，EMアルゴリズムに関する基本的な枠組みについて述べる．そのために，まず5.1節で最尤法の基本的な考え方と計算方法について紹介する．最尤法では，観察された事象に対して，その確率密

度関数をもとに尤度を構成し,密度関数を表現するパラメータ (母数) の推測を最大尤度原理に基づいて行う.ここでは,その基本原理について述べ,尤度の最大化について数値計算的な手法について整理する.次に,5.2 節で,不完全データにおける計算上の問題点とその解決手法としての EM アルゴリズムの考え方について紹介し,基本アルゴリズムとして整理する.その後 6 章では,簡単な事例を用いて,データの分析場面での EM アルゴリズムの適用法について述べる.7 章では,推測の観点から,いくつかの設定のもとでの EM アルゴリズムの応用と調整について述べる.7.1 節では,指数分布族における EM アルゴリズムの表現について議論し,7.2 節では,より実際的な適用場面での EM アルゴリズムの応用を意識して GEM アルゴリズムを定義し,最尤法における数値解法との関連について紹介する.7.3 節では,ベイズ推測と EM アルゴリズムとの関連について触れ,その応用の一例を紹介する.8 章では,EM アルゴリズムについて,アルゴリズムの理論的な背景について概説する.まず,8.1 節から 8.3 節において,EM アルゴリズムの収束の根拠とそのための正則条件について紹介する.次いで,8.4 節で欠測観測の情報損失の捉え方について述べ,8.5 節では,標準誤差の評価の問題について言及する.さらに,8.6 節では,EM アルゴリズムにおけるパラメータ系列の収束に関して,その加速法の 1 つであるエイトケンの加速法について紹介する.9 章では,Dempster *et al.* (1977) の提案以降の EM アルゴリズムの拡張の例として,ECM アルゴリズム,ECME アルゴリズム,MCEM などについて紹介し,データ拡大アルゴリズムや MCMC 法などとの関連についても触れる.

5

EMアルゴリズムの枠組み

5.1 最尤法と数値解法

5.1.1 最尤法の枠組み

未知パラメータ (母数) ベクトル $\boldsymbol{\theta}$ ($\boldsymbol{\theta} \in \Theta$) をもつ密度関数 $f(x|\boldsymbol{\theta})$ (離散変数の場合は確率関数) からなる分布によって生成された, n 個のデータ $\boldsymbol{x} = (x_1, \ldots, x_n)^T$ が与えられたとする．これらのデータは, 互いに独立にこの密度 (確率) 関数によって定義される分布に従う確率変数 $\boldsymbol{X} = (X_1, \ldots, X_n)^T$ の実現値 $X_1 = x_1, \ldots, X_n = x_n$ である．ここでは, この確率変数 $\boldsymbol{X}$ を観測とよび, データ $\boldsymbol{x}$ をその実現値あるいは観測値とよぶことにする．このとき, 観測 $\boldsymbol{X}$ の密度 (確率) 関数を

$$f(\boldsymbol{x}|\boldsymbol{\theta}) = f(x_1, \ldots, x_n|\boldsymbol{\theta}) = \prod_{i=1}^{n} f(x_i|\boldsymbol{\theta})$$

と書くことにする．

いま, 観測 $\boldsymbol{X}$ の実現値 $\boldsymbol{x}$ が与えられたとき, この $\boldsymbol{x}$ が固定されたと考えて関数 $f(\boldsymbol{x}|\boldsymbol{\theta})$ を評価すると, これはパラメータ $\boldsymbol{\theta}$ の関数とみなすことができる．この関数のことを**尤度** (likelihood/**尤度関数**) とよび,

$$L(\boldsymbol{\theta}, \boldsymbol{x}) = f(\boldsymbol{x}|\boldsymbol{\theta}) \tag{5.1}$$

と書くことにする．

最尤法は, この尤度 (5.1) 式を最大にするパラメータ $\boldsymbol{\theta}$ を求めることにより, これをパラメータの推定値として扱い, 推測を行う方法である．(5.1) 式を最大にするようなパラメータの値 $\hat{\boldsymbol{\theta}}$ は**最尤推定値**とよばれる．この最尤推定値 $\hat{\boldsymbol{\theta}}$ は, 観測の実現値 $\boldsymbol{x}$ の値に依存するので, $\boldsymbol{x}$ の関数であり, $\hat{\boldsymbol{\theta}}(\boldsymbol{x})$ と書く．この $\boldsymbol{x}$ を確率変数 $\boldsymbol{X}$ で置き換えた $\hat{\boldsymbol{\theta}}(\boldsymbol{X})$ を**最尤推定量** (maximum likelihood estimator) と

よぶ.

　最尤法を基礎に置く尤度原理では,この最尤推定量に基づいてパラメータの推測を行う.最尤推定量が陽に式表現可能で,その分布が容易に計算できる場合には,その統計量と分布を用いて,推定や信頼領域の構成,さらに検定などを行うことができる.

　ただし,複雑な現象に関するデータ解析の場面では,最尤推定量を陽に式として得ることが困難なことが多い.その際には,(5.1) 式あるいは,その自然対数をとった**対数尤度**,

$$l(\boldsymbol{\theta}, \boldsymbol{x}) = \log L(\boldsymbol{\theta}, \boldsymbol{x}) = \log f(\boldsymbol{x}|\boldsymbol{\theta}) = \sum_{i=1}^{n} \log f(x_i|\boldsymbol{\theta}) \qquad (5.2)$$

を目的関数とし,パラメータ $\boldsymbol{\theta}$ を変数として最大化をはかる最適化問題を解くことによって,数値解析的にパラメータの推定値 $\hat{\boldsymbol{\theta}}(\boldsymbol{x})$ を求めることが多い.この場合には,最尤推定量の正確な分布を得ることは難しいが,最尤推定量の**漸近特性**を用いて推測を行うことが可能である.

　データ数 n が十分大きいとき,密度関数 $f(x|\boldsymbol{\theta})$ について適当な正則条件を仮定すると,最尤推定量 $\hat{\boldsymbol{\theta}}(\boldsymbol{X})$ は**漸近正規性**をもち,その平均は $\boldsymbol{\theta}$,分散 (漸近分散) は $\boldsymbol{J}(\boldsymbol{\theta})^{-1}$ となることが知られている (Cramér (1946)).ただし,ここで,$\boldsymbol{J}(\boldsymbol{\theta})$ はフィッシャー情報行列であり,

$$\begin{aligned}\boldsymbol{J}(\boldsymbol{\theta}) &= \mathrm{E}_{\boldsymbol{\theta}}\left[-\frac{\partial^2}{\partial\boldsymbol{\theta}\partial\boldsymbol{\theta}^T}\log f(\boldsymbol{X}|\boldsymbol{\theta})\right] \\ &= \sum_{i=1}^{n}\mathrm{E}_{\boldsymbol{\theta}}\left[-\frac{\partial^2}{\partial\boldsymbol{\theta}\partial\boldsymbol{\theta}^T}\log f(X_i|\boldsymbol{\theta})\right] \\ &= \sum_{i=1}^{n}\mathrm{E}_{\boldsymbol{\theta}}\left[\frac{\partial}{\partial\boldsymbol{\theta}}\log f(X_i|\boldsymbol{\theta})\frac{\partial}{\partial\boldsymbol{\theta}^T}\log f(X_i|\boldsymbol{\theta})\right]\end{aligned} \qquad (5.3)$$

によって計算される (単に**情報行列**あるいは**情報**とよばれることもある).もちろん真の $\boldsymbol{\theta}$ の値は未知であるので,この分散の値を利用する際には,(5.3) 式の結果にパラメータの推定値 $\hat{\boldsymbol{\theta}}(\boldsymbol{x})$ を代入して,$\boldsymbol{J}(\hat{\boldsymbol{\theta}}(\boldsymbol{x}))^{-1}$ を計算すればよい.また,この期待値の計算が難しい場合には,負の対数尤度関数の 2 階微分 (**観測情報行列**または単に**観測情報**) の逆行列,

$$\boldsymbol{I}(\hat{\boldsymbol{\theta}})^{-1} = \left(-\left.\frac{\partial^2}{\partial\boldsymbol{\theta}\partial\boldsymbol{\theta}^T}\log f(\boldsymbol{x}|\boldsymbol{\theta})\right|_{\boldsymbol{\theta}=\hat{\boldsymbol{\theta}}}\right)^{-1} \qquad (5.4)$$

あるいは,

$$I'(\hat{\boldsymbol{\theta}})^{-1} = \left\{ \sum_{i=1}^{n} \left(\frac{\partial}{\partial \boldsymbol{\theta}} \log f(x_i|\boldsymbol{\theta}) \bigg|_{\boldsymbol{\theta}=\hat{\boldsymbol{\theta}}} \frac{\partial}{\partial \boldsymbol{\theta}^T} \log f(x_i|\boldsymbol{\theta}) \bigg|_{\boldsymbol{\theta}=\hat{\boldsymbol{\theta}}} \right) \right\}^{-1} \quad (5.5)$$

を使う場合もある.

また，検定を行う際には，最尤推定量の漸近分散の形と漸近正規性を利用した**ワルド検定**や，**尤度比検定統計量**あるいは**スコア検定統計量**の漸近分布が帰無仮説のもとでカイ2乗分布となることを利用して，検定を行うことが可能である (Silvey (1970), Cox and Hinkley (1974)).

5.1.2 数 値 解 法

前項で述べたように，最尤法では，いったん最尤推定値さえ求まれば，必要であれば漸近理論の助けを借りて，パラメータの推測が可能になる．そのパラメータの推定に関わる数値解析手法の1つが EM アルゴリズムであるが，その議論に入る前に，尤度あるいは対数尤度の最適化手法として典型的に用いられている数値計算の手続きについて触れておこう.

尤度関数の最大化の問題は，尤度のパラメータによる1階微分，

$$\frac{\partial}{\partial \boldsymbol{\theta}} L(\boldsymbol{\theta}, \boldsymbol{x}) = \mathbf{0}$$

あるいは対数尤度の1階微分，

$$\frac{\partial}{\partial \boldsymbol{\theta}} l(\boldsymbol{\theta}, \boldsymbol{x}) = \frac{\partial}{\partial \boldsymbol{\theta}} \log L(\boldsymbol{\theta}, \boldsymbol{x}) \left(= \frac{\partial}{\partial \boldsymbol{\theta}} \log f(\boldsymbol{x}|\boldsymbol{\theta}) \right) = \mathbf{0} \quad (5.6)$$

から構成される**尤度方程式** (likelihood equation) を解く問題として捉えられる．この対数尤度関数のパラメータ $\boldsymbol{\theta}$ による1階微分によって得られる勾配ベクトル，

$$\boldsymbol{S}(\boldsymbol{x}, \boldsymbol{\theta}) = \frac{\partial}{\partial \boldsymbol{\theta}} l(\boldsymbol{\theta}, \boldsymbol{x}) = \frac{\partial}{\partial \boldsymbol{\theta}} \log L(\boldsymbol{\theta}, \boldsymbol{x}) \left(= \frac{\partial}{\partial \boldsymbol{\theta}} \log f(\boldsymbol{x}|\boldsymbol{\theta}) \right) \quad (5.7)$$

のことを**スコア** (score) あるいは**スコア関数** (score function) とよぶ．したがって，最尤推定値を求める問題は，このスコアベクトルの値を $\mathbf{0}$ とするようなパラメータ $\boldsymbol{\theta}$ を探す問題として捉えればよい.

このような場合，典型的によく用いられる方法が**ニュートン・ラフソン** (Newton–Raphson) **法**である.

ニュートン・ラフソン法では，スコアについて，現在得られているパラメータ値 $\boldsymbol{\theta}^{(k)}$ の周りでテーラー展開して，近似式，

$$\boldsymbol{S}(\boldsymbol{x}, \boldsymbol{\theta}) \approx \boldsymbol{S}(\boldsymbol{x}, \boldsymbol{\theta}^{(k)}) + \frac{\partial^2}{\partial \boldsymbol{\theta} \partial \boldsymbol{\theta}^T} \log f(\boldsymbol{x}|\boldsymbol{\theta}) \bigg|_{\boldsymbol{\theta}=\boldsymbol{\theta}^{(k)}} (\boldsymbol{\theta} - \boldsymbol{\theta}^{(k)})$$

を考え，これによりパラメータ値に関する次のような更新式

$$\begin{aligned}\boldsymbol{\theta}^{(k+1)} &= \boldsymbol{\theta}^{(k)} - \left(\frac{\partial^2}{\partial\boldsymbol{\theta}\partial\boldsymbol{\theta}^T}\log(\boldsymbol{x}|\boldsymbol{\theta})\bigg|_{\boldsymbol{\theta}=\boldsymbol{\theta}^{(k)}}\right)^{-1} \boldsymbol{S}(\boldsymbol{x},\boldsymbol{\theta}^{(k)}) \\ &= \boldsymbol{\theta}^{(k)} + \boldsymbol{I}(\boldsymbol{\theta}^{(k)})^{-1}\boldsymbol{S}(\boldsymbol{x},\boldsymbol{\theta}^{(k)})\end{aligned} \quad (5.8)$$

を考える.このように作られたパラメータ値の系列 $\{\boldsymbol{\theta}^{(k)}\}$ は,初期値を適切に選択し,対数尤度関数 $l(\boldsymbol{\theta},\boldsymbol{x})$ に緩やかな正則条件を仮定できれば,対数尤度を最大化する値 $\boldsymbol{\theta}^*$ に収束する.このときの収束の速さは比較的速く,$\boldsymbol{\theta}^*$ の近傍で2次収束,つまりパラメータ $\boldsymbol{\theta}$ の各要素 θ_j について,

$$|\theta_j^{(k+1)} - \theta_j^*| \leq K|\theta_j^{(k)} - \theta_j^*|^2$$

となることが知られている.ただし,ここで $\boldsymbol{\theta}^*$ は真の最適解,$K>0$ は適当な定数である.この2次収束の性質はニュートン・ラフソン法の利点の1つであるが,ニュートン・ラフソン法では,パラメータを求める各ステップで,対数尤度関数のヘシアン(2階微分)を計算し,さらに,その行列の逆行列,あるいは,ヘシアンとスコアベクトルを用いた連立1次方程式の解を求める必要がある.その計算コストはパラメータの次元の3乗のオーダーであり,パラメータの次元が大きくなると急速に計算負荷が大きくなる性質がある.また,負のヘシアンが**正定値** (positive definite) である保証はなく,場合によっては**鞍点** (saddle point) や**局所最小点** (local minimun) へ収束する可能性もあるので,その計算には注意が必要である.

ニュートン・ラフソン法は一般的な非線型方程式の数値計算的解法としては基本といえる手法であるが,計算の際,対数尤度の2階微分を計算しなければならない.場合によっては,この計算が若干煩雑になることがあり,対数尤度の2階微分をその期待値であるフィッシャーの情報行列 $\boldsymbol{J}(\boldsymbol{\theta})$ で置き換えて

$$\begin{aligned}\boldsymbol{\theta}^{(k+1)} &= \boldsymbol{\theta}^{(k)} + \boldsymbol{J}(\boldsymbol{\theta}^{(k)})^{-1}\boldsymbol{S}(\boldsymbol{x},\boldsymbol{\theta}^{(k)}) \\ &= \boldsymbol{\theta}^{(k)} + \\ &\quad \left(\sum_{i=1}^n \mathrm{E}_{\boldsymbol{\theta}}\left[\frac{\partial}{\partial\boldsymbol{\theta}}\log f(X_i|\boldsymbol{\theta})\frac{\partial}{\partial\boldsymbol{\theta}^T}\log f(X_i|\boldsymbol{\theta})\right]\bigg|_{\boldsymbol{\theta}=\boldsymbol{\theta}^{(k)}}\right)^{-1}\boldsymbol{S}(\boldsymbol{x},\boldsymbol{\theta}^{(k)})\end{aligned} \quad (5.9)$$

なる形で,パラメータ値の系列を求める方法がある.この計算法を**フィッシャーのスコア** (Fisher's scoring) **法**とよぶ.フィッシャーのスコア法では対数尤度関数の2階微分あるいは1階微分の積の期待値を計算することが必要であるが,標準的な分布仮定のもとでは,対数尤度関数の2階微分による表現より情報行列の

方が簡潔な式となる場合が多い．このフィッシャーのスコア法では情報行列として**非負定値行列**を得ることが保証されており，ニュートン・ラフソン法の場合のように負の対数尤度関数のヘシアンが非負定値でなくなる心配をする必要がない．また，その計算の過程のなかで最尤推定量の分散共分散行列の推定値 $J(\boldsymbol{\theta}^{(k)})^{-1}$ を得ることができる．一般的には，ニュートン・ラフソン法では計算の中で情報行列を用いているわけではないので (後述の指数分布族の場合のように情報行列と観測情報行列が一致する場合もある)，直接的にこの分散共分散行列の推定値を得ることはできないが，その近似として，計算で用いる $I(\boldsymbol{\theta}^{(k)})^{-1}$ を利用することができる．

5.2　EM アルゴリズム

5.2.1　EM アルゴリズムの考え方

EM アルゴリズム (EM algorithm) は，完全なデータに対する最尤法を基礎にして，反復法により，不完全な観測をともなうデータに基づくパラメータの最尤推定を行う方法である．

いま，観測されたデータ $\boldsymbol{y}$ に対応する確率変数を $\boldsymbol{Y}$，確率密度関数を $f(\boldsymbol{y}|\boldsymbol{\theta})$ とする．ここで，$\boldsymbol{\theta} = (\theta_1, \ldots, \theta_d)^T$ はパラメータ空間 $\Theta(\subset R^d)$ 上のベクトルである．一方，欠測や何らかの欠損により計測値が得られていない観測に対する確率変数を $\boldsymbol{Z}$ とする．このとき，完全データに対する確率変数を $\boldsymbol{X}^T = (\boldsymbol{Y}^T, \boldsymbol{Z}^T)$ とし，その密度関数を $f^C(\boldsymbol{x}|\boldsymbol{\theta}) = f^C(\boldsymbol{y}, \boldsymbol{z}|\boldsymbol{\theta})$ と書くことにする．

完全な観測 $\boldsymbol{X}$ の標本空間を Ω，観測データに対応する観測 $\boldsymbol{Y}$ の標本空間を Υ とし，欠測データに対応する確率変数 $\boldsymbol{Z}$ の標本空間を Ξ とすると，

$$f(\boldsymbol{y}|\boldsymbol{\theta}) = \int_\Xi f^C(\boldsymbol{x}|\boldsymbol{\theta}) d\boldsymbol{z} = \int_\Xi f^C(\boldsymbol{y}, \boldsymbol{z}|\boldsymbol{\theta}) d\boldsymbol{z}$$

ということになる．形式的には，標本空間 Ω から標本空間 Υ への多対 1 写像 $\boldsymbol{y} = \boldsymbol{y}(\boldsymbol{x})$ によって，完全な観測値 $\boldsymbol{x}$ の代わりに，不完全な観測値 $\boldsymbol{y} = \boldsymbol{y}(\boldsymbol{x})$ を観測することになり，

$$f(\boldsymbol{y}|\boldsymbol{\theta}) = \int_{\Omega(\boldsymbol{y})} f^C(\boldsymbol{x}|\boldsymbol{\theta}) d\boldsymbol{x}$$

と考えればよい．ただし，$\Omega(\boldsymbol{y}) \subset \Omega$ であり，$\Omega(\boldsymbol{y}) = \{\boldsymbol{x}|\ \boldsymbol{x} \in \Omega,\ \boldsymbol{y}(\boldsymbol{x}) = \boldsymbol{y}\}$ である．このとき，完全な観測に関する対数尤度 $l^C(\boldsymbol{\theta}, \boldsymbol{x}) = \log L^C(\boldsymbol{\theta}, \boldsymbol{x})$ は

$$l^C(\boldsymbol{\theta},\boldsymbol{x}) = \log L^C(\boldsymbol{\theta},\boldsymbol{x}) = \log f^C(\boldsymbol{x}|\boldsymbol{\theta})$$

である．

統計的な推測は，得られた観測に基づいて行われるべきであるので，尤度原理に基づいてデータの分析を行うとすれば，観測されたデータ $\boldsymbol{y}$ の尤度 $L(\boldsymbol{\theta},\boldsymbol{y}) = f(\boldsymbol{y}|\boldsymbol{\theta})$ や対数尤度 $l(\boldsymbol{\theta},\boldsymbol{y}) = \log f(\boldsymbol{y}|\boldsymbol{\theta})$ を用いて最尤法を適用しなければならない．ところが，欠測や不完全な観測が存在すると，この尤度を扱いやすい形で表現することが難しくなる．これに比べると，完全な観測に対する尤度 $L^C(\boldsymbol{\theta},\boldsymbol{x})$ あるいは対数尤度 $l^C(\boldsymbol{\theta},\boldsymbol{x})$ は，データのなかに不完全さを含まないために，比較的簡潔な表現で記述され，結果として最尤推定値を求める過程も容易なものであることが多い．観測が完全であれば，$\boldsymbol{x}$ に対してこの対数尤度を最大にするようなパラメータを求めればよいが，不完全な観測では欠測に相当する $\boldsymbol{z}$ の値が得られていないので，$l^C(\boldsymbol{\theta},\boldsymbol{x})$ は利用できない．

EM アルゴリズムは，このような設定のもとで，完全な観測の尤度の最大化を基礎に，繰り返し計算によってパラメータを求める方法である．このためには，観測の行われなかった部分 $\boldsymbol{z}$ に何らかの数値を代入して，擬似的に完全データを構成する必要がある．EM アルゴリズムは，観測が得られなかったデータの値について，得られた観測 $\boldsymbol{y}$ と利用可能なパラメータの推定値 $\boldsymbol{\theta}^{(k)}$ を用いて欠測 $\boldsymbol{Z}$ の期待値

$$\mathrm{E}_{\boldsymbol{\theta}^{(k)}}[\boldsymbol{Z}|\boldsymbol{Y}=\boldsymbol{y}]$$

を計算して，この値を代入する方法として紹介されることが多い．（ただし，後述するように，この説明は必ずしも適切ではない．）このようにして構成された擬似完全データ $\boldsymbol{x}^*$ をもとに，対数尤度 $l^C(\boldsymbol{\theta},\boldsymbol{x}^*)$ の最大化を行うことによりパラメータの最尤推定値を得て，パラメータの推定値を $\boldsymbol{\theta}^{(k+1)}$ として更新する．以降このような操作を繰り返し，パラメータ推定値の系列 $\{\boldsymbol{\theta}^{(k)}\}$ を得る．この系列は一般的な設定のもとで収束し，観測データ $\boldsymbol{y}$ に基づく尤度

$$\log f(\boldsymbol{y}|\boldsymbol{\theta})$$

を最大化するパラメータ値 $\boldsymbol{\theta}^*$ に一致する．このような手順で観測データを基礎とする最尤推定値を得る方法を EM アルゴリズムとよぶことが多い．

このように EM アルゴリズムを捉えたとき，いくつかの疑問が生じる．その1つ目は，不完全データを補完して擬似的に完全データを構成するために条件付期

待値を用いることの妥当性．2つ目は，擬似的な完全データを用いて，完全な観測に基づいて尤度の最大化を基礎にして系列 $\{\boldsymbol{\theta}^{(k)}\}$ を構成していて，なぜそれが観測データ $\boldsymbol{y}$ に基づく尤度を最大にする解に収束するのかという疑問．3つ目は，基本的に観測データは不完全な状態で現象の把握をしようとしているので，完全な観測に基づくデータによる推測との間には含まれる情報の違いがあるはずで，その違いがどこに現れてくるのかという疑問である．これらの疑問に対する答えについては8章で詳しく説明するが，そのためには，もう少し正確に EM アルゴリズムの手順を理解しておくことが必要である．

5.2.2 EM アルゴリズムの計算手順

一般的な表記では，EM アルゴリズムは次のような手順として定式化される．

- まず，適当なパラメータの推定値を $\boldsymbol{\theta}^{(0)}$ とする．
- 次に，先の記述のなかで，欠測 $\boldsymbol{Z}$ について，観測値 $\boldsymbol{y}$ が与えられたという条件のもとで，その条件付期待値を求め，欠測となっている観測 $\boldsymbol{z}$ について擬似的な観測値として代入するという操作に相当する部分を E ステップとよぶ．一般的には，この E ステップは，完全観測に基づく対数尤度関数 $l^C(\boldsymbol{\theta}, \boldsymbol{x})$ について，$\boldsymbol{\theta}^{(0)}$ を用いてその条件付期待値を計算し，関数
$$Q(\boldsymbol{\theta}, \boldsymbol{\theta}^{(0)}) = \mathrm{E}_{\boldsymbol{\theta}^{(0)}}\left[l^C(\boldsymbol{\theta}, \boldsymbol{X})|\boldsymbol{Y}=\boldsymbol{y}\right] = \mathrm{E}_{\boldsymbol{\theta}^{(0)}}\left[\log L^C(\boldsymbol{\theta}, \boldsymbol{X})|\boldsymbol{Y}=\boldsymbol{y}\right]$$
を求める段階として捉えられる．
- さらに，欠測値 $\boldsymbol{z}$ を条件付期待値で置き換えて得られた擬似的な完全データに基づいて，完全な観測に関する尤度を最大化する部分については，これをMステップとよぶ．Mステップでは，Eステップで計算した $Q(\boldsymbol{\theta}, \boldsymbol{\theta}^{(0)})$ を $\boldsymbol{\theta}$ の関数と考えて，この関数の最大化を行う．つまり任意の $\boldsymbol{\theta} \in \Theta$ に対して
$$Q(\boldsymbol{\theta}^{(1)}, \boldsymbol{\theta}^{(0)}) \geq Q(\boldsymbol{\theta}, \boldsymbol{\theta}^{(0)})$$
となるようなパラメータ $\boldsymbol{\theta}^{(1)}$ を求める計算を行う．
- そして，以上のような計算によって得られた $\boldsymbol{\theta}^{(1)}$ を更新されたパラメータとして $\boldsymbol{\theta}^{(0)}$ と入れ替えて，E ステップと M ステップの計算を繰り返す．

したがって $(k+1)$ 段階目の計算では，

E ステップ：k 段階目で得られたパラメータ推定値 $\boldsymbol{\theta}^{(k)}$ と観測 $\boldsymbol{y}$ を用いて，
$$Q(\boldsymbol{\theta}, \boldsymbol{\theta}^{(k)}) = \mathrm{E}_{\boldsymbol{\theta}^{(k)}}\left[\log L^C(\boldsymbol{\theta}, \boldsymbol{X})|\boldsymbol{Y}=\boldsymbol{y}\right] \tag{5.10}$$

を計算する．

M ステップ：E ステップで計算した $Q(\boldsymbol{\theta}, \boldsymbol{\theta}^{(k)})$ を $\boldsymbol{\theta}$ に関して最大化し，それを $\boldsymbol{\theta}^{(k+1)}$ とする．つまり，任意の $\boldsymbol{\theta} \in \Theta$ に対して，

$$Q(\boldsymbol{\theta}^{(k+1)}, \boldsymbol{\theta}^{(k)}) \geq Q(\boldsymbol{\theta}, \boldsymbol{\theta}^{(k)}) \tag{5.11}$$

となるようなパラメータ $\boldsymbol{\theta}^{(k+1)}$ を求める．

この部分の計算については，$\boldsymbol{\theta}^{(k+1)}$ を $Q(\boldsymbol{\theta}, \boldsymbol{\theta}^{(k)})$ を最大化するパラメータの集合

$$M(\boldsymbol{\theta}^{(k)}) = \arg\max_{\boldsymbol{\theta}} Q(\boldsymbol{\theta}, \boldsymbol{\theta}^{(k)}) \tag{5.12}$$

から選択すると表記する場合もある．
という計算が行われる．

この E ステップと M ステップの計算を収束条件を満足するまで繰り返すのである．収束条件としては，$\|\cdot\|$ を d 次元ユークリッド空間 R^d の適当なノルムとして $\|\boldsymbol{\theta}^{(k+1)} - \boldsymbol{\theta}^{(k)}\|$ が十分小のとき，あるいは，$|Q(\boldsymbol{\theta}^{(k+1)}, \boldsymbol{\theta}^{(k)}) - Q(\boldsymbol{\theta}^{(k)}, \boldsymbol{\theta}^{(k)})|$ や，$l(\boldsymbol{\theta}^{(k+1)}, \boldsymbol{y}) - l(\boldsymbol{\theta}^{(k)}, \boldsymbol{y})$，$L(\boldsymbol{\theta}^{(k+1)}, \boldsymbol{y}) - L(\boldsymbol{\theta}^{(k)}, \boldsymbol{y})$ などが十分小さいことを条件として使うことが多い．

このように EM アルゴリズムを捉えると，標本空間 Ω から Υ への関数 $\boldsymbol{y}(\boldsymbol{x})$ については，その詳細を規定することは必ずしも必要ないことがわかる．完全な観測に関わる標本空間 Ω と確率変数 $\boldsymbol{X}$，さらにその密度関数が指定され，実際に測定が行われた観測の値 $\boldsymbol{y}$ が与えられたという条件のもとでの $\boldsymbol{X}$ の条件付分布の密度関数が明確に指定されていればよい．完全な観測に関わる標本空間やその分布の指定は一意でないので，E ステップや M ステップでの計算が容易になるように選択すればよい．パラメータ系列の収束の加速の観点からこの選択のしかたについて検討が加えられている (Meng and van Dyk (1997), McLachlan and Krishnan (1997, 5.11 節))．

EM アルゴリズムの性質については，後ほど 8 章で述べることにして，次章では，いくつかの簡単な事例をあげて，EM アルゴリズムの基本的な使い方について紹介する．

6

EM アルゴリズムの適用事例

6.1　1変量正規分布の場合

EM アルゴリズムと従来用いられている統計的手法とがどのように関わるかについて調べるために，簡単な例として1変量正規分布からの無作為標本の場合について考えてみる．

独立に同一に正規分布 $N(\mu, \sigma^2)$ に従う確率変数 X_i $(i = 1, 2, \ldots, n)$ について観測を計画したと考える．このときランダムに欠測が起き，このうち m 個のみが観測されたとする．いま，標記の都合上，前半の m 個の観測については観測が行われ，後半の $m'(=n-m)$ 個については観測が行われなかった，つまり後半の m' 個のデータが欠測状態であるとする．したがって，完全な観測に関する確率変数ベクトルを $\boldsymbol{X} = (X_1, \ldots, X_m, \ X_{m+1}, \ldots, X_n)^T$ とすると，実際に観測の行われた標本に対する確率変数ベクトル $\boldsymbol{Y}$ は，$\boldsymbol{Y} = (X_1, \ldots, X_m)^T$ となる．ここでは，混乱を避けるために，観測の行われたデータについては $\boldsymbol{Y} = (Y_1, \ldots, Y_m)^T$ とし，その実現値を $\boldsymbol{y} = (y_1, \ldots, y_m)^T$ と書くことにする．同様に欠測データに関する確率変数を $\boldsymbol{Z} = (X_{m+1}, \ldots, X_n)^T = (Z_1, \ldots, Z_{m'})^T$ と書くことにする．

このとき，観測の行われた m 標本の観測値 $\boldsymbol{y}$ に基づく対数尤度 $l(\boldsymbol{\theta}, \boldsymbol{y})$ は

$$l(\boldsymbol{\theta}, \boldsymbol{y}) = -\frac{m}{2} \log\left(2\pi\sigma^2\right) - \frac{1}{2\sigma^2} \sum_{i=1}^{m} (y_i - \mu)^2 \qquad (6.1)$$

となる．ただし，$\boldsymbol{\theta} = (\mu, \sigma^2)^T$ である．また，仮に欠測部分のデータが観測されたと想定して得られた完全データ $\boldsymbol{x}$ に関する対数尤度 $l^C(\boldsymbol{\theta}, \boldsymbol{x})$ は同様に

$$\begin{aligned} l^C(\boldsymbol{\theta}, \boldsymbol{x}) &= -\frac{n}{2} \log\left(2\pi\sigma^2\right) - \frac{1}{2\sigma^2} \sum_{i=1}^{n} (x_i - \mu)^2 \qquad (6.2) \\ &= -\frac{n}{2} \log\left(2\pi\sigma^2\right) - \frac{1}{2\sigma^2} \left\{ \sum_{i=1}^{m} (y_i - \mu)^2 + \sum_{j=1}^{m'} (z_j - \mu)^2 \right\} \end{aligned}$$

となる.ここで $z = (z_1, \ldots, z_{m'})$ は欠測 Z に関する想定上の実現値である.

いま,データが独立・同一分布に従う無作為標本からのものであり,ランダムに欠測が起きているとしているので,欠測データについては情報が得られていないと考え,観測されたデータのみに基づくパラメータの推定を考えてみる.

このときの対数尤度は (6.1) 式で与えられるので,$l(\boldsymbol{\theta}, \boldsymbol{y})$ をもとに尤度方程式 $\boldsymbol{0} = \frac{\partial}{\partial \boldsymbol{\theta}} l(\boldsymbol{\theta}, \boldsymbol{y})$ を構成すると

$$\begin{bmatrix} 0 \\ 0 \end{bmatrix} = \begin{bmatrix} \frac{\partial}{\partial \mu} l(\boldsymbol{\theta}, \boldsymbol{y}) \\ \frac{\partial}{\partial \sigma^2} l(\boldsymbol{\theta}, \boldsymbol{y}) \end{bmatrix} = \begin{bmatrix} \frac{1}{\sigma^2} \sum_{i=1}^{m} (y_i - \mu) \\ -\frac{m}{2\sigma^2} + \frac{1}{2(\sigma^2)^2} \sum_{i=1}^{m} (y_i - \mu)^2 \end{bmatrix} \quad (6.3)$$

が得られる.この場合,尤度方程式は反復法によらずに解を得ることができ,最尤推定量は次の式によって与えられる.

$$\hat{\boldsymbol{\theta}} = \begin{bmatrix} \hat{\mu} \\ \hat{\sigma}^2 \end{bmatrix} = \begin{bmatrix} \frac{1}{m} \sum_{i=1}^{m} y_i \\ \frac{1}{m} \sum_{i=1}^{m} (y_i - \hat{\mu})^2 \end{bmatrix} \quad (6.4)$$

次に,EM アルゴリズムを用いた推定について考えてみる.EM アルゴリズムの k 段階目の計算でパラメータ推定値 $\boldsymbol{\theta}^{(k)}$ が得られたとする.このとき,$(k+1)$ 段階目の E ステップでは,観測 $\boldsymbol{Y} = \boldsymbol{y}$ のもとで $\boldsymbol{\theta} = \boldsymbol{\theta}^{(k)}$ の時の $\boldsymbol{Z}$ の条件付分布に基づく期待値の計算が必要になる.このデータでは,独立標本を考えており欠測もランダムであるので,確率変数 Z_i の観測 $\boldsymbol{Y} = \boldsymbol{y}$ のもとでの条件付分布は $N(\mu, \sigma^2)$ である.したがって,観測 $\boldsymbol{Y} = \boldsymbol{y}$ のもとでの $l^C(\boldsymbol{\theta}, \boldsymbol{X})$ の条件付期待値 $Q(\boldsymbol{\theta}, \boldsymbol{\theta}^{(k)})$ はパラメータ $\boldsymbol{\theta}^{(k)} = (\mu^{(k)}, (\sigma^2)^{(k)})$ を用いて

$$\begin{aligned} Q(\boldsymbol{\theta}, \boldsymbol{\theta}^{(k)}) &= \mathrm{E}_{\boldsymbol{\theta}^{(k)}} \left[l^C(\boldsymbol{\theta}, \boldsymbol{X}) \Big| \boldsymbol{Y} = \boldsymbol{y} \right] \quad (6.5) \\ &= \mathrm{E}_{\boldsymbol{\theta}^{(k)}} \left[-\frac{n}{2} \log(2\pi\sigma^2) - \frac{1}{2\sigma^2} \left\{ \sum_{i=1}^{m} (Y_i - \mu)^2 + \sum_{j=1}^{m'} (Z_j - \mu)^2 \right\} \Big| \boldsymbol{Y} = \boldsymbol{y} \right] \\ &= -\frac{n}{2} \log(2\pi\sigma^2) - \frac{1}{2\sigma^2} \left\{ \sum_{i=1}^{m} (y_i - \mu)^2 + \sum_{j=1}^{m'} \mathrm{E}_{\boldsymbol{\theta}^{(k)}} \left[(Z_j - \mu)^2 \Big| \boldsymbol{Y} = \boldsymbol{y} \right] \right\} \\ &= -\frac{n}{2} \log(2\pi\sigma^2) - \frac{1}{2\sigma^2} \left\{ \sum_{i=1}^{m} (y_i - \mu)^2 + m'(\mu^{(k)} - \mu)^2 + m'(\sigma^2)^{(k)} \right\} \end{aligned}$$

と表現される.

M ステップでは $Q(\boldsymbol{\theta}, \boldsymbol{\theta}^{(k)})$ を最大化するような $\boldsymbol{\theta}$ を求めることになる.したがって,方程式

$$
\mathbf{0} = \frac{\partial}{\partial \boldsymbol{\theta}} Q(\boldsymbol{\theta}, \boldsymbol{\theta}^{(k)}) = \begin{bmatrix} \dfrac{\partial}{\partial \mu} Q(\boldsymbol{\theta}, \boldsymbol{\theta}^{(k)}) \\ \dfrac{\partial}{\partial \sigma^2} Q(\boldsymbol{\theta}, \boldsymbol{\theta}^{(k)}) \end{bmatrix} \tag{6.6}
$$

$$
= \begin{bmatrix} \dfrac{1}{\sigma^2} \left\{ \sum_{i=1}^{m} (y_i - \mu) + m' \left(\mu^{(k)} - \mu \right) \right\} \\ -\dfrac{n}{2\sigma^2} + \dfrac{1}{2(\sigma^2)^2} \left\{ \sum_{i=1}^{m} (y_i - \mu)^2 + m'(\mu^{(k)} - \mu)^2 + m'(\sigma^2)^{(k)} \right\} \end{bmatrix}
$$

を解くことにより，$(k+1)$ 段階目のパラメータ $\boldsymbol{\theta}^{(k+1)}$ の推定値は

$$
\boldsymbol{\theta}^{(k+1)} = \begin{bmatrix} \mu^{(k+1)} \\ (\sigma^2)^{(k+1)} \end{bmatrix} \tag{6.7}
$$

$$
= \begin{bmatrix} \dfrac{1}{n} \left\{ \sum_{i=1}^{m} y_i + m' \mu^{(k)} \right\} \\ \dfrac{1}{n} \left\{ \sum_{i=1}^{m} (y_i - \mu^{(k+1)})^2 + m'(\mu^{(k)} - \mu^{(k+1)})^2 + m'(\sigma^2)^{(k)} \right\} \end{bmatrix}
$$

と計算される．

分散の推定量に関する更新式からわかるように，EM アルゴリズムでは，ただ単純に不完全データをその条件付期待値で置き換えて計算するのではないことに注意が必要である．

この EM アルゴリズムによるパラメータの推定の状況を示したものが表 6.1 である．ここでは 20 個の正規分布からのデータを観測し $(m=20)$，さらに数個が欠測した $(m'=1,2,3)$ ものと想定したときの，各段階での EM アルゴリズムでの推定値 $\boldsymbol{\theta}^{(k)}$ を示している．観測データ 20 個のみによる (6.4) 式による最尤推定値は $\hat{\mu} = 48.5355$, $\hat{\sigma}^2 = 17.9360$ である．EM アルゴリズムではパラメータに関する初期値を $\mu^{(0)} = 0, (\sigma^2)^{(0)} = 1$ として計算を開始している．ここで計算した欠測数 m' が 1 から 3 までの範囲では，ほぼ 10 回程度で小数点以下 4 桁までの精度で収束し，その結果は観測データのみのときの最尤推定値と一致していることがわかる．さらに欠測観測数が多くなるにつれ収束が遅くなる傾向も読み取れる．また，欠測の存在しない $m'=0$ の場合は初期値によらず 1 回の反復で収束する．

EM アルゴリズムで生成したパラメータ系列 $\{\boldsymbol{\theta}^{(k)}\}$ が収束する場合には，十分大きな k で $\boldsymbol{\theta}^{(k+1)} = \boldsymbol{\theta}^{(k)}$ が成立することを意味している．したがって，この状態でのパラメータを $\boldsymbol{\theta}^{(*)}$ としてパラメータの更新式 (6.7) 式に代入すると，

表 6.1 1 変量正規分布からの不完全な観測に関する EM アルゴリズムの適用例
観測データ数 $m = 20$, 欠測観測数 $m' = 1, 2, 3$.

観測データ

| 54.62 | 57.98 | 49.41 | 51.77 | 46.72 | 43.09 | 51.68 | 40.33 | 50.78 | 43.63 |
| 44.89 | 52.34 | 47.28 | 45.73 | 49.02 | 49.52 | 46.41 | 45.44 | 46.50 | 53.57 |

$\hat{\mu} = 48.5355, \quad \hat{\sigma}^2 = 17.9360$

EM アルゴリズムによる収束状況

	欠測数 $m'=1$		欠測数 $m'=2$		欠測数 $m'=3$	
k	$\mu^{(k)}$	$(\sigma^2)^{(k)}$	$\mu^{(k)}$	$(\sigma^2)^{(k)}$	$\mu^{(k)}$	$(\sigma^2)^{(k)}$
0	0.00000	1.00000	0.00000	1.00000	0.00000	1.00000
1	46.22429	123.96376	44.12318	211.08189	42.20478	282.91351
2	48.42544	23.22720	48.13438	37.10369	47.70975	57.04400
3	48.53026	18.18852	48.49903	19.69182	48.42779	23.11438
4	48.53525	17.94803	48.53218	18.09573	48.52145	18.61276
5	48.53549	17.93658	48.53520	17.95053	48.53367	18.02430
6	48.53550	17.93603	48.53547	17.93732	48.53526	17.94752
7	48.53550	17.93601	48.53550	17.93612	48.53547	17.93751
8	48.53550	17.93600	48.53550	17.93602	48.53550	17.93620
9	48.53550	17.93600	48.53550	17.93601	48.53550	17.93603
10	48.53550	17.93600	48.53550	17.93600	48.53550	17.93601
∞	48.53550	17.93600	48.53550	17.93600	48.53550	17.93600

$$\mu^{(*)} = \frac{1}{n}\left\{\sum_{i=1}^{m} y_i + m'\mu^{(*)}\right\}$$

$$(\sigma^2)^{(*)} = \frac{1}{n}\left\{\sum_{i=1}^{m}(y_i - \mu^{(*)})^2 + m'(\sigma^2)^{(*)}\right\}$$

が成立し，解 $\mu^{(*)}, (\sigma^2)^{(*)}$ は

$$\mu^{(*)} = \frac{1}{m}\sum_{i=1}^{m} y_i, \quad (\sigma^2)^{(*)} = \frac{1}{m}\sum_{i=1}^{m}(y_i - \mu^{(*)})^2$$

と陽に表現できる．つまり，$\boldsymbol{\theta}^{(*)}$ が観測データのみを用いた最尤推定量 (6.4) 式の値と一致することを確認できる．

6.2 遺伝的連鎖の場合——多項分布への応用

手法として EM アルゴリズムを定式化し紹介した Dempster *et al.* (1977) では Rao (1973) で取り上げられた遺伝的連鎖データの解析に関する EM アルゴリズムの適用について論じている．

6.2 遺伝的連鎖の場合——多項分布への応用

遺伝子の発現系によって動物を 4 つのカテゴリに分類し，観測値 $\boldsymbol{y} = (125, 18, 20, 34)^T$ が得られたとする．対応する確率変数を $\boldsymbol{Y} = (Y_1, Y_2, Y_3, Y_4)^T$ と書くことにする．このとき，遺伝的なモデルとして，その各カテゴリの発現確率が，パラメータ θ $(0 \leq \theta \leq 1)$ を用いて，

$$\boldsymbol{P}_\theta = (P_1, P_2, P_3, P_4)^T = \left(\frac{1}{2}+\frac{1}{4}\theta, \frac{1}{4}(1-\theta), \frac{1}{4}(1-\theta), \frac{1}{4}\theta\right)^T$$

と表現されるものとする．この状況のもとで反応が多項分布に従うと仮定すると，観測 $\boldsymbol{Y}$ の確率関数は，

$$\begin{aligned}f(\boldsymbol{y}|\theta) &= \frac{n!}{y_1! y_2! y_3! y_4!} P_1^{y_1} P_2^{y_2} P_3^{y_3} P_4^{y_4} \qquad (6.8)\\ &= \frac{n!}{y_1! y_2! y_3! y_4!} \left\{\frac{1}{2}+\frac{1}{4}\theta\right\}^{y_1}\left\{\frac{1}{4}(1-\theta)\right\}^{y_2}\left\{\frac{1}{4}(1-\theta)\right\}^{y_3}\left\{\frac{1}{4}\theta\right\}^{y_4}\end{aligned}$$

となる．ただし，$n = Y_1 + Y_2 + Y_3 + Y_4$ である．したがって，これらの観測に基づく対数尤度 $l(\theta, \boldsymbol{y})$ は

$$\begin{aligned}l(\theta, \boldsymbol{y}) = &\log \frac{n!}{y_1! y_2! y_3! y_4!} - (y_1+y_2+y_3+y_4)\log 4\\ &+ y_1 \log(2+\theta) + (y_2+y_3)\log(1-\theta) + y_4 \log\theta \qquad (6.9)\end{aligned}$$

となる．この対数尤度の θ に関する 1 階微分，2 階微分は

$$\frac{d}{d\theta}l(\theta, \boldsymbol{y}) = \frac{y_1}{2+\theta} - \frac{y_2+y_3}{1-\theta} + \frac{y_4}{\theta} \qquad (6.10)$$

$$-I(\theta) = \frac{d^2}{d\theta^2}l(\theta, \boldsymbol{y}) = -\left\{\frac{y_1}{(2+\theta)^2} + \frac{y_2+y_3}{(1-\theta)^2} + \frac{y_4}{\theta^2}\right\} \qquad (6.11)$$

となり，情報 $J(\theta)$ は

$$J(\theta) = \mathrm{E}_\theta\left[-\frac{d^2}{d\theta^2}l(\theta, \boldsymbol{Y})\right] = \frac{n}{4}\left\{\frac{1}{(2+\theta)} + \frac{2}{(1-\theta)} + \frac{1}{\theta}\right\} \qquad (6.12)$$

である．

このことから，尤度方程式は (6.10) 式から

$$0 = \frac{(y_1+y_2+y_3+y_4)\theta^2 + (-y_1+2y_2+2y_3+y_4)\theta - 2y_4}{(\theta-1)(\theta+2)\theta} \qquad (6.13)$$

となり，最尤推定値は分子に着目して 2 次方程式の解 $-0.5507, 0.6268$ のうちの正の解として，$\hat{\theta} = 0.6268$ を得る．その分散は $J(\hat{\theta})^{-1} = (361.2684)^{-1} = 0.002768$ あるいは $I(\hat{\theta})^{-1} = (377.5163)^{-1} = 0.002649$ と推定される．

Dempster *et al.* (1977) はこの問題を次のように捉えなおすことにより，EM アルゴリズムを適用することを考えた．第 1 カテゴリの観測 Y_1 について，これが出現確率 $\left(\frac{1}{2}, \frac{1}{4}\theta\right)$ をもつ 2 つのカテゴリからの観測 X_1, X_2 の合計 $Y_1 = X_1 + X_2$ であ

ると考えてみる．つまり，5つのカテゴリからなる観測 $\boldsymbol{X} = (X_1, X_2, X_3, X_4, X_5)$ が出現確率

$$\left(\frac{1}{2}, \ \frac{1}{4}\theta, \ \frac{1}{4}(1-\theta), \ \frac{1}{4}(1-\theta), \ \frac{1}{4}\theta \right)$$

をもつものとして，$Y_1 = X_1 + X_2, \ Y_2 = X_3, \ Y_3 = X_4, \ Y_4 = X_5$ であると考える．このときこの $\boldsymbol{X}$ の対数尤度は観測 $\boldsymbol{x}$ に対して

$$\begin{aligned}
\log \frac{n!}{x_1! x_2! x_3! x_4! x_5!} &- x_1 \log 2 - (x_2 + x_3 + x_4 + x_5) \log 4 \\
&+ x_2 \log \theta + (x_3 + x_4) \log(1-\theta) + x_5 \log \theta \\
&\propto (x_2 + x_5) \log \theta + (x_3 + x_4) \log(1-\theta) \quad (6.14)
\end{aligned}$$

となる．したがって，定数部を無視すれば，観測 $(x_2+x_5), (x_3+x_4)$ を基礎として反応確率 θ をもつ 2 項反応の対数尤度と一致する．このため，観測 $\boldsymbol{X}$ に基づくパラメータ θ の最尤推定量は

$$\hat{\theta} = \frac{x_2 + x_5}{x_2 + x_3 + x_4 + x_5}$$

となる．もちろん，観測はあくまで $\boldsymbol{Y}$ からしか得られておらず，(x_1, x_2) は観測されない．この意味で $\boldsymbol{y}$ は不完全データということになる．そこで，5.2.1 項で述べた EM アルゴリズムの枠組みでこの問題を解くことを考えてみる．

まず，この場合の完全観測 $\boldsymbol{x}$ に基づく対数尤度 $l^C(\theta, \boldsymbol{x})$ は (6.14) 式で与えられるが，θ に依存しない項を除いて

$$l^C(\theta, \boldsymbol{x}) = (x_2 + x_5) \log \theta + (x_3 + x_4) \log(1-\theta) \quad (6.15)$$

と書くことにする．

E ステップで必要とされる，現段階でのパラメータ推定値 $\theta^{(k)}$ と観測 $\boldsymbol{Y} = \boldsymbol{y}$ が与えられたという条件のもとでの $\boldsymbol{X}$ の条件付分布については，不完全な観測 X_1, X_2 の分布が，総数を y_1 とする 2 項分布になることに注意すればよい．つまり，X_2 の条件付分布は，総数 Y_1，反応確率

$$\frac{\frac{1}{4}\theta^{(k)}}{\frac{1}{2} + \frac{1}{4}\theta^{(k)}} = \frac{\theta^{(k)}}{2 + \theta^{(k)}}$$

であるような 2 項分布 $\mathrm{Binom}(y_1, \frac{\theta^{(k)}}{2+\theta^{(k)}})$ である．同様に，X_1 の分布は $\mathrm{Binom}(y_1, \frac{2}{2+\theta^{(k)}})$ となる．

したがって完全観測 $\boldsymbol{x}$ に関する対数尤度 $l^C(\theta, \boldsymbol{x})$ の条件付期待値 $Q(\theta, \theta^{(k)})$ は

$$\begin{aligned}
Q(\theta, \theta^{(k)}) &= \mathrm{E}_{\theta^{(k)}}\left[l^C(\theta, \boldsymbol{X}) \,\middle|\, \boldsymbol{Y} = \boldsymbol{y}\right] \\
&= \mathrm{E}_{\theta^{(k)}}\left[(X_2 + X_5)\log\theta + (X_3 + X_4)\log(1-\theta) \mid \boldsymbol{Y} = \boldsymbol{y}\right] \\
&= \left(y_1 \frac{\theta^{(k)}}{2+\theta^{(k)}} + y_4\right)\log\theta + (y_2 + y_3)\log(1-\theta)
\end{aligned}$$

となる.この場合,不完全な観測 X_2 が対数尤度 $l^C(\theta, \boldsymbol{X})$ のなかで線形な形で組み入れられているために,$Q(\theta, \theta^{(k)})$ では,ちょうど,不完全な観測 x_2 をその条件付期待値 $\mathrm{E}_{\theta^{(k)}}[X_2 | \boldsymbol{Y} = \boldsymbol{y}]$ で置き換えたものが得られている.

したがって,E ステップに続く M ステップでの $Q(\theta, \theta^{(k)})$ の最大化に基づく,パラメータの更新式は

$$\theta^{(k+1)} = \frac{y_1 \dfrac{\theta^{(k)}}{2+\theta^{(k)}} + y_4}{y_1 \dfrac{\theta^{(k)}}{2+\theta^{(k)}} + y_2 + y_3 + y_4}$$

となる.

EM アルゴリズムに基づく反復計算の収束状況を示したものが表 6.2 である.この問題については反応確率の構造から,観測データからの不偏推定量として

$$\tilde{\theta} = \frac{y_1 - y_2 - y_3 + y_4}{y_1 + y_2 + y_3 + y_4}$$

を考えることができるので,初期値については $\theta^{(0)} = (125 - 18 - 20 + 34)/197 = 0.6142132$ を用いている.表 6.2 の様子から EM アルゴリズムではほぼ 7 回程度の反復で小数点以下 6 桁の精度で収束し,観測のみに基づいて計算した 2 次方程式の解としての最尤推定値の値 0.6268215 に一致していることがわかる.この

表 **6.2** 遺伝連鎖データ (Rao(1973)) への EM アルゴリズムの適用例 パラメータの収束状況

k	EM アルゴリズム $\theta_{EM}^{(k)}$	ニュートン・ラフソン $\theta_{NR}^{(k)}$	スコア $\theta_{SC}^{(k)}$
0	0.6142132	0.6142132	0.6142132
1	0.6251317	0.6270546	0.6273950
2	0.6265968	0.6268216	0.6267957
3	0.6267917	0.6268215	0.6268227
4	0.6268175	0.6268215	0.6268214
5	0.6268210	0.6268215	0.6268215
6	0.6268214	0.6268215	0.6268215
7	0.6268215	0.6268215	0.6268215
8	0.6268215	0.6268215	0.6268215
観測のみに基づく最尤推定値 (2 次方程式の解) $\widehat{\theta}_{ML} = 0.6268215$			

遺伝連鎖の設定では最尤推定値が2次方程式で得られるので反復計算は必要ないが，EMアルゴリズムとの収束の速さの比較のため，ニュートン・ラフソン法，フィッシャーのスコア法による反復計算の収束の状況も表6.2に載せている．やはりニュートン・ラフソン法は2次収束のため収束が速く，スコア法は若干それには劣るもののEMアルゴリズムよりは速く収束している様子がうかがえる．

ただ，いつもこのようにニュートン・ラフソン法が効率よくパラメータを推定できるわけではない．Thisted (1988, 4.2.6項) では同様の設定でデータ

$$\boldsymbol{y} = (1997, 906, 904, 32)^T$$

に関する分析について考察している．この場合，観測データのみによる尤度 (6.9) 式に基づいて，尤度方程式 (6.13) 式の解を2次方程式の解として求めると，最尤推定値 $\hat{\theta}_{ML} = 0.03571230$ が得られる．ちなみに，このとき2次方程式の負の解は -0.46681415 である．

Rao (1973) のデータの場合と同様に，初期値を不偏推定量

$$\tilde{\theta} = \frac{y_1 - y_2 - y_3 + y_4}{y_1 + y_2 + y_3 + y_4}$$

として計算し，

$$\theta^{(0)} = \frac{1997 - 906 - 904 + 32}{1997 + 906 + 904 + 32} = 0.05704611$$

を用いて，EMアルゴリズム，ニュートン・ラフソン法，フィッシャーのスコア法による反復計算によるパラメータの収束状況を示したものが表6.3である．表

表 **6.3** Thisted(1988) データへの反復アルゴリズムの適用
パラメータの収束状況

k	EMアルゴリズム $\theta^{(k)}_{EM}$	ニュートン・ラフソン $\theta^{(k)}_{NR}$	スコア $\theta^{(k)}_{SC}$
0	0.05704611	0.05704611	0.05704611
1	0.04605343	0.02562679	0.03698326
2	0.04077975	0.03300085	0.03579085
3	0.03820858	0.03552250	0.03571717
4	0.03694517	0.03571138	0.03571260
5	0.03632196	0.03571230	0.03571232
6	0.03601397	0.03571230	0.03571230
7	0.03586162	0.03571230	0.03571230
⋮	⋮	⋮	⋮
22	0.03571231	0.03571230	0.03571230
23	0.03571230	0.03571230	0.03571230
24	0.03571230	0.03571230	0.03571230
観測のみに基づく最尤推定値 (2次方程式の解) $\hat{\theta}_{ML} = 0.03571230$			

6.3 では，EM アルゴリズムの反復回数が多いものの，結果的にはいずれの反復法も最尤推定値の値に収束している．特にニュートン・ラフソン法やスコア法の収束の速さが際立つ結果となっている．

ところが，同様の計算を初期値 $\theta^{(0)} = 0.5$ から始めた結果が表 6.4 である．この場合，ニュートン・ラフソン法では 2 次方程式の負の解に収束し，求めるべき解が得られていない．一方，EM アルゴリズムでは，収束回数は多いものの，フィッシャーのスコア法と同様に最尤推定値に収束している．ニュートン・ラフソン法におけるこの問題は，図 6.1 に示されるように，このデータに対するスコア関数の形状によるもので，有理関数で表現される (6.10) 式は非常に 0 に近いところで横軸と交わり，$\theta = 0, 1$ で漸近線をもつ形状のため正の解への収束が困難になるのである．ちなみに Rao (1973) のデータの場合のスコア関数の挙動を示したものが図 6.2 である．このデータの場合はスコア関数の挙動が自然であり，ニュートン・ラフソン法においても初期値の設定については，Thisted (1988) のデータの場合ほど微妙な調整を必要としない様子がわかる．

一般に反復法における初期値選択の問題は必ずしも容易ではない．このように初期値設定の柔軟さに優れた EM アルゴリズムは，収束の遅さの問題はあるものの，推奨される手法の 1 つであるといえる．

表 6.4 Thisted(1988) データへの反復アルゴリズムの適用 (2)
パラメータの収束状況—初期値 $\theta^{(0)} = 0.5$ の場合

k	EM アルゴリズム $\theta_{EM}^{(k)}$	ニュートン・ラフソン $\theta_{NR}^{(k)}$	スコア $\theta_{SC}^{(k)}$
0	0.50000000	0.50000000	0.50000000
1	0.19246899	0.14134077	0.05112008
2	0.10276533	-0.06989831	0.03664009
3	0.06681618	-0.19853655	0.03576968
4	0.05064577	-0.40797728	0.03571586
5	0.04299686	-0.46586259	0.03571252
6	0.03929282	-0.46681399	0.03571232
7	0.03747873	-0.46681415	0.03571230
8	0.03658535	-0.46681415	0.03571230
⋮	⋮	⋮	⋮
26	0.03571231	-0.46681415	0.03571230
27	0.03571230	-0.46681415	0.03571230
28	0.03571230	-0.46681415	0.03571230

観測のみに基づく最尤推定値 (2 次方程式の解) $\hat{\theta}_{ML} = 0.03571230$

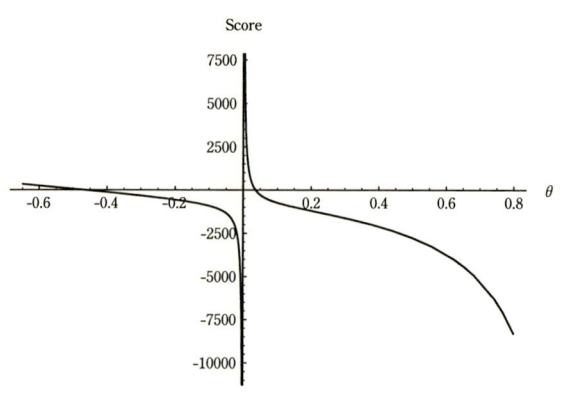

図 6.1 Thisted(1988) データの場合のスコア関数の挙動

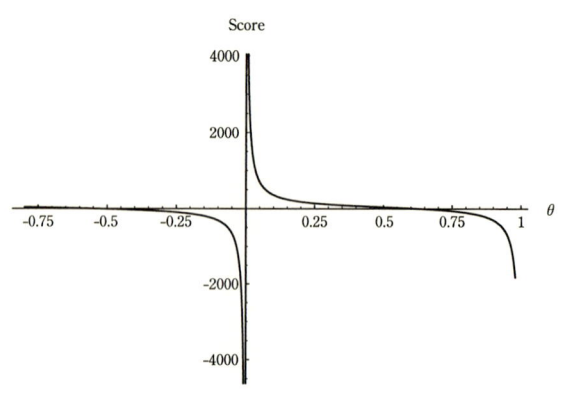

図 6.2 Rao(1973) データの場合のスコア関数の挙動

6.3 混合分布の場合

いま,ある観測 Y の密度関数が g 成分からなる密度関数の混合分布

$$f_{\boldsymbol{\theta}}(y) = \sum_{j=1}^{g} \xi_j f_j(y; \boldsymbol{\phi}_j) \tag{6.16}$$

として表現されるものとする.ここで

$$\boldsymbol{\Lambda} = (\xi_1, \ldots, \xi_{g-1})^T$$

は混合比率を示す未知パラメータとする.ただし,$\sum_{j=1}^{g} \xi_j = 1$ とすることにより,ξ_g は $\xi_g = 1-\xi_1-\cdots-\xi_{g-1}$ と表現される.混合分布ではその観測の基礎と

6.3 混合分布の場合

なる母集団が g 個の部分集合 $\Omega_1,\ldots,\Omega_g$ に分割されていて，それぞれの部分の母集団全体に対する割合が $\xi_1,\ldots,\xi_g$ であるような状況を考える．さらに，それぞれの部分母集団 Ω_j での観測 Y の密度が未知母数 $\boldsymbol{\phi}_j$ を用いて $f_j(y|\boldsymbol{\phi}_j)$ と表現されることを仮定する．この仮定のもとで，母集団全体からの無作為抽出によって実際の観測がなされることになる．したがって，未知母数 $\boldsymbol{\theta}$ は混合比率 $\boldsymbol{\Lambda}$ と各部分母集団の分布における未知母数 $\boldsymbol{\phi}_j$ $(j=1,\ldots,g)$

$$\boldsymbol{\theta} = (\boldsymbol{\Lambda}^T, \boldsymbol{\phi}_1, \ldots, \boldsymbol{\phi}_g)^T$$

から構成される．

得られた観測を $\boldsymbol{Y} = (Y_1,\ldots,Y_n)^T$ とすると，その対数尤度 $l(\boldsymbol{\theta},\boldsymbol{y})$ は

$$l(\boldsymbol{\theta},\boldsymbol{y}) = \sum_{i=1}^n \log f(y_i|\boldsymbol{\theta}) = \sum_{i=1}^n \log\left\{\sum_{j=1}^g \xi_j f_j(y_i|\boldsymbol{\phi}_j)\right\} \quad (6.17)$$

となる．したがって，尤度方程式は

$$\frac{\partial}{\partial \xi_j} l(\boldsymbol{\theta},\boldsymbol{y}) = \sum_{i=1}^n \left\{\frac{f_j(y_i|\boldsymbol{\phi}_j)}{f(y_i|\boldsymbol{\theta})} - \frac{f_g(y_i|\boldsymbol{\phi}_g)}{f(y_i|\boldsymbol{\theta})}\right\} = 0 \quad j=1,\ldots,g-1$$

と

$$\frac{\partial}{\partial \boldsymbol{\phi}_j} l(\boldsymbol{\theta},\boldsymbol{y}) = \xi_j \sum_{i=1}^n \frac{\frac{\partial}{\partial \boldsymbol{\phi}_j} f_j(y_i|\boldsymbol{\phi}_j)}{f(y_i|\boldsymbol{\theta})} = \boldsymbol{0} \quad j=1,\ldots,g$$

となる．多くの場合，この解は陽に解くことはできず，何らかの反復解法が必要となる．

ここで，Dempster *et al.* (1977), McLachlan and Krishnan (1997) などに示されたように EM アルゴリズムの適用について考えてみよう．分布の混合化の際には，背景となる部分母集団への特定が観測からできないことが問題を複雑にしている．そこで，ある (単一の) 観測 y がどの部分母集団から得られたかを示す観測 $\boldsymbol{z} = (z_1,\ldots,z_g)^T$，ただし，

$$z_j = \begin{cases} 1 & \text{観測が } \Omega_j \text{ から得られた,} \\ 0 & \text{それ以外} \end{cases}$$

を別に得たとする．こうすると先に述べた各部分母集団 Ω_j からの観測 y の密度関数 $f_j(y|\boldsymbol{\phi}_j)$ は，$z_j=1$ という観測が得られたもとでの条件付密度と考えることが可能になる．また観測が無作為抽出に基づいて行われることより，この観測 $\boldsymbol{Z}$ の分布は部分母集団の割合 $\xi_1,\ldots,\xi_g$ を反映した観測総和が 1 の多項分布となる．一般に，確率変数 V,W の同時密度を $f(v,w)$，$W=w$ が与えられたという

条件のもとでの V の条件付密度を $f(v|w)$, W の密度関数を $f(w)$ とすると, 同時密度 $f(v,w)$ は

$$f(v,w) = f(v|w)f(w)$$

と書ける.したがって,このとき単一観測 $\boldsymbol{X}^{*T} = (y, \boldsymbol{Z}^T)$ に関する同時分布 $f(\boldsymbol{x}^*|\boldsymbol{\theta})$ は

$$f(\boldsymbol{x}^*|\boldsymbol{\theta}) = \prod_{j=1}^{g} f_j^{z_j}(y|\boldsymbol{\phi}_j) \prod_{j=1}^{g} \xi_j^{z_j}$$

である.また,このことから観測 Y の密度関数は

$$f(y|\boldsymbol{\theta}) = \sum_{\boldsymbol{z}} f(\boldsymbol{x}^*|\boldsymbol{\theta}) = \sum_{j=1}^{g} \xi_j f_j(y|\boldsymbol{\phi}_j)$$

となる.ここで $\sum_{\boldsymbol{z}}$ は起こりうるすべての $\boldsymbol{z}$ に関する和,つまり $\boldsymbol{z}$ が $(1,0,\ldots,0)^T$, $(0,1,\ldots,0)^T$, ..., $(0,\ldots,0,1)^T$ の場合の和を示している.このことから Y が与えられたという条件のもとでの $\boldsymbol{Z}$ の確率関数は $z_j = 1$ である場合,

$$f(\boldsymbol{z}|\boldsymbol{y},\boldsymbol{\theta}) = \frac{f(\boldsymbol{y},\boldsymbol{z}|\boldsymbol{\theta})}{f(\boldsymbol{y}|\boldsymbol{\theta})} = \frac{\xi_j f_j(y|\boldsymbol{\phi}_j)}{\sum_{j=1}^{g} \xi_j f_j(y|\boldsymbol{\phi}_j)}$$

と表現できる.

このとき,n 標本からの観測 $\boldsymbol{Y} = (Y_1,\ldots,Y_n)^T$ と対応する指示確率変数 $\boldsymbol{Z} = (\boldsymbol{Z}_1^T,\ldots,\boldsymbol{Z}_n^T)^T$ から完全観測 $\boldsymbol{X} = (\boldsymbol{Y}^T, \boldsymbol{Z}^T)^T$ を構成すると,$\boldsymbol{X}$ と $\boldsymbol{Y}$ の密度関数はそれぞれ

$$f(\boldsymbol{x}|\boldsymbol{\theta}) = \prod_{i=1}^{n} f(\boldsymbol{x}_i|\boldsymbol{\theta}) = \prod_{i=1}^{n} \left(\prod_{j=1}^{g} f_j^{z_{ij}}(y_i|\boldsymbol{\phi}_j) \prod_{j=1}^{g} \xi_j^{z_{ij}} \right) \tag{6.18}$$

$$\begin{aligned} f(\boldsymbol{y}|\boldsymbol{\theta}) &= \sum_{(\boldsymbol{z}_1,\ldots,\boldsymbol{z}_n)} f(\boldsymbol{x}|\boldsymbol{\theta}) = \sum_{(\boldsymbol{z}_1,\ldots,\boldsymbol{z}_n)} \prod_{i=1}^{n} \left[\prod_{j=1}^{g} \{\xi_j f_j(y_i|\boldsymbol{\phi}_j)\}^{z_{ij}} \right] \\ &= \sum_{j_1=1}^{g} \cdots \sum_{j_n=1}^{g} \{\xi_{j_1} f_{j_1}(y_1|\boldsymbol{\phi}_{j_1}) \cdots \xi_{j_n} f_{j_n}(y_n|\boldsymbol{\phi}_{j_n})\} \\ &= \left(\sum_{j_1=1}^{g} \xi_{j_1} f_{j_1}(y_1|\boldsymbol{\phi}_{j_1}) \right) \cdots \left(\sum_{j_n=1}^{g} \xi_{j_n} f_{j_n}(y_n|\boldsymbol{\phi}_{j_n}) \right) \end{aligned}$$

となる.ただし,ここで z_{ij} は観測 y_i がどの部分母集団へ属するかを示す指示変数ベクトル $\boldsymbol{z}_i$ の j 番目の要素を示し,$\sum_{(\boldsymbol{z}_1,\ldots,\boldsymbol{z}_n)}$ はすべての可能な $(\boldsymbol{z}_1,\ldots,\boldsymbol{z}_n)$ に関する和を示している.

さらに,たとえば,$\boldsymbol{Y}$ と $\boldsymbol{Z}_n$ の同時密度は,$z_{nl} = 1$ の場合,

6.3 混合分布の場合

$$f(\boldsymbol{y}, \boldsymbol{z}_n|\boldsymbol{\theta}) = \sum_{(\boldsymbol{z}_1,\ldots,\boldsymbol{z}_{n-1})} f(\boldsymbol{x}|\boldsymbol{\theta}) = \sum_{(\boldsymbol{z}_1,\ldots,\boldsymbol{z}_{n-1})} f(\boldsymbol{y}, \boldsymbol{z}_1,\ldots,\boldsymbol{z}_n|\boldsymbol{\theta})$$

$$= \left\{ \sum_{(\boldsymbol{z}_1,\ldots,\boldsymbol{z}_{n-1})} \prod_{i=1}^{n-1} \left[\prod_{j=1}^{g} \{\xi_j f_j(y_i|\boldsymbol{\phi}_j)\}^{z_{ij}} \right] \right\} \prod_{j=1}^{g} \{\xi_j f_j(y_n|\boldsymbol{\phi}_j)\}^{z_{nj}}$$

$$= \left(\sum_{j_1=1}^{g} \xi_{j_1} f_{j_1}(y_1|\boldsymbol{\phi}_{j_1}) \right) \cdots \left(\sum_{j_{n-1}=1}^{g} \xi_{j_{n-1}} f_{j_{n-1}}(y_{n-1}|\boldsymbol{\phi}_{j_{n-1}}) \right) \xi_l f_l(y_n|\boldsymbol{\phi}_l)$$

となるので，一般に，$\boldsymbol{Y} = \boldsymbol{y}$ が与えられたという条件のもとでの $\boldsymbol{Z}_k$ の条件付密度は $z_{kl} = 1$ の場合，

$$f(\boldsymbol{z}_k|\boldsymbol{y}, \boldsymbol{\theta}) = \frac{f(\boldsymbol{y}, \boldsymbol{z}_k|\boldsymbol{\theta})}{f(\boldsymbol{y}|\boldsymbol{\theta})} = \frac{\xi_l f_l(y_k|\boldsymbol{\phi}_l)}{\sum_{j=1}^{g} \xi_j f_j(y_k|\boldsymbol{\phi}_j)}$$

となる．

ここで，(6.18) 式から完全観測 $\boldsymbol{X}$ に基づく対数尤度 $l^C(\boldsymbol{\theta}, \boldsymbol{x})$ は

$$l^C(\boldsymbol{\theta}, \boldsymbol{x}) = \sum_{i=1}^{n} \log f(\boldsymbol{x}_i|\boldsymbol{\theta}) = \sum_{i=1}^{n} \sum_{j=1}^{g} z_{ij} \log f_j(y_i|\boldsymbol{\phi}_j) + \sum_{i=1}^{n} \sum_{j=1}^{g} z_{ij} \log \xi_j$$

となる．

EM アルゴリズムの E ステップでは，現時点でのパラメータ値 $\boldsymbol{\theta}^{(k)}$ が得られ，観測 $\boldsymbol{Y} = \boldsymbol{y}$ が与えられたという条件のもとでの $l^C(\boldsymbol{\theta}, \boldsymbol{X})$ に関する条件付期待値 $Q(\boldsymbol{\theta}, \boldsymbol{\theta}^{(k)})$ を計算する．この場合，対数尤度 $l^C(\boldsymbol{\theta}, \boldsymbol{X})$ のなかで $\boldsymbol{Z}$ はその成分が線形に取り込まれているので条件付期待値の計算では，単純に Z_{ij} をその条件付期待値

$$\begin{aligned} \mathrm{E}_{\boldsymbol{\theta}^{(k)}}[Z_{ij}|\boldsymbol{Y}=\boldsymbol{y}] &= \mathrm{Pr}_{\boldsymbol{\theta}^{(k)}}\{Z_{ij}=1|\boldsymbol{Y}=\boldsymbol{y}\} \\ &= \frac{\xi_j^{(k)} f_j(y_i|\boldsymbol{\phi}_j^{(k)})}{\sum_{j=1}^{g} \xi_j^{(k)} f_j(y_i|\boldsymbol{\phi}_j^{(k)})} = z_{ij}^{(k)} \end{aligned} \quad (6.19)$$

で置き換えればよい．したがって，$Q(\boldsymbol{\theta}, \boldsymbol{\theta}^{(k)})$ は

$$\begin{aligned} Q(\boldsymbol{\theta}, \boldsymbol{\theta}^{(k)}) &= \mathrm{E}_{\boldsymbol{\theta}^{(k)}}\left[l^C(\boldsymbol{\theta}, \boldsymbol{X}) \Big| \boldsymbol{Y} = \boldsymbol{y} \right] \\ &= \sum_{i=1}^{n} \sum_{j=1}^{g} z_{ij}^{(k)} \log f_j(y_i|\boldsymbol{\phi}_j) + \sum_{i=1}^{n} \sum_{j=1}^{g} z_{ij}^{(k)} \log \xi_j \end{aligned} \quad (6.20)$$

となる．

M ステップでは，E ステップで得られた $Q(\boldsymbol{\theta}, \boldsymbol{\theta}^{(k)})$ ((6.20) 式) を $\boldsymbol{\theta} = (\boldsymbol{\Lambda}^T, \boldsymbol{\phi}_1, \ldots, \boldsymbol{\phi}_g)^T$ に関して最大化すればよい．$\boldsymbol{\Lambda} = (\xi_1, \ldots, \xi_{g-1})^T$ については，$\xi_g = 1 - \xi_1 - \cdots - \xi_{g-1}$ であることに着目して，

$$\frac{\partial}{\partial \xi_j} Q(\boldsymbol{\theta}, \boldsymbol{\theta}^{(k)}) = \sum_{i=1}^{n} \left(\frac{z_{ij}^{(k)}}{\xi_j} - \frac{z_{ig}^{(k)}}{\xi_g} \right) = 0 \quad j = 1, \ldots, g-1$$

なる方程式を解けばよいことになる．ここで，

$$\sum_{j=1}^{g} z_{ij}^{(k)} = 1, \quad \sum_{i=1}^{n} \sum_{j=1}^{g} z_{ij}^{(k)} = n$$

に着目すると，ξ_j に関するパラメータ更新式

$$\xi_j^{(k+1)} = \frac{1}{n} \sum_{i=1}^{n} z_{ij}^{(k)} \quad j = 1, \ldots, g-1$$

を得る．さらに，各部分母集団での分布のパラメータ ϕ_l については，$Q(\boldsymbol{\theta}, \boldsymbol{\theta}^{(k)})$ ((6.20)式)の第 2 項目が ϕ_l に依存しないことから，

$$\frac{\partial}{\partial \phi_l} Q(\boldsymbol{\theta}, \boldsymbol{\theta}^{(k)}) = \frac{\partial}{\partial \phi_l} \sum_{i=1}^{n} \sum_{j=1}^{g} z_{ij}^{(k)} \log f_j(y_i|\phi_j) = \mathbf{0} \quad l = 1, \ldots, g \quad (6.21)$$

を解けばよいことになる．このとき，M ステップでは $z_{ij}^{(k)}$ は定数として扱ってよいので，(6.21) 式は混合比率が与えられたという仮定のもとでの尤度方程式と考えてよい．

ここで，$g = 2$ とし，各部分母集団の分布が正規分布の例を考えてみる．第 1 の部分母集団の正規分布の平均を μ_1，分散を σ^2，第 2 の部分母集団の正規分布の平均を μ_2，分散を σ^2 とする．したがって，第 j 母集団の観測の密度関数は

$$f_j(y|\phi_j) = f(y|(\mu_j, \sigma^2)) = \frac{1}{\sqrt{2\pi\sigma^2}} \exp\left\{-\frac{1}{2\sigma^2}(y-\mu_j)^2\right\} \quad j = 1, 2$$

である．よって，

$$\begin{aligned}
\mathbf{0} &= \frac{\partial}{\partial \phi_l} \sum_{i=1}^{n} \sum_{j=1}^{2} z_{ij}^{(k)} \log f_j(y_i|\phi_j) \\
&= \begin{bmatrix} \dfrac{\partial}{\partial \mu_l} \sum_{i=1}^{n} \sum_{j=1}^{2} z_{ij}^{(k)} \left\{ -\dfrac{1}{2} \log 2\pi\sigma^2 - \dfrac{1}{2\sigma^2}(y_i-\mu_j)^2 \right\} \\ \dfrac{\partial}{\partial \sigma^2} \sum_{i=1}^{n} \sum_{j=1}^{2} z_{ij}^{(k)} \left\{ -\dfrac{1}{2} \log 2\pi\sigma^2 - \dfrac{1}{2\sigma^2}(y_i-\mu_j)^2 \right\} \end{bmatrix} \\
&= \begin{bmatrix} \sum_{i=1}^{n} z_{il}^{(k)} \left\{ \dfrac{1}{\sigma^2}(y_i-\mu_l) \right\} \\ \sum_{i=1}^{n} \sum_{j=1}^{2} z_{ij}^{(k)} \left\{ -\dfrac{1}{2\sigma^2} + \dfrac{1}{2(\sigma^2)^2}(y_i-\mu_j)^2 \right\} \end{bmatrix}
\end{aligned}$$

より，$\sum_{i=1}^{n} \sum_{j=1}^{2} z_{ij}^{(k)} = n$ に注意すると，パラメータ更新式は

6.3 混合分布の場合

$$\mu_l^{(k+1)} = \frac{\sum_{i=1}^n z_{il}^{(k)} y_i}{\sum_{i=1}^n z_{il}^{(k)}} \quad l=1,2 \tag{6.22}$$

$$(\sigma^2)^{(k+1)} = \frac{1}{n}\sum_{i=1}^n \sum_{j=1}^2 z_{ij}^{(k)}(y_i - \mu_j^{(k+1)})^2$$

となる．これは，重み $\{z_{ij}^{(k)}\}$ を用いた重みつきの平均と分散推定量であり，ごく簡単に計算できることがわかる．

[数値実験] 2 つの部分母集団の構成比率を第 1 部分母集団 40%，第 2 部分母集団 60% とし ($\xi_1 = 0.4, \xi_2 = 0.6$)，それぞれ $N(0,25)$, $N(10,25)$, $((\mu_1, \mu_2, \sigma^2) = (0, 10, 25))$ に従うような乱数を 50 個 ($n=50$) 生成して上記の EM アルゴリズムの手順に従ってパラメータの推定を行うことを考える．実際に実験に用いたデータでは，第 1 部分母集団から 15 個，第 2 母集団から 35 個の数値を得た．表 6.5 の前半 15 個が第 1 部分母集団のデータ，後半 35 個が第 2 部分母集団のデータである．この前半 15 個のデータの平均値は -0.64787 であり，その不偏分散は 9.58939，後半 35 個のデータの平均値は 11.07286，不偏分散は 20.33581 である．また，この全データのヒストグラムは図 6.3 の通りである．

実際のデータでは 2 群あることは既知としているが，どのデータがどの部分母

表 6.5 混合正規分布に基づいて生成されたデータ $n=50$

-3.167	-3.492	0.305	-3.797	-1.105	0.341	0.715	-4.843	2.370	-5.928
0.866	1.321	3.925	-1.444	4.215	10.526	11.976	13.501	6.023	11.430
18.640	5.954	5.249	7.391	11.155	9.702	11.923	1.793	12.084	14.185
4.415	9.302	15.138	6.349	11.954	3.036	16.208	12.472	13.118	18.359
9.656	10.834	16.463	9.139	11.454	8.630	16.757	20.136	7.079	15.519

前半 15 個 (2 行目半ばまで) のデータ: 平均値 -0.64787　不偏分散 9.58939
後半 35 個のデータ: 平均値 11.07286　不偏分散 20.33581

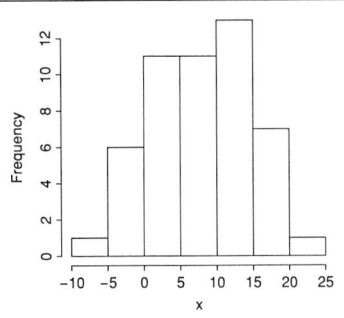

図 6.3 混合正規分布から生成されたデータ (表 6.5) のヒストグラム

集団に属しているかはわからない．また，EMアルゴリズムでは，初期値として $\mu_1^{(0)} = \mu_2^{(0)}$ とすると，(6.19)式より第1段階目で $z_{ij}^{(1)} = \xi_j^{(0)}$ となり，(6.22)式から，$\mu_1^{(1)} = \mu_2^{(1)} = \sum_{i=1}^n y_i/n = \bar{y}$ となり，それ以降パラメータが更新されなくなる．そのため，ここでは，初期値設定のため，中央値以下のデータを第1部分母集団からのデータ，それより大きなデータを第2部分母集団からのデータと

表 6.6 混合正規データへの EM アルゴリズムの適用

k	$\xi_1^{(k)}$	$\xi_2^{(k)}$	$\mu_1^{(k)}$	$\mu_2^{(k)}$	$(\sigma^2)^{(k)}$	$\log f(\boldsymbol{y}|\boldsymbol{\theta}^{(k)})$
0	0.5000000	0.5000000	1.8480400	13.26524	13.30635	-164.7006
1	0.4688488	0.5311512	1.6495863	12.77082	14.56180	-163.9753
2	0.4489026	0.5510974	1.4494484	12.53132	14.98088	-163.7535
3	0.4353972	0.5646028	1.2932269	12.38671	15.10947	-163.6580
4	0.4261121	0.5738879	1.1775171	12.29314	15.14748	-163.6129
5	0.4197014	0.5802986	1.0947299	12.23022	15.16194	-163.5913
6	0.4152677	0.5847323	1.0367220	12.18698	15.17275	-163.5810
7	0.4121966	0.5878034	0.9965236	12.15691	15.18387	-163.5760
8	0.4100654	0.5899346	0.9687962	12.13587	15.19495	-163.5735
9	0.4085837	0.5914163	0.9496871	12.12110	15.20506	-163.5724
10	0.4075519	0.5924481	0.9365019	12.11071	15.21364	-163.5718
11	0.4068321	0.5931679	0.9273850	12.10340	15.22056	-163.5714
12	0.4063294	0.5936706	0.9210663	12.09826	15.22593	-163.5714
13	0.4059779	0.5940221	0.9166770	12.09465	15.22999	-163.5713
14	0.4057320	0.5942680	0.9136217	12.09211	15.23300	-163.5713
⋮	⋮	⋮	⋮	⋮	⋮	⋮
32	0.4051572	0.5948428	0.9065469	12.08613	15.24069	-163.5713
33	0.4051569	0.5948431	0.9065433	12.08612	15.24070	-163.5713
34	0.4051567	0.5948433	0.9065408	12.08612	15.24070	-163.5713
35	0.4051566	0.5948434	0.9065391	12.08612	15.24070	-163.5713
36	0.4051565	0.5948435	0.9065379	12.08612	15.24070	-163.5713
37	0.4051564	0.5948436	0.9065370	12.08612	15.24070	-163.5713
38	0.4051564	0.5948436	0.9065364	12.08612	15.24071	-163.5713
39	0.4051563	0.5948437	0.9065360	12.08612	15.24071	-163.5713
40	0.4051563	0.5948437	0.9065357	12.08612	15.24071	-163.5713
41	0.4051563	0.5948437	0.9065355	12.08612	15.24071	-163.5713
42	0.4051563	0.5948437	0.9065354	12.08612	15.24071	-163.5713
43	0.4051563	0.5948437	0.9065353	12.08612	15.24071	-163.5713
44	0.4051563	0.5948437	0.9065352	12.08612	15.24071	-163.5713
45	0.4051563	0.5948437	0.9065351	12.08612	15.24071	-163.5713
46	0.4051562	0.5948438	0.9065351	12.08612	15.24071	-163.5713
47	0.4051562	0.5948438	0.9065351	12.08612	15.24071	-163.5713
48	0.4051562	0.5948438	0.9065351	12.08612	15.24071	-163.5713
49	0.4051562	0.5948438	0.9065350	12.08612	15.24071	-163.5713
50	0.4051562	0.5948438	0.9065350	12.08612	15.24071	-163.5713
51	0.4051562	0.5948438	0.9065350	12.08612	15.24071	-163.5713

考えた．こうして，各部分母集団の平均値を求め，さらにそれを利用して分散推定値を求めて，初期値を

$$(\xi_1^{(0)}, \xi_2^{(0)}, \mu_1^{(0)}, \mu_2^{(0)}, (\sigma^2)^{(0)}) = (0.5, 0.5, 1.84804, 13.26524, 13.30635)$$

と設定した．

表 6.6 がその収束状況を示したものである．パラメータの収束は遅く，有効桁 7 桁程度の精度を求めるとすれば，50 回程度の反復が必要になる．ただ，対数尤度の収束は比較的速く 13 回程度で収束している様子がうかがえる．また，初期段階で変化が大きめに現れていることもわかる．

先の遺伝連鎖の解析の際にも注意したように EM アルゴリズムはその初期値設定にはあまり強く依存しない．同じデータに対して初期値を

$$(\xi_1^{(0)}, \xi_2^{(0)}, \mu_1^{(0)}, \mu_2^{(0)}, (\sigma^2)^{(0)}) = (0.5, 0.5, 0, 1, 1)$$

として EM アルゴリズムを適用しても，収束値と初期値とが大きく異なるために収束自身は遅くなるものの，最終的には最尤推定値に収束する．スペースの関係で，収束状況の詳細を示せないが，このとき，先の精度と同程度の結果を得るためには，56 回程度の反復回数が必要であった．そのパラメータ値あるいは尤度の変化の状況については，初回の変化が特に顕著で，次の 10 回程度までの変化が大きく，その後に緩やかに収束していくことが観測された．

6.4　中途打ち切りデータと単回帰

Lee and Wang (2003, 11.5 節) は急性骨髄性白血病 (AML, acute myelogenous leukemia) の予後因子に関する分析例を紹介している．このデータ (表 6.7) では急性骨髄性白血病と診断された患者の死亡までの時間 (t_i) が基本的な情報である．ところが，対象の患者の死亡を確認する前に研究期間が終了したり，急性骨髄性白血病とは異なるほかの原因で患者が研究から脱落した場合は死亡の観測が行われる時点の情報は得られない．このような場合は，その最終観測時までの時間が記録されるが，実際に急性骨髄性白血病で死亡するのは，少なくともこの時点以降となり，不完全データとなる．このような不完全な観測を**右側中途打ち切り** (right censoring) とよぶ．

観測された時間について，このような打ち切りの状態を区別するために打ち切

表 6.7 急性骨髄性白血病データ (Lee and Wang (2003))

打ち切り情報 (d_i)	観測時間 (t_i)	年齢 (v_{i1})	骨髄状況 (v_{i2})	打ち切り情報 (d_i)	観測時間 (t_i)	年齢 (v_{i1})	骨髄状況 (v_{i2})
1	18	0	0	1	8	1	0
1	9	0	1	1	2	1	1
0	28	0	0	0	26	1	0
1	31	0	1	1	10	1	1
0	39	0	1	1	4	1	0
0	19	0	1	1	3	1	0
0	45	0	1	1	4	1	0
1	6	0	1	1	18	1	1
1	8	0	1	1	8	1	1
1	15	0	1	1	3	1	1
1	23	0	1	1	14	1	1
0	28	0	0	1	3	1	0
1	7	0	1	1	13	1	1
1	12	1	1	1	13	1	1
1	9	1	0	0	35	1	0

り情報を同時に記録しておく必要がある．ここでは打ち切りに関する指示変数として，打ち切り情報 (d_i) という変数を用いることにする．つまり，中途打ち切りとなり，それ以降の生存時間の正確な観測が行われなかった場合は 0，打ち切りでなく，正確に死亡時刻が確認された場合は 1 が記録される．さらに，ここでは年齢 (v_{i1}) と骨髄状況 (v_{i2}) という，2つの予後因子の候補をあげている．年齢については 50 歳以上であれば 1，50 歳未満の場合は 0 とし，骨髄状況については，骨髄凝固片中の細胞充満度が 100%の場合は 1，そうでなければ 0 とする．

このデータの解析に関する分析モデルとして，i 番目の対象者について，観測を開始してから対象者が死亡するまでの時間 t_i を正確に計測できたとき，その変換値 $x_i = \log t_i$ を反応変数，予後因子ベクトルを説明変数 $\boldsymbol{v}_i$ として

$$x_i = \beta_0 + \beta_1 v_{i1} + \beta_2 v_{i2} + e_i = \boldsymbol{v}_i^T \boldsymbol{\beta} + e_i$$

なる回帰構造を想定するものとする．ここで，

$$\boldsymbol{v}_i = (1, v_{1i}, v_{2i})^T, \quad \boldsymbol{\beta} = (\beta_0, \beta_1, \beta_2)^T$$

とし，β_0 は切片を，β_1, β_2 はそれぞれ予後因子の候補，年齢と骨髄状況，に対応する回帰パラメータ (偏回帰係数) を示すものとする．また，誤差 e_i については正規分布 $N(0, \sigma^2)$ を仮定する．したがって，推定すべきパラメータ $\boldsymbol{\theta}$ は

$$\boldsymbol{\theta} = (\beta_0, \beta_1, \beta_2, \sigma^2)^T$$

である．Lee and Wang (2003) では時刻 t_i について対数正規分布を想定して同様の分析を行っているが，ここでは議論を簡単にするため $x_i(=\log t_i)$ について通常の回帰分析の問題と捉えて以下の議論を行うことにする．

標記の都合上，表 6.7 のデータを並び替えて，前半に中途打ち切りでない実測データ，後半に中途打ち切りデータとなるように整理するものとする．したがって，中途打ち切りでないデータが m 個あるとき，観測した時間 $\boldsymbol{X} = (x_1,\ldots,x_n)^T$ のうち後半の中途打ち切りデータの部分を $\boldsymbol{Z} = (z_{m+1},\ldots,z_n)^T = (x_{m+1},\ldots,x_n)^T$ と表すことにする．

観測については，$\boldsymbol{y}_i = (c_i, d_i, \boldsymbol{v}_i^T)^T$ $(i=1,\ldots,n)$ を観測するものと考える．ここで c_i は実際に観測された時間であり，d_i はそれが中途打ち切りであるか否かを示す指示変数で，先に述べたように，

$$d_i = \begin{cases} 1 & \text{観測値は中途打ち切りでない} \\ 0 & \text{観測値は右中途打ち切りである} \end{cases}$$

を示すものとする．したがって，$d_i=1$ のとき $x_i=c_i$ であり，$d_i=0$ のときは $x_i \geq c_i$ を示すことになる．

観測 $\boldsymbol{y}$ に基づく対数尤度 $l(\boldsymbol{\theta},\boldsymbol{y})$ は

$$\begin{aligned} l(\boldsymbol{\theta},\boldsymbol{y}) &= \sum_{i=1}^n \left[d_i \log \phi \left(\frac{c_i-\mu_i}{\sigma} \right) + (1-d_i) \log \left\{ 1 - \Phi \left(\frac{c_i-\mu_i}{\sigma} \right) \right\} \right] \\ &= \sum_{i=1}^m \log \phi \left(\frac{c_i-\mu_i}{\sigma} \right) + \sum_{i=m+1}^n \log \left\{ 1 - \Phi \left(\frac{c_i-\mu_i}{\sigma} \right) \right\} \quad (6.23) \end{aligned}$$

となる．ただし，ここで $\phi(x), \Phi(x)$ はそれぞれ標準正規分布 $N(0,1)$ の密度関数，分布関数を，μ_i は

$$\mu_i = \boldsymbol{v}_i^T \boldsymbol{\beta} \qquad i=1,\ldots,n$$

を示すものとする．通常の最尤法では，この尤度に対して，ニュートン・ラフソン法やフィッシャーのスコア法などを用いて，この尤度関数の最大化を行い，推定量を求めることになる．分布としては正規分布を想定するので，

$$\log \phi \left(\frac{c_i-\mu_i}{\sigma} \right) = -\frac{1}{2}\log 2\pi - \frac{1}{2}\log \sigma^2 - \frac{1}{2\sigma^2}(c_i-\mu_i)^2$$

である．したがって，(6.23) 式の前半の項は $\beta_0, \beta_1, \beta_2$ については 2 次式であり，σ^2 についても簡潔な表現であるので扱いやすいが，後半の項は積分の形式を残すので，若干計算が面倒である．

この問題を EM アルゴリズムを用いて解くことを考える．完全な観測に基づく尤度 $l^C(\boldsymbol{\theta},\boldsymbol{x})$ は

$$l^C(\boldsymbol{\theta}, \boldsymbol{x}) = \sum_{i=1}^{n} \log \phi\left(\frac{x_i - \mu_i}{\sigma}\right)$$

$$= -\frac{n}{2}\log 2\pi - \frac{n}{2}\log \sigma^2 - \frac{1}{2\sigma^2}\sum_{i=1}^{n}(x_i - \mu_i)^2 \quad (6.24)$$

$$= -\frac{n}{2}\log 2\pi - \frac{n}{2}\log \sigma^2 - \frac{1}{2\sigma^2}\sum_{i=1}^{n}\mu_i^2 - \frac{1}{2\sigma^2}\left\{\sum_{i=1}^{n}x_i^2 - 2\sum_{i=1}^{n}\mu_i x_i\right\}$$

となる.

したがって，EM アルゴリズムの E ステップで必要とされる観測 $\boldsymbol{Y} = \boldsymbol{y}$ が与えられたという条件のもとでの $l^C(\boldsymbol{\theta}, \boldsymbol{X})$ の条件付期待値については，(6.24) 式の最後の 2 項のうち

$$\sum_{i=m+1}^{n} z_i^2, \quad \sum_{i=m+1}^{n} \mu_i z_i \quad (6.25)$$

の部分について条件付期待値の計算を行えばよいことになる.

いま，$X > c$ なる条件が与えられたもとでの，X の条件付分布の密度関数は，

$$f(x|X > c, \boldsymbol{\theta}) = \frac{f(x|\boldsymbol{\theta})}{\mathrm{Pr}_{\boldsymbol{\theta}}(X > c)} = \frac{\phi\left(\dfrac{x - \mu}{\sigma}\right)}{1 - \Phi\left(\dfrac{c - \mu}{\sigma}\right)} \quad (x > c)$$

であり

$$\int_c^\infty x \phi\left(\frac{x-\mu}{\sigma}\right) dx = \mu\left\{1 - \Phi\left(\frac{c-\mu}{\sigma}\right)\right\} + \sigma \phi\left(\frac{c-\mu}{\sigma}\right)$$

$$\int_c^\infty x^2 \phi\left(\frac{x-\mu}{\sigma}\right) dx = (\mu^2 + \sigma^2)\left\{1 - \Phi\left(\frac{c-\mu}{\sigma}\right)\right\} + \sigma(c+\mu)\phi\left(\frac{c-\mu}{\sigma}\right)$$

となることに着目すると (Tanner (1993, p. 42))，$\boldsymbol{\theta}$ の現在の推定値 $\boldsymbol{\theta}^{(k)}$ を用いて Z_i, Z_i^2 の条件付期待値 $\mathrm{E}_{\boldsymbol{\theta}^{(k)}}[Z_i|\boldsymbol{Y}=\boldsymbol{y}], \mathrm{E}_{\boldsymbol{\theta}^{(k)}}[Z_i^2|\boldsymbol{Y}=\boldsymbol{y}]$ が計算でき，これを $z_i^{(k)}, (z_i^2)^{(k)}$ と書くことにする．したがって，

$$\begin{aligned}z_i^{(k)} &= \mathrm{E}_{\boldsymbol{\theta}^{(k)}}[Z_i|\boldsymbol{Y}=\boldsymbol{y}] = \mathrm{E}_{\boldsymbol{\theta}^{(k)}}[X_i|X_i > c_i]\\ &= \mu_i^{(k)} + \sigma^{(k)}\frac{\phi\left(\dfrac{c_i - \mu_i^{(k)}}{\sigma^{(k)}}\right)}{1 - \Phi\left(\dfrac{c_i - \mu_i^{(k)}}{\sigma^{(k)}}\right)} = \mu_i^{(k)} + \sigma^{(k)} h_{\boldsymbol{\theta}^{(k)}}(c_i) \quad (6.26)\end{aligned}$$

$$
\begin{aligned}
(z_i^2)^{(k)} &= \mathrm{E}_{\boldsymbol{\theta}^{(k)}}[Z_i^2|\boldsymbol{Y}=\boldsymbol{y}] = \mathrm{E}_{\boldsymbol{\theta}^{(k)}}[X_i^2|X_i>c_i] \\
&= (\mu^{(k)})^2+(\sigma^2)^{(k)}+\sigma^{(k)}(c_i+\mu_i^{(k)})\frac{\phi\left(\dfrac{c_i-\mu_i^{(k)}}{\sigma^{(k)}}\right)}{1-\Phi\left(\dfrac{c_i-\mu_i^{(k)}}{\sigma^{(k)}}\right)} \\
&= (\mu^{(k)})^2+(\sigma^2)^{(k)}+\sigma^{(k)}(c_i+\mu_i^{(k)})h_{\boldsymbol{\theta}^{(k)}}(c_i) \quad (6.27)
\end{aligned}
$$

が成立する.ただし,ここで $\sigma^{(k)}=\sqrt{(\sigma^2)^{(k)}}$ である.また,

$$
h_{\boldsymbol{\theta}}(c) = \frac{\phi\left(\dfrac{c-\mu}{\sigma}\right)}{1-\Phi\left(\dfrac{c-\mu}{\sigma}\right)}
$$

は基準化した時刻 $\dfrac{c_i-\mu_i}{\sigma}$ を用いて,生存時間分布に標準正規分布 $N(0,1)$ を想定した際のハザード関数となっている.したがって E ステップで求めるべき完全観測に基づく対数尤度の条件付期待値は (6.25) 式の z_i, z_i^2 を上で定義した $z_i^{(k)}$, $(z_i^2)^{(k)}$ で置き換えて,

$$
\begin{aligned}
Q(\boldsymbol{\theta},\boldsymbol{\theta}^{(k)}) &= \mathrm{E}_{\boldsymbol{\theta}^{(k)}}\left[l^C(\boldsymbol{\theta},\mathrm{X})\bigg|\boldsymbol{Y}=\boldsymbol{y}\right] \quad (6.28) \\
&= -\frac{n}{2}\log 2\pi - \frac{n}{2}\log\sigma^2 - \frac{1}{2\sigma^2}\sum_{i=1}^{n}(\mu_i)^2 \\
&\quad -\frac{1}{2\sigma^2}\left\{\sum_{i=1}^{m}x_i^2 - 2\sum_{i=1}^{m}\mu_i x_i + \sum_{i=m+1}^{n}(z_i^2)^{(k)} - 2\sum_{i=m+1}^{n}\mu_i z_i^{(k)}\right\}
\end{aligned}
$$

のように計算すればよいことになる.

M ステップでの $Q(\boldsymbol{\theta},\boldsymbol{\theta}^{(k)})$ の $\boldsymbol{\theta}$ の最大化については,

$$
\begin{aligned}
\boldsymbol{0} &= \frac{\partial}{\partial \boldsymbol{\beta}}Q(\boldsymbol{\theta},\boldsymbol{\theta}^{(k)}) = \frac{1}{\sigma^2}\sum_{i=1}^{n}\boldsymbol{v}_i(\mu_i-x_i^*) \\
0 &= \frac{\partial}{\partial \sigma^2}Q(\boldsymbol{\theta},\boldsymbol{\theta}^{(k)}) \\
&= -\frac{n}{2\sigma^2} + \frac{1}{2(\sigma^2)^2}\left\{\sum_{i=1}^{m}\left(c_i^2-2\mu_i c_i+\mu_i^2\right) \right. \quad (6.29)\\
&\qquad\qquad\qquad\qquad \left. +\sum_{i=m+1}^{n}\left((z_i^2)^{(k)}-2\mu_i z_i^{(k)}+\mu_i^2\right)\right\}
\end{aligned}
$$

なる方程式を解けばよい.ここで,

$$
\boldsymbol{x}^* = (x_1^*,\ldots,x_n^*)^T = (c_1,\ldots,c_m,\ z_{m+1}^{(k)},\ldots,z_n^{(k)})^T
$$

である.また,(6.29) 式で $(z_i^2)^{(k)}$ は $\boldsymbol{y}$ が与えられ,$\boldsymbol{\theta}^{(k)}$ を用いたときの Z_i^2 の条

件付期待値であり，$z_i^{(k)}$ の2乗でないことに注意が必要である．よってパラメータ更新式としては

$$\beta^{(k+1)} = \left(\sum_{i=1}^{n} v_i v_i^T\right)^{-1} \left(\sum_{i=1}^{n} v_i x_i^*\right) \tag{6.30}$$

$$(\sigma^2)^{(k+1)} = \frac{1}{n}\left\{\sum_{i=1}^{m}\left(c_i^2 - 2\mu_i^{(k+1)}c_i + (\mu_i^{(k+1)})^2\right)\right. \tag{6.31}$$
$$\left. + \sum_{i=m+1}^{n}\left((z_i^2)^{(k)} - 2\mu_i^{(k+1)}z_i^{(k)} + (\mu_i^{(k+1)})^2\right)\right\}$$

が得られる．ただし，$\mu_i^{(k+1)}$ は $\beta^{(k+1)}$ を用いて，
$$\mu_i^{(k+1)} = v_i^T \beta^{(k+1)} \quad (i=1,\ldots,n)$$
として計算される量である．β に関するパラメータ更新式は不完全な観測を条件付期待値で置き換えて通常の最小2乗推定を行うことと同じである．一方，σ^2 の推定については，ほとんど通常の最尤推定量と同じではあるが，単独の不完全観測をその条件付期待値で置き換えるのではなく，先にも述べたように，Z_i^2 について，その条件付期待値を計算して，置き換えることが必要となることに注意しなければならない．また，(6.31) 式での $\mu_i^{(k+1)}$ は上の (6.30) 式で得られた $\beta^{(k+1)}$ を用いて計算する量であり，$z_i^{(k)}, (z_i^2)^{(k)}$ は $\beta^{(k)}, (\sigma^2)^{(k)}$ を用いて計算する量であることにも注意する．

ただし，パラメータ推定値の系列 $\{\theta^{(k)}\}$ が収束した状況では，この区別は必要なくなる．このとき，(6.26) 式, (6.27) 式での $\theta^{(k)}$ と (6.31) 式での $\theta^{(k+1)}$ は同一視できるので，σ^2 の推定に関する更新式 (6.31) 式については

$$(\sigma^2)^{(k+1)} = \frac{1}{n}\left[\sum_{i=1}^{m}\left(c_i - \mu_i^{(k)}\right)^2 + (\sigma^2)^{(k)}\sum_{i=m+1}^{n}\left\{1 + \frac{c_i - \mu_i^{(k)}}{\sigma^{(k)}}h_{\theta^{(k)}}(c_i)\right\}\right]$$

なる式で計算することも考えられている (Tanner (1993, 4.1 節))．

表 6.7 について，通常の回帰分析を行った結果得られたパラメータ推定値は表 6.8 の通りである．全部で 30 例の全データを用い，打ち切りデータもその記録された時間を死亡までの観測期間として含めて回帰分析を行うと，年齢効果パラメータ値として高年齢群で -0.8181，骨髄状態での細胞充満度の高い群で -0.1486 のパラメータ値を得ている．一方で，7 例の打ち切りデータを除いて解析を行うと，高年齢群で -0.5929，骨髄状況については 0.1182 なるパラメータ推定値が得ら

表 6.8 急性骨髄性白血病データにおける通常の回帰分析

パラメータ	打ち切りデータを除く 23 例	全データ 30 例
切片 (β_0)	2.4342(0.3314)	2.9691(0.2962)
年齢 (β_1)	$-0.5929(0.3079)$	$-0.8181(0.2936)$
骨髄 (β_2)	0.1182(0.3005)	$-0.1486(0.2936)$
分散 (σ^2)	0.4725	0.6037

カッコ内は標準誤差.

表 6.9 急性骨髄性白血病データへ EM アルゴリズムを適用した場合のパラメータの収束状況
初期値には打ち切りデータを除いた回帰分析によって得られたパラメータ推定値を用いた.

k	切片 $\beta_0^{(k)}$	年齢 $\beta_1^{(k)}$	骨髄 $\beta_2^{(k)}$	分散 $(\sigma^2)^{(k)}$
0	2.434155	-0.5928770	0.1181671	0.5667552
1	3.153938	-0.9422102	-0.2089024	0.6898247
2	3.251001	-1.0086216	-0.2495052	0.7721181
3	3.282157	-1.0296161	-0.2617077	0.8041150
4	3.293436	-1.0371786	-0.2660843	0.8162450
⋮	⋮	⋮	⋮	⋮
13	3.300155	-1.0416754	-0.2686898	0.8235878
14	3.300156	-1.0416758	-0.2686900	0.8235885
15	3.300156	-1.0416760	-0.2686901	0.8235888
16	3.300156	-1.0416760	-0.2686902	0.8235889
17	3.300156	-1.0416761	-0.2686902	0.8235889
18	3.300156	-1.0416761	-0.2686902	0.8235890
19	3.300156	-1.0416761	-0.2686902	0.8235890

パラメータ更新式として (6.30) 式および (6.31) 式を用いた結果.

れる.当然どちらの推定値も打ち切りでの情報を無視して分析を行っているので,バイアスが生じていることが想定される.

そこで本節で紹介した手続きにより EM アルゴリズムを用いた分析を行ってみる.表 6.9 はパラメータ更新式として (6.30) 式および (6.31) 式を用いて EM アルゴリズムを適用した結果である.パラメータの初期値としては,打ち切りデータを除いた回帰分析によって得られたパラメータ推定値を用いた.ほぼ 20 ステップまでの反復計算ですべてのパラメータが収束し,切片パラメータ $\beta_0 = 3.3002$,年齢効果パラメータ $\beta_1 = -1.0417$,骨髄状況のパラメータ $\beta_2 = -0.2687$,分散パラメータ $\sigma^2 = 0.8236$ を得ている様子が読み取れる.特に,骨髄状況に関わるパラメータでは,最初のステップでその値が正から負に変わり,それ以降急速に収束値に近づいている.これらのパラメータの値は,高年齢,骨髄の細胞充満度の高さが患者の予後予測について悪い方向に作用することを示唆している.

7

EM アルゴリズムの応用と調整

7.1 指数分布族における EM アルゴリズム

観測 X の密度関数が

$$f(x|\theta) = \frac{\exp(q^T(\theta)t(x))}{a(\theta)} h(x) \tag{7.1}$$

のような形に整理できるとき，この密度関数は**指数分布族**に属する密度関数であるという．ここで，$\theta \ (\in \Theta)$ は d 次元のパラメータ空間 Θ 内のパラメータベクトル，$t(X)$ は対応する**十分統計量**からなる $k \ (k \geq d)$ 次元ベクトル，$q(\theta)$ は k 次元の θ のベクトル関数，$a(\theta), h(x)$ はそれぞれ θ, x のスカラー関数とする．特に，$d = k$ で，密度関数を

$$f(x|\theta) = \frac{\exp(\theta^T t(x))}{a(\theta)} h(x) \tag{7.2}$$

と表現できるとき，これを**正準型**とよぶ．ここでは，完全データ x の密度関数が (7.2) 式で与えられる場合に EM アルゴリズムを適用することを考える．

x の密度関数が (7.2) 式で与えられることから，完全データに基づく対数尤度 $l^C(\theta, x)$ は

$$l^C(\theta, x) = -\log a(\theta) + \theta^T t(x) + \log h(x) \tag{7.3}$$

となる．また，このとき，

$$\begin{aligned}
\mathbf{0} &= \frac{\partial}{\partial \theta} 1 = \frac{\partial}{\partial \theta} \int \frac{\exp(\theta^T t(x))}{a(\theta)} h(x) dx = \int \frac{\partial}{\partial \theta} \frac{\exp(\theta^T t(x))}{a(\theta)} h(x) dx \\
&= \int -\frac{\frac{\partial}{\partial \theta} a(\theta)}{a^2(\theta)} \exp(\theta^T t(x)) h(x) dx + \int t(x) \frac{\exp(\theta^T t(x))}{a(\theta)} h(x) dx \\
&= -\frac{\frac{\partial}{\partial \theta} a(\theta)}{a(\theta)} \int \frac{\exp(\theta^T t(x))}{a(\theta)} h(x) dx + \int t(x) \frac{\exp(\theta^T t(x))}{a(\theta)} h(x) dx
\end{aligned}$$

7.1 指数分布族における EM アルゴリズム

より,十分統計量 $t(X)$ の期待値については次の関係式が成立する.

$$\mathrm{E}_{\boldsymbol{\theta}}\left[t(X)\right] = \frac{\partial}{\partial \boldsymbol{\theta}} \log a(\boldsymbol{\theta}) \tag{7.4}$$

いま,X の観測の後半 $(x_{m+1}, \ldots, x_n)$ の観測が不完全であったとし,これを $Z = (Z_{m+1}, \ldots, Z_n)$ と書き,正確に計測された観測値を $y = (y_1, \ldots, y_m)$ と書くことにする.

このとき,E ステップの計算では,現時点でのパラメータ推定値 $\boldsymbol{\theta}^{(k)}$ を得ているときに,$l^C(\boldsymbol{\theta}, X)$ について観測 $Y = y$ が与えられたという条件のもとでの条件付期待値

$$Q(\boldsymbol{\theta}, \boldsymbol{\theta}^{(k)}) = \mathrm{E}_{\boldsymbol{\theta}^{(k)}}\left[l^C(\boldsymbol{\theta}, X)\Big|Y = y\right]$$

を計算することになる.この条件付期待値の計算では (7.3) 式中の関数 $h(x)$ の部分も関係するが,この関数に関わる計算結果は $\boldsymbol{\theta}^{(k)}$ は含むものの,$\boldsymbol{\theta}$ を含まないので M ステップでの計算には関係しなくなる.さらに十分統計量 $t(X)$ については,これが線形に組み込まれていることから,条件付期待値による $Q(\boldsymbol{\theta}, \boldsymbol{\theta}^{(k)})$ の計算では

$$\mathrm{E}_{\boldsymbol{\theta}^{(k)}}\left[t(X)|Y = y\right]$$

を求めることがその計算の本質的な部分ということになる.

上記のことから M ステップでの $Q(\boldsymbol{\theta}, \boldsymbol{\theta}^{(k)})$ の $\boldsymbol{\theta}$ に関する最大化問題は,

$$-\log a(\boldsymbol{\theta}) + \boldsymbol{\theta}^T \mathrm{E}_{\boldsymbol{\theta}^{(k)}}\left[t(X)|Y = y\right]$$

を最大化するような $\boldsymbol{\theta}$ を求めることに等しい.したがって,更新するパラメータの値は方程式

$$\mathbf{0} = \frac{\partial}{\partial \boldsymbol{\theta}} Q(\boldsymbol{\theta}, \boldsymbol{\theta}^{(k)}) = -\frac{\partial}{\partial \boldsymbol{\theta}} \log a(\boldsymbol{\theta}) + \mathrm{E}_{\boldsymbol{\theta}^{(k)}}\left[t(X)|Y = y\right]$$

の解として得られることになる.この結果と (7.4) 式から,パラメータ更新のための方程式は

$$\mathrm{E}_{\boldsymbol{\theta}}\left[t(X)\right] = \mathrm{E}_{\boldsymbol{\theta}^{(k)}}\left[t(X)|Y = y\right] \tag{7.5}$$

として表現することが可能になる.ちなみに,完全データに基づく尤度方程式は,(7.3) 式の $\boldsymbol{\theta}$ による微分と (7.4) 式から同様に

$$\mathrm{E}_{\boldsymbol{\theta}}\left[t(X)\right] = t(x)$$

のように導かれる.この場合は,十分統計量 $t(X)$ の期待値がその観測値 $t(x)$ と一致するという形の方程式によって尤度方程式が定義される.一方,不完全データの場合には,その十分統計量の観測値 $t(x)$ の部分を,観測 $Y = y$ が得られた

という条件のもとでの条件付期待値で置き換えた式であることに注意する．つまり，EM アルゴリズムを単に不完全な観測をその条件付期待値で補完する方法と捉えるのではなく，その十分統計量についての実現値をその条件付期待値で置き換える方法であると理解する方がよいことに留意すべきである．

7.2 一般化 EM(GEM) アルゴリズム

7.2.1 GEM アルゴリズム

EM アルゴリズムの基本的なアイデアは，不完全な観測に関して，その尤度を構成して最大尤度原理に基づいてパラメータに関する推測を行うよりも，完全な観測を得たと想定し，完全観測に基づいて最大尤度原理を適用するほうがより簡潔な表現と計算手順が得られるところにある．したがって 6 章の EM アルゴリズムの適用例では，M ステップでの $Q(\boldsymbol{\theta}, \boldsymbol{\theta}^{(k)})$ の最大化については計算が容易で，パラメータ更新が比較的簡単な更新式として表現できるものを扱ってきた．ところが，現実に直面する問題では，この最大化問題の解が容易に式として表現できず，数値計算的な解法によらざるをえない場合が少なくない．このような場合には，各ステップで基本的に反復計算によって解を求める必要がある．さらに，そのような解法では一般的に局所最適な解を得るので，それが大域的な意味での最適解であるかどうかを確認するのは容易ではない．したがって，5.2.1 項で定義したように，厳密な意味で，任意の $\boldsymbol{\theta} \in \Theta$ に対して

$$Q(\boldsymbol{\theta}^{(k+1)}, \boldsymbol{\theta}^{(k)}) \geq Q(\boldsymbol{\theta}, \boldsymbol{\theta}^{(k)})$$

となるようなパラメータ $\boldsymbol{\theta}^{(k+1)}$ を求めることは困難である．

そこで，Dempster *et al.* (1977) は，EM アルゴリズムを一般化して**一般化 EM(GEM) アルゴリズム** (generalized EM algorithm) を提案している．GEM アルゴリズムでの E ステップは通常の E ステップと同じであるが，M ステップでは任意の $\boldsymbol{\theta} \in \Theta$ に対して，

$$Q(\boldsymbol{\theta}^{(k+1)}, \boldsymbol{\theta}^{(k)}) \geq Q(\boldsymbol{\theta}, \boldsymbol{\theta}^{(k)})$$

となるような大域的な解として $\boldsymbol{\theta}^{(k+1)}$ を求めることに代えて，

$$Q(\boldsymbol{\theta}^{(k+1)}, \boldsymbol{\theta}^{(k)}) \geq Q(\boldsymbol{\theta}^{(k)}, \boldsymbol{\theta}^{(k)}) \tag{7.6}$$

を満たすような $\boldsymbol{\theta}^{(k+1)}$ を何らかの方法で求めることを行うのである．

一般化 EM(GEM) アルゴリズムは，このような操作の反復の繰り返しによって，パラメータ系列 $\{\boldsymbol{\theta}^{(k)}\}$ による $Q(\boldsymbol{\theta}^{(k+1)},\boldsymbol{\theta}^{(k)})$ の単調増加性を保証し，系列の収束値によって解を得ようとする方法である．

7.2.2　1 ステップ・ニュートン・ラフソンによる GEM

Wu (1983), Jørgensen (1984), Rai and Matthews (1993) らはこの GEM アルゴリズムにおけるパラメータの更新に関してニュートン・ラフソン法 ((5.8) 式) の考え方を拡張して次のような更新式

$$\boldsymbol{\theta}^{(k+1)} = \boldsymbol{\theta}^{(k)} + \alpha^{(k)} \boldsymbol{\delta}^{(k)} \tag{7.7}$$

を考えている．ただし，ここで，

$$\boldsymbol{\delta}^{(k)} = -\left(\frac{\partial^2}{\partial \boldsymbol{\theta} \partial \boldsymbol{\theta}^T} Q(\boldsymbol{\theta}, \boldsymbol{\theta}^{(k)}) \bigg|_{\boldsymbol{\theta} = \boldsymbol{\theta}^{(k)}} \right)^{-1} \left(\frac{\partial}{\partial \boldsymbol{\theta}} Q(\boldsymbol{\theta}, \boldsymbol{\theta}^{(k)}) \bigg|_{\boldsymbol{\theta} = \boldsymbol{\theta}^{(k)}} \right) \tag{7.8}$$

で，$\alpha^{(k)}$ は $0 < \alpha^{(k)} \leq 1$ となるようなスカラー定数である．この更新式 (7.8) は，$\alpha^{(k)} = 1$ のとき，方程式

$$\frac{\partial}{\partial \boldsymbol{\theta}} Q(\boldsymbol{\theta}, \boldsymbol{\theta}^{(k)}) = \boldsymbol{0}$$

について，ニュートン・ラフソン法を用いて解を求める際の，$\boldsymbol{\theta}^{(k)}$ を初期値とするときの第 1 ステップになる．ただし，ニュートン・ラフソン法の第 1 ステップで，必ず

$$Q(\boldsymbol{\theta}^{(k+1)}, \boldsymbol{\theta}^{(k)}) \geq Q(\boldsymbol{\theta}^{(k)}, \boldsymbol{\theta}^{(k)}) \tag{7.9}$$

となるとは限らないので，$\alpha^{(k)}$ はこれを満足するように決定される．

いま，$Q(\boldsymbol{\theta}, \boldsymbol{\theta}^{(k)}) - Q(\boldsymbol{\theta}^{(k)}, \boldsymbol{\theta}^{(k)})$ の $\boldsymbol{\theta} = \boldsymbol{\theta}^{(k)}$ の周りのテーラー展開を考えると

$$\begin{aligned} &Q(\boldsymbol{\theta}, \boldsymbol{\theta}^{(k)}) - Q(\boldsymbol{\theta}^{(k)}, \boldsymbol{\theta}^{(k)}) \\ &= (\boldsymbol{\theta} - \boldsymbol{\theta}^{(k)})^T \frac{\partial}{\partial \boldsymbol{\theta}} Q(\boldsymbol{\theta}, \boldsymbol{\theta}^{(k)}) \bigg|_{\boldsymbol{\theta} = \boldsymbol{\theta}^{(k)}} \\ &\quad + \frac{1}{2} (\boldsymbol{\theta} - \boldsymbol{\theta}^{(k)})^T \left(\frac{\partial^2}{\partial \boldsymbol{\theta} \partial \boldsymbol{\theta}^T} Q(\boldsymbol{\theta}, \boldsymbol{\theta}^{(k)}) \bigg|_{\boldsymbol{\theta} = \dot{\boldsymbol{\theta}}^{(k)}} \right) (\boldsymbol{\theta} - \boldsymbol{\theta}^{(k)}) \end{aligned}$$

となる．ただし，$\dot{\boldsymbol{\theta}}^{(k)}$ は $\boldsymbol{\theta}$ と $\boldsymbol{\theta}^{(k)}$ との間の線分上の点の値をとるベクトルである．ここで，(7.7) 式となるように決めた $\boldsymbol{\theta}^{(k+1)}$ について，$\boldsymbol{\theta} = \boldsymbol{\theta}^{(k+1)}$ でこの式のテーラー展開を評価したと考えると，$Q(\boldsymbol{\theta}^{(k+1)}, \boldsymbol{\theta}^{(k)}) - Q(\boldsymbol{\theta}^{(k)}, \boldsymbol{\theta}^{(k)})$ は，

$$Q(\boldsymbol{\theta}^{(k+1)}, \boldsymbol{\theta}^{(k)}) - Q(\boldsymbol{\theta}^{(k)}, \boldsymbol{\theta}^{(k)})$$
$$= \alpha^{(k)} \boldsymbol{\delta}^{(k)T} \left.\frac{\partial}{\partial \boldsymbol{\theta}} Q(\boldsymbol{\theta}, \boldsymbol{\theta}^{(k)})\right|_{\boldsymbol{\theta}=\boldsymbol{\theta}^{(k)}}$$
$$+ \frac{1}{2}(\alpha^{(k)})^2 \boldsymbol{\delta}^{(k)T} \left(\left.\frac{\partial^2}{\partial \boldsymbol{\theta} \partial \boldsymbol{\theta}^T} Q(\boldsymbol{\theta}, \boldsymbol{\theta}^{(k)})\right|_{\boldsymbol{\theta}=\ddot{\boldsymbol{\theta}}^{(k)}}\right) \boldsymbol{\delta}^{(k)}$$
$$= \alpha^{(k)} \left(\left.\frac{\partial}{\partial \boldsymbol{\theta}} Q(\boldsymbol{\theta}, \boldsymbol{\theta}^{(k)})\right|_{\boldsymbol{\theta}=\boldsymbol{\theta}^{(k)}}\right)^T \left(-\left.\frac{\partial^2}{\partial \boldsymbol{\theta} \partial \boldsymbol{\theta}^T} Q(\boldsymbol{\theta}, \boldsymbol{\theta}^{(k)})\right|_{\boldsymbol{\theta}=\boldsymbol{\theta}^{(k)}}\right)^{-1}$$
$$\times \left(\left.\frac{\partial}{\partial \boldsymbol{\theta}} Q(\boldsymbol{\theta}, \boldsymbol{\theta}^{(k)})\right|_{\boldsymbol{\theta}=\boldsymbol{\theta}^{(k)}}\right)$$
$$+ \frac{1}{2}(\alpha^{(k)})^2 \left(\left.\frac{\partial}{\partial \boldsymbol{\theta}} Q(\boldsymbol{\theta}, \boldsymbol{\theta}^{(k)})\right|_{\boldsymbol{\theta}=\boldsymbol{\theta}^{(k)}}\right)^T$$
$$\times \left\{\left(\left.\frac{\partial^2}{\partial \boldsymbol{\theta} \partial \boldsymbol{\theta}^T} Q(\boldsymbol{\theta}, \boldsymbol{\theta}^{(k)})\right|_{\boldsymbol{\theta}=\boldsymbol{\theta}^{(k)}}\right)^{-1} \left(\left.\frac{\partial^2}{\partial \boldsymbol{\theta} \partial \boldsymbol{\theta}^T} Q(\boldsymbol{\theta}, \boldsymbol{\theta}^{(k)})\right|_{\boldsymbol{\theta}=\ddot{\boldsymbol{\theta}}^{(k)}}\right)\right.$$
$$\left.\times \left(\left.\frac{\partial^2}{\partial \boldsymbol{\theta} \partial \boldsymbol{\theta}^T} Q(\boldsymbol{\theta}, \boldsymbol{\theta}^{(k)})\right|_{\boldsymbol{\theta}=\boldsymbol{\theta}^{(k)}}\right)^{-1}\right\} \left(\left.\frac{\partial}{\partial \boldsymbol{\theta}} Q(\boldsymbol{\theta}, \boldsymbol{\theta}^{(k)})\right|_{\boldsymbol{\theta}=\boldsymbol{\theta}^{(k)}}\right)$$
$$= \alpha^{(k)} \left(\left.\frac{\partial}{\partial \boldsymbol{\theta}} Q(\boldsymbol{\theta}, \boldsymbol{\theta}^{(k)})\right|_{\boldsymbol{\theta}=\boldsymbol{\theta}^{(k)}}\right)^T A^{(k)} \left(\left.\frac{\partial}{\partial \boldsymbol{\theta}} Q(\boldsymbol{\theta}, \boldsymbol{\theta}^{(k)})\right|_{\boldsymbol{\theta}=\boldsymbol{\theta}^{(k)}}\right) \quad (7.10)$$

のような2次形式で表現できる．ただし，ここで，$\ddot{\boldsymbol{\theta}}^{(k)}$ は $\boldsymbol{\theta}^{(k+1)}$ と $\boldsymbol{\theta}^{(k)}$ との間の線分上の点の値をとるベクトルである．また，$A^{(k)}$ は，I_d を d 次単位行列として，

$$A^{(k)} = \left(-\left.\frac{\partial^2}{\partial \boldsymbol{\theta} \partial \boldsymbol{\theta}^T} Q(\boldsymbol{\theta}, \boldsymbol{\theta}^{(k)})\right|_{\boldsymbol{\theta}=\boldsymbol{\theta}^{(k)}}\right)^{-1}$$
$$+ \frac{1}{2}\alpha^{(k)} \left(\left.\frac{\partial^2}{\partial \boldsymbol{\theta} \partial \boldsymbol{\theta}^T} Q(\boldsymbol{\theta}, \boldsymbol{\theta}^{(k)})\right|_{\boldsymbol{\theta}=\boldsymbol{\theta}^{(k)}}\right)^{-1} \left(\left.\frac{\partial^2}{\partial \boldsymbol{\theta} \partial \boldsymbol{\theta}^T} Q(\boldsymbol{\theta}, \boldsymbol{\theta}^{(k)})\right|_{\boldsymbol{\theta}=\ddot{\boldsymbol{\theta}}^{(k)}}\right)$$
$$\left(\left.\frac{\partial^2}{\partial \boldsymbol{\theta} \partial \boldsymbol{\theta}^T} Q(\boldsymbol{\theta}, \boldsymbol{\theta}^{(k)})\right|_{\boldsymbol{\theta}=\boldsymbol{\theta}^{(k)}}\right)^{-1}$$
$$= \left(-\left.\frac{\partial^2}{\partial \boldsymbol{\theta} \partial \boldsymbol{\theta}^T} Q(\boldsymbol{\theta}, \boldsymbol{\theta}^{(k)})\right|_{\boldsymbol{\theta}=\boldsymbol{\theta}^{(k)}}\right)^{-1}$$
$$\times \left\{I_d - \frac{1}{2}\alpha^{(k)} \left(\left.\frac{\partial^2}{\partial \boldsymbol{\theta} \partial \boldsymbol{\theta}^T} Q(\boldsymbol{\theta}, \boldsymbol{\theta}^{(k)})\right|_{\boldsymbol{\theta}=\ddot{\boldsymbol{\theta}}^{(k)}}\right) \left(\left.\frac{\partial^2}{\partial \boldsymbol{\theta} \partial \boldsymbol{\theta}^T} Q(\boldsymbol{\theta}, \boldsymbol{\theta}^{(k)})\right|_{\boldsymbol{\theta}=\boldsymbol{\theta}^{(k)}}\right)^{-1}\right\}$$

のように定義される行列である．

7.2 一般化 EM(GEM) アルゴリズム

ここで,
$$
\begin{aligned}
\left.\frac{\partial}{\partial \boldsymbol{\theta}} Q(\boldsymbol{\theta}, \boldsymbol{\theta}^{(k)})\right|_{\boldsymbol{\theta}=\boldsymbol{\theta}^{(k)}} &= \left.\frac{\partial}{\partial \boldsymbol{\theta}} \left\{ \mathrm{E}_{\boldsymbol{\theta}^{(k)}}\left[l^C(\boldsymbol{\theta}, \boldsymbol{X}) \Big| \boldsymbol{Y}=\boldsymbol{y} \right] \right\} \right|_{\boldsymbol{\theta}=\boldsymbol{\theta}^{(k)}} \\
&= \mathrm{E}_{\boldsymbol{\theta}^{(k)}}\left[\left(\left.\frac{\partial}{\partial \boldsymbol{\theta}} l^C(\boldsymbol{\theta}, \boldsymbol{X})\right|_{\boldsymbol{\theta}=\boldsymbol{\theta}^{(k)}} \right) \bigg| \boldsymbol{Y}=\boldsymbol{y} \right] \\
&= \int_{\Omega(\boldsymbol{y})} \left(\left.\frac{\partial}{\partial \boldsymbol{\theta}} \log f^C(\boldsymbol{x}|\boldsymbol{\theta}) \right|_{\boldsymbol{\theta}=\boldsymbol{\theta}^{(k)}} \right) \frac{f^C(\boldsymbol{x}|\boldsymbol{\theta}^{(k)})}{f(\boldsymbol{y}|\boldsymbol{\theta}^{(k)})} d\boldsymbol{x} \\
&= \left(\left.\frac{\partial}{\partial \boldsymbol{\theta}} \int_{\Omega(\boldsymbol{y})} f^C(\boldsymbol{x}|\boldsymbol{\theta}) d\boldsymbol{x} \right|_{\boldsymbol{\theta}=\boldsymbol{\theta}^{(k)}} \right) \left(\frac{1}{f(\boldsymbol{y}|\boldsymbol{\theta}^{(k)})} \right) \quad (7.11)\\
&= \left(\left.\frac{\partial}{\partial \boldsymbol{\theta}} f(\boldsymbol{y}|\boldsymbol{\theta}) \right|_{\boldsymbol{\theta}=\boldsymbol{\theta}^{(k)}} \right) \left(\frac{1}{f(\boldsymbol{y}|\boldsymbol{\theta}^{(k)})} \right) = \left.\frac{\partial}{\partial \boldsymbol{\theta}} \log f(\boldsymbol{y}|\boldsymbol{\theta}) \right|_{\boldsymbol{\theta}=\boldsymbol{\theta}^{(k)}} = \boldsymbol{S}(\boldsymbol{y}, \boldsymbol{\theta}^{(k)})
\end{aligned}
$$
が成立する. ただし, $\Omega(\boldsymbol{y})$ は観測 $\boldsymbol{Y}=\boldsymbol{y}$ が得られたという条件のもとでの $\boldsymbol{X}$ の定義域全体

$$\Omega(\boldsymbol{y}) = \{\boldsymbol{x}|\boldsymbol{x} \in \Omega,\ y(\boldsymbol{x})=\boldsymbol{y}\}$$

を示す. $y(\boldsymbol{x})$ は 5.2.1 項で定義した完全観測から不完全観測への写像である. さらに,
$$
\begin{aligned}
\left.-\frac{\partial^2}{\partial \boldsymbol{\theta} \partial \boldsymbol{\theta}^T} Q(\boldsymbol{\theta}, \boldsymbol{\theta}^{(k)})\right|_{\boldsymbol{\theta}=\boldsymbol{\theta}^{(k)}} &= \left. -\frac{\partial^2}{\partial \boldsymbol{\theta} \partial \boldsymbol{\theta}^T} \left\{ \mathrm{E}_{\boldsymbol{\theta}^{(k)}}\left[l^C(\boldsymbol{\theta}, \boldsymbol{X}) \Big| \boldsymbol{Y}=\boldsymbol{y} \right] \right\} \right|_{\boldsymbol{\theta}=\boldsymbol{\theta}^{(k)}} \\
&= \mathrm{E}_{\boldsymbol{\theta}^{(k)}}\left[\left(\left.-\frac{\partial^2}{\partial \boldsymbol{\theta} \partial \boldsymbol{\theta}^T} l^C(\boldsymbol{\theta}, \boldsymbol{X})\right|_{\boldsymbol{\theta}=\boldsymbol{\theta}^{(k)}} \right) \bigg| \boldsymbol{Y}=\boldsymbol{y} \right] \\
&= \mathrm{E}_{\boldsymbol{\theta}^{(k)}}\left[I^C(\boldsymbol{\theta}^{(k)}, \boldsymbol{X}) \Big| \boldsymbol{Y}=\boldsymbol{y} \right] = J^C(\boldsymbol{\theta}^{(k)}, \boldsymbol{y})
\end{aligned}
$$
$$(7.12)$$
とすると, (7.10) 式は
$$Q(\boldsymbol{\theta}^{(k+1)}, \boldsymbol{\theta}^{(k)}) - Q(\boldsymbol{\theta}^{(k)}, \boldsymbol{\theta}^{(k)}) = \alpha^{(k)} \boldsymbol{S}^T(\boldsymbol{y}, \boldsymbol{\theta}^{(k)}) A^{(k)} \boldsymbol{S}(\boldsymbol{y}, \boldsymbol{\theta}^{(k)})$$
$$A^{(k)} = \left(J^C(\boldsymbol{\theta}^{(k)}, \boldsymbol{y})\right)^{-1} \left\{ I_d - \frac{1}{2}\alpha^{(k)} J^C(\ddot{\boldsymbol{\theta}}^{(k)}, \boldsymbol{y}) \left(J^C(\boldsymbol{\theta}^{(k)}, \boldsymbol{y})\right)^{-1} \right\}$$
と書くことができる. このとき, 実際の応用場面では $J^C(\boldsymbol{\theta}^{(k)}, \boldsymbol{y})$ は正定値行列になることが多いので, $\alpha^{(k)}$ を十分小さくとることにより, この第 2 項目を正定値行列になるようにしておけば (7.10) 式が正になり, $Q(\boldsymbol{\theta}^{(k+1)}, \boldsymbol{\theta}^{(k)})$ の単調増加性が保証されることになる (McLachlan and Krishnan (1997)). Rai and Mattews (1993) はシミュレーション実験によって M ステップでニュートン・ラフソン法による繰り返し計算が必要となるような問題について, この 1 ステップ・ニュー

トン・ラフソン法によって繰り返し回数の総計を減少させ計算コストを削減できる場合があることを示している.

7.3 EM アルゴリズムとベイズ推測

7.3.1 EM アルゴリズムとベイズ推測

これまで述べてきたように,EM アルゴリズムは最尤推定値を求める方法の 1 つとして位置づけられる.ところが,Dempster et al. (1977) らは EM アルゴリズムをベイズ推測の一部として捉えることも可能なことを指摘している.つまり,観測されたデータの尤度を最大化するパラメータを求める代わりに,これまでに述べてきた EM アルゴリズムに若干の修整を加えることによって,事後分布 (posterior distribution) の**最頻値** (モード, mode) を求める方法として EM アルゴリズムを用いることができる.

いま,パラメータ $\boldsymbol{\theta}$ の事前分布 (prior distribution) 密度を $\pi(\boldsymbol{\theta})$ とする.さらに,パラメータ $\boldsymbol{\theta}$ が与えられたときの完全な観測 $\boldsymbol{x}$ の密度関数を $f(\boldsymbol{x}|\boldsymbol{\theta})$ とすると,パラメータ $\boldsymbol{\theta}$ の事後分布密度 $\pi(\boldsymbol{\theta}|\boldsymbol{x})$ については

$$\log \pi(\boldsymbol{\theta}|\boldsymbol{x}) = \log f(\boldsymbol{x}|\boldsymbol{\theta}) + \log \pi(\boldsymbol{\theta}) - \log f(\boldsymbol{x})$$

が成立する.ここで,現在のパラメータ値 $\boldsymbol{\theta}^{(k)}$ を用いて,この両辺について観測 $\boldsymbol{Y} = \boldsymbol{y}$ のときの $\boldsymbol{X}$ に関する条件付期待値を求めると

$$\begin{aligned}
&\mathrm{E}_{\boldsymbol{\theta}^{(k)}}\left[\log \pi(\boldsymbol{\theta}|\boldsymbol{X})\,|\,\boldsymbol{Y}=\boldsymbol{y}\right] \\
&= \mathrm{E}_{\boldsymbol{\theta}^{(k)}}\left[\log f(\boldsymbol{X}|\boldsymbol{\theta})\,|\,\boldsymbol{Y}=\boldsymbol{y}\right] + \log \pi(\boldsymbol{\theta}) - \mathrm{E}_{\boldsymbol{\theta}^{(k)}}\left[\log f(\boldsymbol{X})\,|\,\boldsymbol{Y}=\boldsymbol{y}\right] \\
&= Q(\boldsymbol{\theta}, \boldsymbol{\theta}^{(k)}) + \log \pi(\boldsymbol{\theta}) - \mathrm{E}_{\boldsymbol{\theta}^{(k)}}\left[\log f(\boldsymbol{X})\,|\,\boldsymbol{Y}=\boldsymbol{y}\right]
\end{aligned}$$

となる.この第 3 項目はパラメータ $\boldsymbol{\theta}$ には依存しないので,この項を除いて

$$Q^*(\boldsymbol{\theta}, \boldsymbol{\theta}^{(k)}) = Q(\boldsymbol{\theta}, \boldsymbol{\theta}^{(k)}) + \log \pi(\boldsymbol{\theta}) \tag{7.13}$$

なる量を定義する.このように定義された $Q^*(\boldsymbol{\theta}, \boldsymbol{\theta}^{(k)})$ を EM アルゴリズムの E ステップと捉えて (7.14) 式での $Q(\boldsymbol{\theta}, \boldsymbol{\theta}^{(k)})$ の代わりに用い,M ステップでは,その最大化を行うことにする.

つまり $(k+1)$ 段階目の計算では

E ステップ:k ステップ目で得られたパラメータ推定値 $\boldsymbol{\theta}^{(k)}$ と観測 $\boldsymbol{y}$ を用いて

$$Q^*(\boldsymbol{\theta}, \boldsymbol{\theta}^{(k)}) = Q(\boldsymbol{\theta}, \boldsymbol{\theta}^{(k)}) + \log \pi(\boldsymbol{\theta}) \tag{7.14}$$

を計算する.

M ステップ: E ステップで計算した $Q^*(\theta, \theta^{(k)})$ を θ に関して最大化し,それを $\theta^{(k+1)}$ とする.つまり,任意の $\theta \in \Theta$ に対して

$$Q^*(\theta^{(k+1)}, \theta^{(k)}) \geq Q^*(\theta, \theta^{(k)}) \qquad (7.15)$$

となるようなパラメータ $\theta^{(k+1)}$ を求める.

という 2 つのステップを実行する.

このようにして作られたパラメータ値の系列 $\{\theta^{(k)}\}$ が収束するまでこの E ステップと M ステップを繰り返し計算するのである.収束したパラメータ値 θ^* は,観測 y に基づく事後分布密度 $\pi(\theta|y)$ を最大化することになる.

ここでの問題はパラメータの事後分布での最頻値を求めるということであったが,この E ステップの計算は本質的に $Q(\theta, \theta^{(k)})$ の計算のみであり,最尤推定値を求める場合と計算上のコストはまったく同じである.一方,M ステップでの計算では,最大化すべき目的関数としてパラメータの事前分布密度 $\pi(\theta)$ の対数が加わった形になっている.したがって,この事前分布密度としてパラメータ θ に依存しないフラットな密度関数を想定する場合は,結果として得られるパラメータ推定値 θ^* は最尤推定値と一致する.

罰則付最尤法 (maximum penalized likelihood method) の場合も,上記のベイズ推測への EM アルゴリズムの適用の場合 ((7.13) 式) と同様に $Q(\theta, \theta^{(k)})$ に加えて罰則項を導入して考えればよい.たとえば,リッジ回帰であれば,

$$Q^*(\theta, \theta^{(k)}) = Q(\theta, \theta^{(k)}) - \lambda \theta^T \theta$$

のように定義して,パラメータに関する最大化問題を解けばよいことになる.

7.3.2 遺伝連鎖の事例 (続き)

McLachlan and Krishnan (1997) では,6.2 節で解析した遺伝連鎖の事例についてベイズ推測の観点からのアプローチを紹介している.

遺伝連鎖の事例では,基礎分布として考えた分布は多項分布であった.欠測観測の観点を導入して,EM アルゴリズムの観点から定式化した結果,完全観測については (6.15) 式で得られたように,

$$l^C(\theta, x) = (x_2 + x_5) \log \theta + (x_3 + x_4) \log(1 - \theta)$$

を尤度と考えればよいということであった.この尤度はパラメータ θ を反応確率

とし，
$$x_2+x_5, \quad x_3+x_4$$
を反応とする2項反応として捉えていた．そこで，パラメータ θ に関する事前分布として2項分布の共役分布であるベータ分布を想定することにする．つまり，事前分布密度 $\pi(\theta)$ として，
$$\pi(\theta) = \frac{\Gamma(\alpha_1+\alpha_2)}{\Gamma(\alpha_1)\Gamma(\alpha_2)} \theta^{\alpha_1-1}(1-\theta)^{\alpha_2-1} \quad 0 \le \theta \le 1$$
を考える．ただし，$(\alpha_1 > 0, \alpha_2 > 0)$ はベータ分布の形状を決めるパラメータ（ハイパー・パラメータ）である．ちなみに事前分布におけるパラメータ θ の期待値と分散は，
$$\mathrm{E}_{(\alpha_1,\alpha_2)}[\theta] = \frac{\alpha_1}{\alpha_1+\alpha_2} = \nu$$
$$V_{(\alpha_1,\alpha_2)}(\theta) = \frac{\alpha_1 \alpha_2}{(\alpha_1+\alpha_2)^2(\alpha_1+\alpha_2+1)} = \nu(1-\nu)\phi$$
となる．ここで，
$$\nu = \frac{\alpha_1}{\alpha_1+\alpha_2}, \quad \phi = \frac{1}{\alpha_1+\alpha_2+1}$$
である．つまり，ベータ分布では α_1, α_2 の相対的な大きさの比に比例して平均的な位置 ν が決まり，その位置によって必然的に決まる値 $\nu(1-\nu)$ と α_1 と α_2 の絶対的な大きさに反比例した係数 ϕ との積として分散が計算されることになる．

このとき完全データに関する事後分布密度の対数として
$$\begin{aligned}\log \pi(\theta|\boldsymbol{x}) &= l^C(\theta, \boldsymbol{x}) + \log \pi(\theta) \\ &= (x_2+x_5+\alpha_1-1)\log\theta + (x_3+x_4+\alpha_2-1)\log(1-\theta) + C\end{aligned}$$
が得られる．ただし，C は θ に依存しない定数である．いま，この両辺について，$\theta = \theta^{(k)}$ として，観測 $\boldsymbol{y}$ が得られたときの $\boldsymbol{X}$ に関わる条件付期待値を計算し，パラメータ θ に依存しない項を除いて，$Q^*(\theta, \theta^{(k)})$ を計算すると，
$$\begin{aligned}Q^*(\theta, \theta^{(k)}) &= \mathrm{E}_{\boldsymbol{\theta}^{(k)}}\left[(X_2+X_5+\alpha_1-1)\log\theta \right.\\ &\qquad \left. +(X_3+X_4+\alpha_2-1)\log(1-\theta) | \boldsymbol{y}\right] \\ &= (\mu_2^{(k)}+y_4+\alpha_1-1)\log\theta + (y_2+y_3+\alpha_2-1)\log(1-\theta)\end{aligned}$$
となる．ただし，$\mu_2^{(k)}$ は
$$\mu_2^{(k)} = y_1 \frac{\frac{1}{4}\theta^{(k)}}{\frac{1}{2}+\frac{1}{4}\theta^{(k)}}$$
によって計算される量である．

この $Q^*(\theta, \theta^{(k)})$ を最大化するような $\theta^{(k)}$ の値は方程式

$$0 = \frac{d}{d\theta} Q^*(\theta, \theta^{(k)})$$

を解いて,

$$\theta^{(k)} = \frac{\mu_2^{(k)} + y_4 + \alpha_1 - 1}{\mu_2^{(k)} + y_2 + y_3 + y_4 + \alpha_1 + \alpha_2 - 2}$$

として得られる.

この式から, $\alpha_1 = \alpha_2 = 1$ のときには, この推定量は最尤推定量と等しくなることがわかるが, $\alpha_1 = \alpha_2 = 1$ のときのベータ分布は $[0,1]$ 上の一様分布と一致し, 無情報事前分布となっている.

表 7.1 は Rao (1973) のデータについて, 事前分布 (ベータ分布) のハイパー・パラメータ (α_1, α_2) を $(1, 1), (1.1, 3), (5, 1.5), (20, 6)$ に設定した場合の事後分布の最頻値への収束状況を示したものである. 6.2 節の場合と同様に初期値は

$$\theta^{(0)} = \frac{125 - 18 - 20 + 34}{125 + 18 + 20 + 34} = 0.6142132$$

を用いている.

先に確認したように, ハイパー・パラメータが $(1,1)$ のときにはベータ分布は一様分布に等しく, 事後分布の最頻値は最尤推定値に一致する. このため, この場合の結果は表 6.2 の EM アルゴリズムのそれと同じである.

ハイパー・パラメータが $(1.1, 3), (5, 1.5), (20, 6)$ の場合のベータ分布の密度関数のグラフは図 7.1 のようになる. それぞれ事前分布の平均が 0 に近い場合, 1

表 7.1 事前分布にベータ分布 (α_1, α_2) を想定した場合の事後分布の最頻値への収束状況 (Rao (1973) データ)

	(α_1, α_2)			
	(1, 1)	(1.1, 3)	(5, 1.5)	(20, 6)
k	$\theta^{(k)}$	$\theta^{(k)}$	$\theta^{(k)}$	$\theta^{(k)}$
0	0.6142132	0.6142132	0.6142132	0.6142132
1	0.6251317	0.6134105	0.6363428	0.6570123
2	0.6265968	0.6133008	0.6390794	0.6611755
3	0.6267917	0.6132857	0.6394118	0.6615680
4	0.6268175	0.6132837	0.6394521	0.6616049
5	0.6268210	0.6132834	0.6394570	0.6616084
6	0.6268214	0.6132834	0.6394576	0.6616087
7	0.6268215	0.6132834	0.6394576	0.6616088
8	0.6268215	0.6132833	0.6394576	0.6616088
9	0.6268215	0.6132833	0.6394577	0.6616088
10	0.6268215	0.6132833	0.6394577	0.6616088

(1) Beta(1.1, 3) の密度　　(2) Beta(5, 1.5) の密度　　(3) Beta(20, 6) の密度

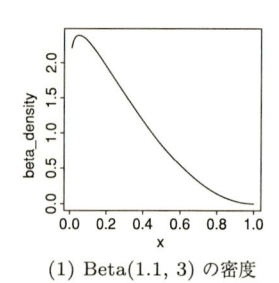

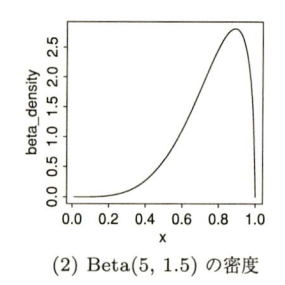

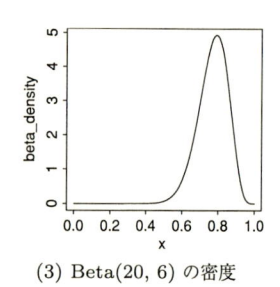

図 **7.1**　ベータ分布の密度関数

に近い場合を設定しているが，結果としての事後分布 $\pi(\theta|y)$ の最頻値はいずれも 0.6 を少し上回るあたりの数値に収束している様子がうかがえる．

収束の速さについても，これらの設定では最尤推定値の場合の収束の速さとほぼ同等か若干劣る程度で，最尤推定の場合が 7 ステップ目，ハイパー・パラメータが (1.1, 3) の場合は 8 ステップ目，(5, 1.5) の場合 9 ステップ目，(20, 3) の場合は 7 ステップ目で 7 桁の精度で収束に到っている様子が表から読み取れる．

ハイパー・パラメータ (5, 1.5) の場合と (20, 6) の場合では平均的な位置は変わらないものの，その集中度は (20, 6) の方が高い，当然この影響もあり，(20, 6) の場合の方が最尤推定値とのずれが大きい．ただし，収束の速さの観点では，必ずしも (20, 6) の方が遅いわけではない．

8

EM アルゴリズムの性質

8.1 尤度の単調性と停留点への収束

EM アルゴリズムは完全な観測による尤度関数から得られる簡潔な表現に基づく反復法により解を得ようとする方法であるが，その方法の妥当性の根拠は，得られた解の系列 $\{\boldsymbol{\theta}^{(k)}\}$ によって $Q(\boldsymbol{\theta}^{(k+1)}, \boldsymbol{\theta}^{(k)})$ が増加し，それにともない観測に基づく尤度 $l(\boldsymbol{\theta}^{(k)}, \boldsymbol{y})$ も単調に増加するということを基礎にしている．

いま，観測 $\boldsymbol{Y} = \boldsymbol{y}$ が与えられたという条件のもとでの $\boldsymbol{X}$ の条件付密度関数を $f(\boldsymbol{x}|\boldsymbol{y}, \boldsymbol{\theta})$ と書くことにとすると，

$$f(\boldsymbol{x}|\boldsymbol{y}, \boldsymbol{\theta}) = \frac{f^C(\boldsymbol{x}|\boldsymbol{\theta})}{f(\boldsymbol{y}|\boldsymbol{\theta})}$$

と書ける．ここで $f^C(\boldsymbol{x}|\boldsymbol{\theta})$ は完全観測の分布密度である．したがって，観測 $\boldsymbol{Y} = \boldsymbol{y}$ に基づく尤度 $l(\boldsymbol{\theta}, \boldsymbol{y})$ は

$$\begin{aligned} l(\boldsymbol{\theta}, \boldsymbol{y}) &= \log f(\boldsymbol{y}|\boldsymbol{\theta}) \\ &= \log f^C(\boldsymbol{x}|\boldsymbol{\theta}) - \log f(\boldsymbol{x}|\boldsymbol{y}, \boldsymbol{\theta}) \end{aligned} \tag{8.1}$$

となる．ここで，$\boldsymbol{\theta} = \boldsymbol{\theta}^{(k)}$ として，観測 $\boldsymbol{Y} = \boldsymbol{y}$ が与えられたという条件のもとでの $\boldsymbol{X}$ に関する条件付期待値をこの式の両辺に施すと，

$$\begin{aligned} l(\boldsymbol{\theta}, \boldsymbol{y}) &= \mathrm{E}_{\boldsymbol{\theta}^{(k)}}\left[\log f^C(\boldsymbol{X}|\boldsymbol{\theta})\,\middle|\, \boldsymbol{Y} = \boldsymbol{y}\right] - \mathrm{E}_{\boldsymbol{\theta}^{(k)}}\left[\log f(\boldsymbol{X}|\boldsymbol{y}, \boldsymbol{\theta})\,|\, \boldsymbol{Y} = \boldsymbol{y}\right] \\ &= Q(\boldsymbol{\theta}, \boldsymbol{\theta}^{(k)}) - H(\boldsymbol{\theta}, \boldsymbol{\theta}^{(k)}) \end{aligned} \tag{8.2}$$

となる．ただし，

$$\begin{aligned} H(\boldsymbol{\theta}, \boldsymbol{\theta}^{(k)}) &= \mathrm{E}_{\boldsymbol{\theta}^{(k)}}\left[\log f(\boldsymbol{X}|\boldsymbol{y}, \boldsymbol{\theta})\,|\, \boldsymbol{Y} = \boldsymbol{y}\right] \\ &= \int_{\Omega(\boldsymbol{y})} \log f(\boldsymbol{x}|\boldsymbol{y}, \boldsymbol{\theta}) f(\boldsymbol{x}|\boldsymbol{y}, \boldsymbol{\theta}^{(k)}) d\boldsymbol{x} \end{aligned}$$

である．ただし，$\Omega(\boldsymbol{y}) = \{\boldsymbol{x}|\boldsymbol{x} \in \Omega,\ \boldsymbol{y}(\boldsymbol{x}) = \boldsymbol{y}\}$ である．このことから，

$$l(\boldsymbol{\theta}^{(k+1)}, \boldsymbol{y}) - l(\boldsymbol{\theta}^{(k)}, \boldsymbol{y}) \tag{8.3}$$
$$= \left\{Q(\boldsymbol{\theta}^{(k+1)}, \boldsymbol{\theta}^{(k)}) - Q(\boldsymbol{\theta}^{(k)}, \boldsymbol{\theta}^{(k)})\right\} - \left\{H(\boldsymbol{\theta}^{(k+1)}, \boldsymbol{\theta}^{(k)}) - H(\boldsymbol{\theta}^{(k)}, \boldsymbol{\theta}^{(k)})\right\}$$

が成立する．EM アルゴリズムあるいは GEM アルゴリズムでは，

$$Q(\boldsymbol{\theta}^{(k+1)}, \boldsymbol{\theta}^{(k)}) \geq Q(\boldsymbol{\theta}^{(k)}, \boldsymbol{\theta}^{(k)})$$

が保証されるようにパラメータ系列 $\{\boldsymbol{\theta}^{(k)}\}$ を決めていたので，(8.3) 式の右辺第1項は非負である．一方，一般に $H(\boldsymbol{\theta}, \boldsymbol{\theta}')$ については，$\boldsymbol{\theta}'$ を固定して考えると，任意の $\boldsymbol{\theta}$ について，

$$\begin{aligned}
&H(\boldsymbol{\theta}, \boldsymbol{\theta}') - H(\boldsymbol{\theta}', \boldsymbol{\theta}') \\
&= \mathrm{E}_{\boldsymbol{\theta}'}\left[\log f(\boldsymbol{X}|\boldsymbol{y}, \boldsymbol{\theta})\,\middle|\, \boldsymbol{Y} = \boldsymbol{y}\right] - \mathrm{E}_{\boldsymbol{\theta}'}\left[\log f(\boldsymbol{X}|\boldsymbol{y}, \boldsymbol{\theta}')\,\middle|\, \boldsymbol{Y} = \boldsymbol{y}\right] \\
&= \int_{\Omega(\boldsymbol{y})} \log f(\boldsymbol{x}|\boldsymbol{y}, \boldsymbol{\theta}) f(\boldsymbol{x}|\boldsymbol{y}, \boldsymbol{\theta}') d\boldsymbol{x} - \int_{\Omega(\boldsymbol{y})} \log f(\boldsymbol{x}|\boldsymbol{y}, \boldsymbol{\theta}') f(\boldsymbol{x}|\boldsymbol{y}, \boldsymbol{\theta}') d\boldsymbol{x} \\
&= \int_{\Omega(\boldsymbol{y})} \log \frac{f(\boldsymbol{x}|\boldsymbol{y}, \boldsymbol{\theta})}{f(\boldsymbol{x}|\boldsymbol{y}, \boldsymbol{\theta}')} f(\boldsymbol{x}|\boldsymbol{y}, \boldsymbol{\theta}') d\boldsymbol{x} \tag{8.4} \\
&\leq \log \int_{\Omega(\boldsymbol{y})} \frac{f(\boldsymbol{x}|\boldsymbol{y}, \boldsymbol{\theta})}{f(\boldsymbol{x}|\boldsymbol{y}, \boldsymbol{\theta}')} f(\boldsymbol{x}|\boldsymbol{y}, \boldsymbol{\theta}') d\boldsymbol{x} = \log \int_{\Omega(\boldsymbol{y})} f(\boldsymbol{x}|\boldsymbol{y}, \boldsymbol{\theta}) d\boldsymbol{x} = \log 1 = 0
\end{aligned}$$

が成立する．不等式 (8.4) 式はイェンゼンの不等式より導かれる．したがって，

$$H(\boldsymbol{\theta}^{(k+1)}, \boldsymbol{\theta}^{(k)}) - H(\boldsymbol{\theta}^{(k)}, \boldsymbol{\theta}^{(k)}) \leq 0 \tag{8.5}$$

が成立して，(8.3) 式の右辺第 2 項では，0 または負の数を引くことになり，(8.3) 式の右辺は非負である．つまり，観測に関わる尤度関数 $l(\boldsymbol{\theta}, \boldsymbol{y})$ の単調増加性

$$l(\boldsymbol{\theta}^{(k+1)}, \boldsymbol{y}) \geq l(\boldsymbol{\theta}^{(k)}, \boldsymbol{y})$$

が保証される．

したがって，対数尤度の列 $\{l(\boldsymbol{\theta}^{(k)}, \boldsymbol{y})\}$ が上に有界であれば，$l(\boldsymbol{\theta}^{(k)}, \boldsymbol{y})$ は単調にある値 l^* に収束する．多くの場合，この l^* は

$$\frac{\partial}{\partial \boldsymbol{\theta}} l(\boldsymbol{\theta}, \boldsymbol{y}) = \boldsymbol{0}$$

を満足する**停留点** (stationary point) $\boldsymbol{\theta}^*$ 上での値と一致し，$l^* = l(\boldsymbol{\theta}^*, \boldsymbol{y})$ となる．もし，尤度 $l(\boldsymbol{\theta}, \boldsymbol{y})$ がパラメータ $\boldsymbol{\theta}$ の関数として凹で単峰であるならば，$\boldsymbol{\theta}^{(k)}$ は初期値に関わらず最尤推定値に収束することが示される (Wu (1983))．

いま，(8.2) 式を $\boldsymbol{\theta}$ で微分すると，

$$\frac{\partial}{\partial \boldsymbol{\theta}} l(\boldsymbol{\theta}, \boldsymbol{y}) = \frac{\partial}{\partial \boldsymbol{\theta}} Q(\boldsymbol{\theta}, \boldsymbol{\theta}^{(k)}) - \frac{\partial}{\partial \boldsymbol{\theta}} H(\boldsymbol{\theta}, \boldsymbol{\theta}^{(k)})$$

となるが，(8.4) 式より任意の $\boldsymbol{\theta}$ について

8.1 尤度の単調性と停留点への収束

$$H(\boldsymbol{\theta}, \boldsymbol{\theta}^{(k)}) \leq H(\boldsymbol{\theta}^{(k)}, \boldsymbol{\theta}^{(k)})$$

であることから

$$\left.\frac{\partial}{\partial \boldsymbol{\theta}} H(\boldsymbol{\theta}, \boldsymbol{\theta}^{(k)})\right|_{\boldsymbol{\theta}=\boldsymbol{\theta}^{(k)}} = \mathbf{0}$$

が成立する.このため,

$$\left.\frac{\partial}{\partial \boldsymbol{\theta}} l(\boldsymbol{\theta}, \boldsymbol{y})\right|_{\boldsymbol{\theta}=\boldsymbol{\theta}^{(k)}} = \left.\frac{\partial}{\partial \boldsymbol{\theta}} Q(\boldsymbol{\theta}, \boldsymbol{\theta}^{(k)})\right|_{\boldsymbol{\theta}=\boldsymbol{\theta}^{(k)}} \tag{8.6}$$

となるので,$\boldsymbol{\theta}^{(k)}$ を $l(\boldsymbol{\theta}, \boldsymbol{y})$ の停留点 $\boldsymbol{\theta}^*$ として考えると,

$$\mathbf{0} = \left.\frac{\partial}{\partial \boldsymbol{\theta}} l(\boldsymbol{\theta}, \boldsymbol{y})\right|_{\boldsymbol{\theta}=\boldsymbol{\theta}^*} = \left.\frac{\partial}{\partial \boldsymbol{\theta}} Q(\boldsymbol{\theta}, \boldsymbol{\theta}^*)\right|_{\boldsymbol{\theta}=\boldsymbol{\theta}^*} \tag{8.7}$$

となり,$l(\boldsymbol{\theta}, \boldsymbol{y})$ の停留点 $\boldsymbol{\theta}^*$ は $Q(\boldsymbol{\theta}, \boldsymbol{\theta}^*)$ の停留点でもあることがわかる.

さらに,$\hat{\boldsymbol{\theta}}$ が最尤推定量で,$l(\boldsymbol{\theta}, \boldsymbol{y})$ を最大化するならば,任意の $\boldsymbol{\theta}$ について,

$$Q(\hat{\boldsymbol{\theta}}, \hat{\boldsymbol{\theta}}) \geq Q(\boldsymbol{\theta}, \hat{\boldsymbol{\theta}}) \tag{8.8}$$

が成立することになる.つまり,$\hat{\boldsymbol{\theta}}$ は $Q(\boldsymbol{\theta}, \hat{\boldsymbol{\theta}})$ を最大化する値である.なぜならば,もし,上記 (8.8) 式が成立しないのであれば,適当な $\boldsymbol{\theta}''$ があって,

$$Q(\hat{\boldsymbol{\theta}}, \hat{\boldsymbol{\theta}}) < Q(\boldsymbol{\theta}'', \hat{\boldsymbol{\theta}})$$

が成立することになる.このとき,(8.3) 式の右辺第 2 項は非負であるので

$$l(\boldsymbol{\theta}'', \boldsymbol{y}) > l(\hat{\boldsymbol{\theta}}, \boldsymbol{y})$$

となり,$\hat{\boldsymbol{\theta}}$ が最尤推定量であることに矛盾するからである.(8.8) 式の関係を EM アルゴリズムの**自己一致性** (self-consistency) とよぶ.さらに,(8.8) 式から,$Q(\boldsymbol{\theta}, \hat{\boldsymbol{\theta}})$ の $\boldsymbol{\theta} = \hat{\boldsymbol{\theta}}$ における勾配について,

$$\mathbf{0} = \left.\frac{\partial}{\partial \boldsymbol{\theta}} Q(\boldsymbol{\theta}, \hat{\boldsymbol{\theta}})\right|_{\boldsymbol{\theta}=\hat{\boldsymbol{\theta}}}$$

が成立していることもわかる.

ただし,上記の議論ならびに (8.7) 式の解釈には注意が必要である.つまり,確かに,$l(\boldsymbol{\theta}, \boldsymbol{y})$ の大域的最適解としての最尤推定値のほか局所最適解などの停留点 $\boldsymbol{\theta}^*$ は,同時に,EM アルゴリズムにおける目的関数 $Q(\boldsymbol{\theta}, \boldsymbol{\theta}^*)$ での停留点となることを意味する.しかし,(8.7) 式は,たとえば $Q(\boldsymbol{\theta}, \boldsymbol{\theta}^*)$ がその大域的最大化の解として $\boldsymbol{\theta}^*$ をもっても,それが $l(\boldsymbol{\theta}, \boldsymbol{y})$ の停留点となることを述べているだけにすぎない.したがって,場合によっては,その停留点が局所最適解だけでなく**鞍点** (saddle point) あるいは局所最小になる場合もある.Murray (1977), Schafer (1997), McLachlan and Krishnan (1997) らは鞍点への収束の場合の例について,

Arslan et al. (1993), McLachlan and Krishnan (1997) らは局所最小解を与える場合の例を紹介している.

8.2 正則条件

Dempster et al. (1977) らは EM アルゴリズムを提案した際に, EM アルゴリズムによるパラメータ系列 $\{\boldsymbol{\theta}^{(k)}\}$ の収束性に関する議論も行っていた. ところが, 彼らの定理の証明のなかには誤りがあるものも含まれていることを Wu (1983) は指摘し, いくつかの正則条件とともに収束性に関する定理と証明を与えている. ここではその定理のいくつかについて紹介する. 証明の詳細については Wu (1983) を参照されたい.

Wu (1983) は点・集合写像を用いて定義される系列の停留点への収束に関する一般的な結果 (Zangwill (1969, p.91)) を EM アルゴリズムによるパラメータ系列の収束性の証明に利用している. ここでいう点・集合写像は EM アルゴリズムの M ステップでの計算を意識しており, パラメータ $\boldsymbol{\theta}^{(k)}$ に対して, $Q(\boldsymbol{\theta}, \boldsymbol{\theta}^{(k)})$ の最大値を与えるような値の集合を対応させることを考える. この集合を $M(\boldsymbol{\theta}^{(k)})$ と書くことにする. GEM アルゴリズムではこの集合は

$$M(\boldsymbol{\theta}^{(k)}) = \{\boldsymbol{\theta} | \boldsymbol{\theta} \in \Theta, \ Q(\boldsymbol{\theta}, \boldsymbol{\theta}^{(k)}) \geq Q(\boldsymbol{\theta}^{(k)}, \boldsymbol{\theta}^{(k)})\}$$

のように定義される.

まず次のような正則条件を提示することからはじめる.

1) Θ を d 次元ユークリッド空間 R^d の部分空間とする.
2) $l(\boldsymbol{\theta}^{(0)}, \boldsymbol{y}) > -\infty$ であるときに $\Theta_{\boldsymbol{\theta}^{(0)}} = \{\boldsymbol{\theta} | \boldsymbol{\theta} \in \Theta, l(\boldsymbol{\theta}, \boldsymbol{y}) \geq l(\boldsymbol{\theta}^{(0)}, \boldsymbol{y})\}$ がコンパクトである.
3) $l(\boldsymbol{\theta}, \boldsymbol{y})$ が Θ 上で連続であり Θ の内点で微分可能である.
4) これらの条件 1) から 3) を仮定すると, 条件として,「任意の $\boldsymbol{\theta}^0 \in \Theta$ を初期値として作られた対数尤度の系列 $\{l(\boldsymbol{\theta}^{(k)}, \boldsymbol{y})\}$ が上に有界」なる条件を得ることができる.
5) また, $\boldsymbol{\theta}^{(k)}$ が Θ の内点であることを保証するために,「$\boldsymbol{\theta}^{(0)} \in \Theta$ であるとき, $\Theta_{\boldsymbol{\theta}^{(0)}}$ は Θ の内部に含まれる」ことを仮定する.

これらの仮定のもとで,

S を Θ の内点としての $l(\boldsymbol{\theta}, \boldsymbol{y})$ の停留点全体の集合

とすると，次の定理が成立する．

定理 1. $\{\boldsymbol{\theta}^{(k)}\}$ を $\boldsymbol{\theta}^{(k+1)} \in M(\boldsymbol{\theta}^{(k)})$ により生成された GEM アルゴリズムにおけるパラメータ系列とする．このとき，
  a) M が S の補集合の上への閉な点・集合写像であり，
  b) すべての $\boldsymbol{\theta}^{(k)} (\notin S)$ について $l(\boldsymbol{\theta}^{(k+1)}, \boldsymbol{y}) > l(\boldsymbol{\theta}^{(k)}, \boldsymbol{y})$ が成立する

とき，すべての $\{\boldsymbol{\theta}^{(k)}\}$ の極限値は尤度 $l(\boldsymbol{\theta}, \boldsymbol{y})$ の停留点 (局所最大化を与える点) となり，$l(\boldsymbol{\theta}^{(k)}, \boldsymbol{y})$ はそのうちのいずれかの停留点 $\boldsymbol{\theta}^* \in S$ で計算される $l^* = l(\boldsymbol{\theta}^*, \boldsymbol{y})$ に単調に収束する．

ただし，ここで，点・集合写像 $M(\boldsymbol{x})$ が閉であるというのは，
$$\boldsymbol{x}_k \to \boldsymbol{x},\ \boldsymbol{x}_k \in \Theta, \qquad \boldsymbol{y}_k \to \boldsymbol{y},\ \boldsymbol{y}_k \in M(\boldsymbol{x}_k)$$
であるとき，$\boldsymbol{y} \in M(\boldsymbol{y})$ となることをいう．点・点写像の場合，連続であればそれは閉を意味する．

EM アルゴリズムによって構成される系列は，この定理の条件 b) を満たしている．いま，$\boldsymbol{\theta}^{(k)} \notin S$ を考えると，これは $\boldsymbol{\theta}^{(k)}$ が $l(\boldsymbol{\theta}, \boldsymbol{y})$ の停留点でないことを意味しているので，(8.6) 式の結果を用いると，
$$\boldsymbol{0} \neq \left.\frac{\partial}{\partial \boldsymbol{\theta}} l(\boldsymbol{\theta}, \boldsymbol{y})\right|_{\boldsymbol{\theta}=\boldsymbol{\theta}^{(k)}} = \left.\frac{\partial}{\partial \boldsymbol{\theta}} Q(\boldsymbol{\theta}, \boldsymbol{\theta}^{(k)})\right|_{\boldsymbol{\theta}=\boldsymbol{\theta}^{(k)}}$$
となる．したがって，$Q(\boldsymbol{\theta}, \boldsymbol{\theta}^{(k)})$ が $\boldsymbol{\theta}^{(k)}$ で最大化されることはなく，これを最大化する $\boldsymbol{\theta}^{(k+1)}$ を考えると，
$$Q(\boldsymbol{\theta}^{(k+1)}, \boldsymbol{\theta}^{(k)}) > Q(\boldsymbol{\theta}^{(k)}, \boldsymbol{\theta}^{(k)})$$
が成立する．このことから，(8.3) 式と (8.5) 式の結果より，定理 1 の条件 b)
$$l(\boldsymbol{\theta}^{(k+1)}, \boldsymbol{y}) > l(\boldsymbol{\theta}^{(k)}, \boldsymbol{y})$$
が成立することがわかる．

さらに，EM アルゴリズムでは，点・集合写像として考える $M(\boldsymbol{\theta})$ が閉であることを導くための十分条件として，

「$Q(\boldsymbol{\theta}, \boldsymbol{\Psi})$ が $\boldsymbol{\theta}, \boldsymbol{\Psi}$ の関数として連続である」

を考えておけばよい．この条件は比較的緩いものであり，多くの実際の適用場面では満たされるものと考えてよい．たとえば，正準型指数分布族あるいは曲指数分布族の密度関数は，この条件を満たしている．したがって，EM アルゴリズム

の停留点への収束に関する正則条件としては,この条件だけ満足すればよいので,次の定理の適用範囲は広い.

定理 2. $Q(\boldsymbol{\theta}, \boldsymbol{\Psi})$ が $\boldsymbol{\theta}, \boldsymbol{\Psi}$ の関数として連続であるとする.このとき,$\{\boldsymbol{\theta}^{(k)}\}$ を $\boldsymbol{\theta}^{(k+1)} \in M(\boldsymbol{\theta}^{(k)})$ により生成された EM アルゴリズムにおけるパラメータ系列とすると,すべての系列 $\{\boldsymbol{\theta}^{(k)}\}$ において極限値は尤度 $l(\boldsymbol{\theta}, \boldsymbol{y})$ の停留点となり,$l(\boldsymbol{\theta}^{(k)}, \boldsymbol{y})$ はそのうちのいずれかの停留点 $\boldsymbol{\theta}^*$ で計算される $l^* = l(\boldsymbol{\theta}^*, \boldsymbol{y})$ に単調に収束する.

ここでいう「すべての系列」の意味は,「初期値を任意に選んで構成されたどのような系列についても」という意味である.また,そのような系列群から生成される極限値は 1 つとは限らず複数存在することもある.

EM アルゴリズムでは $Q(\boldsymbol{\theta}, \boldsymbol{\theta}^{(k)})$ に関する最大化によって $l(\boldsymbol{\theta}, \boldsymbol{y})$ の最大化をはかろうとする.ところが,前節の最後で述べたように,一般に,$Q(\boldsymbol{\theta}, \boldsymbol{\theta}^{(k)})$ での大域的最適解から得られる系列の収束値によって $l(\boldsymbol{\theta}, \boldsymbol{y})$ の停留点が与えられるとしても,それが局所最適である保証はなかった.

このことに対応するために次の定理が与えられている.U を $l(\boldsymbol{\theta}, \boldsymbol{y})$ の局所最適解全体の集合として,

定理 3. $Q(\boldsymbol{\theta}, \boldsymbol{\Psi})$ が $\boldsymbol{\theta}, \boldsymbol{\Psi}$ の関数として連続であるとする.このとき,任意の $\boldsymbol{\theta} \in S \backslash U$ について,

$$\sup_{\boldsymbol{\theta}' \in \Theta} Q(\boldsymbol{\theta}'|\boldsymbol{\theta}) > Q(\boldsymbol{\theta}|\boldsymbol{\theta}) \tag{8.9}$$

が成立するものとする.このとき $\{\boldsymbol{\theta}^{(k)}\}$ を $\boldsymbol{\theta}^{(k+1)} \in M(\boldsymbol{\theta}^{(k)})$ により生成された EM アルゴリズムにおけるパラメータ系列とすると,すべての系列 $\{\boldsymbol{\theta}^{(k)}\}$ の極限値は尤度 $l(\boldsymbol{\theta}, \boldsymbol{y})$ の局所最適 (最大) な点となり,$l(\boldsymbol{\theta}^{(k)}, \boldsymbol{y})$ はそのうちのいずれかの局所最適値 $\boldsymbol{\theta}^*$ で計算される $l^* = l(\boldsymbol{\theta}^*, \boldsymbol{y})$ に単調に収束する.

条件 (8.9) 式は停留点が $l(\boldsymbol{\theta}, \boldsymbol{y})$ の鞍点や局所最小になる可能性を排除するために導入された条件であるが,Wu (1983) 自身も指摘しているように,必ずしもこれを検証するのは容易ではない.

Wu (1983) はこれらの結果に関連の深い研究について言及している.この定理 2 の結果は Baum *et al.* (1970) によって得られたものと同じであり,Haberman

(1977) は2つの最頻値をもつ場合について議論している．また，Boyles (1983) はより一般的なモデルについて同様の結果を得ているが，より強い制約条件を必要とする．Little and Rubin (1987) も，観測 $Y = y$ のもとでの条件付分布密度について，微分と積分の交換可能性を条件として，定理2と同様な結果を示している．また，EM アルゴリズムの特性について Amari (1995a, 1995b) は微分幾何学の観点からも議論を行っている．

8.3 EM(GEM) アルゴリズムにおけるパラメータ系列の収束

EM あるいは GEM アルゴリズムでのパラメータ系列 $\{\theta^{(k)}\}$ をもとにした尤度の列 $l(\theta^{(k)}, y)$ がある値 l^* に収束するということは，必ずしも，そのパラメータ系列 $\theta^{(k)}$ がある値に $\theta^{(*)}$ に収束するということを意味しない．Boyles (1983) は2変量正規分布で平均パラメータの極座標表現を用いた例のなかで，ある GEM アルゴリズムによる系列ではそのような状況が起きることを示している．ここでは Wu (1983) の結果のいくつかを紹介するが，パラメータの系列の収束については，尤度系列の収束より，きつい条件が求められることになる．

いま，集合 $S(a), U(a)$ を次のように定義する．

$$S(a) = \{\theta | \theta \in S, \ l(\theta, y) = a\}, \quad U(a) = \{\theta | \theta \in U, \ l(\theta, y) = a\}.$$

S, U は，それぞれ $l(\theta, y)$ の停留点の集合，局所最適解の集合である．

定理1から，定理の条件下で，$l(\theta^{(k)}, y)$ は l^* に収束して，$\{\theta^{(k)}\}$ の極限は $S(l^*)$ あるいは $U(l^*)$ に存在することになる．ここでもし $S(l^*)$ あるいは $U(l^*)$ が単一要素しかもたないならば，$\theta^{(k)} \to \theta^*$ となる．

さらに，正則条件2) を仮定しているので $\{\theta^{(k)}\}$ は有界であり，$\|\theta^{(k+1)} - \theta^{(k)}\| \to 0$ を仮定すると，その極限は連結でコンパクトとなる (Ostrowski (1966, 定理 28.1))．さらに $S(l^*)$ が離散的であれば，これは単一要素であることを意味しているので，$\theta^{(k)} \to \theta^*$ となる．

以上を整理すると，

定理 4. $\{\theta^{(k)}\}$ を GEM アルゴリズムによるあるパラメータ系列とし，定理1の条件 a), b) を満足しているとする．このとき，l^* を $\{l(\theta^{(k)}, y)\}$ の極限の値として，$S(l^*) = \{\theta^*\}$ とすると，$\theta^{(k)} \to \theta^*$ が成立する．

定理 5. $\{\boldsymbol{\theta}^{(k)}\}$ を GEM アルゴリズムによるあるパラメータ系列とし，定理 1 の条件 a), b) を満足しているとする．このとき，$\|\boldsymbol{\theta}^{(k+1)} - \boldsymbol{\theta}^{(k)}\| \to 0 \ (k \to \infty)$ とすると，$\{\boldsymbol{\theta}^{(k)}\}$ のすべての極限は，$l(\boldsymbol{\theta}^{(k)}, \boldsymbol{y})$ の極限の値 l^* によって定義される集合 $S(l^*)$ 内の連結でコンパクトな部分集合内に存在する．特に，$S(l^*)$ が離散的であれば，これは単一要素であることを意味し，$\boldsymbol{\theta}^{(k)} \to \boldsymbol{\theta}^*$ となる．

さらに，GEM アルゴリズムの M ステップにおいて生成される $\boldsymbol{\theta}^{(k+1)}$ が

$$\left.\frac{\partial}{\partial \boldsymbol{\theta}} Q(\boldsymbol{\theta}, \boldsymbol{\theta}^{(k)})\right|_{\boldsymbol{\theta}=\boldsymbol{\theta}^{(k+1)}} = \mathbf{0}$$

を満たすように選択されている場合を考えてみる．加えて，$\frac{\partial}{\partial \boldsymbol{\theta}} Q(\boldsymbol{\theta}, \boldsymbol{\theta}')$ について，パラメータ $\boldsymbol{\theta}, \boldsymbol{\theta}'$ に関する連続性を仮定する．このとき，$\boldsymbol{\theta}^{(k)}$ の極限を $\boldsymbol{\theta}^*$ とすれば，

$$\left.\frac{\partial}{\partial \boldsymbol{\theta}} l(\boldsymbol{\theta}, \boldsymbol{y})\right|_{\boldsymbol{\theta}=\boldsymbol{\theta}^*} = \left.\frac{\partial}{\partial \boldsymbol{\theta}} Q(\boldsymbol{\theta}, \boldsymbol{\theta}^*)\right|_{\boldsymbol{\theta}=\boldsymbol{\theta}^*} = \lim_{k \to \infty} \left.\frac{\partial}{\partial \boldsymbol{\theta}} Q(\boldsymbol{\theta}, \boldsymbol{\theta}^{(k)})\right|_{\boldsymbol{\theta}=\boldsymbol{\theta}^{(k+1)}} = \mathbf{0}$$

が成立するので，この $\boldsymbol{\theta}^*$ が $l(\boldsymbol{\theta}, \boldsymbol{y})$ の停留点であることがわかる．したがって，この場合には定理 1 を利用することなく直接次の定理を得ることができる．

いま，$W(l) = \{\boldsymbol{\theta} | \boldsymbol{\theta} \in \Theta, l(\boldsymbol{\theta}, \boldsymbol{y}) = l\}$ とすると

定理 6. $\boldsymbol{\theta}^{(k+1)}$ が

$$\left.\frac{\partial}{\partial \boldsymbol{\theta}} Q(\boldsymbol{\theta}, \boldsymbol{\theta}^{(k)})\right|_{\boldsymbol{\theta}=\boldsymbol{\theta}^{(k+1)}} = \mathbf{0}$$

を満たすように選択された GEM アルゴリズムによるパラメータ系列を $\{\boldsymbol{\theta}^{(k)}\}$ とする．さらに，$\frac{\partial}{\partial \boldsymbol{\theta}} Q(\boldsymbol{\theta}, \boldsymbol{\theta}')$ について，パラメータ $\boldsymbol{\theta}, \boldsymbol{\theta}'$ に関する連続性を仮定する．このとき，$l(\boldsymbol{\theta}^{(k)}, \boldsymbol{y})$ の極限を l^* として，

a) $W(l^*)$ が単一要素からなる，あるいは

b) $W(l^*)$ が離散的で，$\|\boldsymbol{\theta}^{(k+1)} - \boldsymbol{\theta}^{(k)}\| \to 0 \ (k \to \infty)$

のいずれかが成立するとすると，$\boldsymbol{\theta}^{(k)}$ は $l(\boldsymbol{\theta}^*, \boldsymbol{y}) = l^*$ となるような停留点 $\boldsymbol{\theta}^*$ に収束する．

EM アルゴリズムでは $\left.\frac{\partial}{\partial \boldsymbol{\theta}} Q(\boldsymbol{\theta}, \boldsymbol{\theta}^{(k)})\right|_{\boldsymbol{\theta}=\boldsymbol{\theta}^{(k+1)}} = \mathbf{0}$ であるので，この定理の条件を満足している．したがって，

定理 7. $l(\boldsymbol{\theta}, \boldsymbol{y})$ がパラメータ空間 Θ 上で単峰であり，$\boldsymbol{\theta}^*$ が唯一の停留点であるとする．さらに，$\frac{\partial}{\partial \boldsymbol{\theta}} Q(\boldsymbol{\theta}, \boldsymbol{\theta}')$ について，パラメータ $\boldsymbol{\theta}, \boldsymbol{\theta}'$ に関して連続であると

する．このとき，EMアルゴリズムによるパラメータ系列 $\{\boldsymbol{\theta}^{(k)}\}$ について，$\boldsymbol{\theta}^{(k)}$ は $l(\boldsymbol{\theta}, \boldsymbol{y})$ の唯一の最大点 $\boldsymbol{\theta}^*$ に収束する．

条件の確認という観点からは，定理2と定理7が確認が容易で使いやすいであろう．これらの定理の個別の問題に関する適用については Haberman (1977), Redner and Walker (1984), Turnbull (1976), Turmbull and Mitchell (1984), Vardi et al. (1985) などを参照されたい．

8.4 欠測情報

いま，不完全データを含む観測 $\boldsymbol{y}$ の対数尤度関数の $\boldsymbol{\theta}$ に関する2階微分について，その負を
$$I(\boldsymbol{\theta}, \boldsymbol{y}) = -\frac{\partial^2}{\partial \boldsymbol{\theta} \partial \boldsymbol{\theta}^T} l(\boldsymbol{\theta}, \boldsymbol{y})$$
とすると，フィッシャーの情報行列は
$$J(\boldsymbol{\theta}) = \mathrm{E}\left[I(\boldsymbol{\theta}, \boldsymbol{Y})\right] = \mathrm{E}\left[-\frac{\partial^2}{\partial \boldsymbol{\theta} \partial \boldsymbol{\theta}^T} l(\boldsymbol{\theta}, \boldsymbol{Y})\right] = \mathrm{E}\left[S(\boldsymbol{Y}, \boldsymbol{\theta}) S^T(\boldsymbol{Y}, \boldsymbol{\theta})\right]$$
となる．ここで $S(\boldsymbol{y}, \boldsymbol{\theta})$ はスコア関数 $S(\boldsymbol{y}, \boldsymbol{\theta}) = \frac{\partial}{\partial \boldsymbol{\theta}} l(\boldsymbol{\theta}, \boldsymbol{y})$ である．また，完全観測 $\boldsymbol{x}$ についても同様に
$$I^C(\boldsymbol{\theta}, \boldsymbol{x}) = -\frac{\partial^2}{\partial \boldsymbol{\theta} \partial \boldsymbol{\theta}^T} l^C(\boldsymbol{\theta}, \boldsymbol{x}), \quad J^C(\boldsymbol{\theta}) = \mathrm{E}\left[I^C(\boldsymbol{\theta}, \boldsymbol{X})\right]$$
と定義する．

いま，(8.1) 式から
$$\log f(\boldsymbol{y}|\boldsymbol{\theta}) = \log f^C(\boldsymbol{x}|\boldsymbol{\theta}) - \log f(\boldsymbol{x}|\boldsymbol{y}, \boldsymbol{\theta})$$
が成立している．ただし，$f(\boldsymbol{x}|\boldsymbol{y}, \boldsymbol{\theta}) = \dfrac{f^C(\boldsymbol{x}|\boldsymbol{\theta})}{f(\boldsymbol{y}|\boldsymbol{\theta})}$ である．この式の両辺について，$\boldsymbol{\theta}$ に関する2階微分を考えると，
$$\begin{aligned}
\frac{\partial^2}{\partial \boldsymbol{\theta} \partial \boldsymbol{\theta}^T} \log f(\boldsymbol{y}|\boldsymbol{\theta}) &= \frac{\partial^2}{\partial \boldsymbol{\theta} \partial \boldsymbol{\theta}^T} \log f^C(\boldsymbol{x}|\boldsymbol{\theta}) - \frac{\partial^2}{\partial \boldsymbol{\theta} \partial \boldsymbol{\theta}^T} \log f(\boldsymbol{x}|\boldsymbol{y}, \boldsymbol{\theta}) \\
\left(-\frac{\partial^2}{\partial \boldsymbol{\theta} \partial \boldsymbol{\theta}^T} l(\boldsymbol{\theta}, \boldsymbol{y})\right) &= \left(-\frac{\partial^2}{\partial \boldsymbol{\theta} \partial \boldsymbol{\theta}^T} l^C(\boldsymbol{\theta}, \boldsymbol{x})\right) - \left(-\frac{\partial^2}{\partial \boldsymbol{\theta} \partial \boldsymbol{\theta}^T} \log f(\boldsymbol{x}|\boldsymbol{y}, \boldsymbol{\theta})\right) \\
I(\boldsymbol{\theta}, \boldsymbol{y}) &= I^C(\boldsymbol{\theta}, \boldsymbol{x}) - \left(-\frac{\partial^2}{\partial \boldsymbol{\theta} \partial \boldsymbol{\theta}^T} \log f(\boldsymbol{x}|\boldsymbol{y}, \boldsymbol{\theta})\right)
\end{aligned}$$
となる．さらに，この式の両辺について $\boldsymbol{Y} = \boldsymbol{y}$ が与えられたという条件のもとでの $\boldsymbol{X}$ の条件付分布を用いて期待値を考えると，

$$I(\boldsymbol{\theta}, \boldsymbol{y}) = \mathrm{E}_{\boldsymbol{\theta}}\left[I_{\boldsymbol{\theta}}^{C}(\boldsymbol{X})\Big|\boldsymbol{Y} = \boldsymbol{y}\right] - \mathrm{E}_{\boldsymbol{\theta}}\left[-\frac{\partial^2}{\partial \boldsymbol{\theta} \partial \boldsymbol{\theta}^T}\log f(\boldsymbol{X}|\boldsymbol{y}, \boldsymbol{\theta})\Big|\boldsymbol{Y} = \boldsymbol{y}\right]$$
$$= J^C(\boldsymbol{\theta}, \boldsymbol{y}) - J^M(\boldsymbol{\theta}, \boldsymbol{y}) \tag{8.10}$$

となる.ただし,$J^C(\boldsymbol{\theta}, \boldsymbol{y})$ は $\boldsymbol{Y} = \boldsymbol{y}$ が与えられたという条件のもとでの完全観測に基づく情報についての条件付期待値

$$J^C(\boldsymbol{\theta}, \boldsymbol{y}) = \mathrm{E}_{\boldsymbol{\theta}}\left[I^C(\boldsymbol{\theta}, \boldsymbol{X})\Big|\boldsymbol{Y} = \boldsymbol{y}\right]$$

であり,また,$J^M(\boldsymbol{\theta}, \boldsymbol{y})$ は

$$J^M(\boldsymbol{\theta}, \boldsymbol{y}) = \mathrm{E}_{\boldsymbol{\theta}}\left[-\frac{\partial^2}{\partial \boldsymbol{\theta} \partial \boldsymbol{\theta}^T}\log f(\boldsymbol{X}|\boldsymbol{y}, \boldsymbol{\theta})\Big|\boldsymbol{Y} = \boldsymbol{y}\right]$$

となり,**欠測情報** (missing information) とよばれる.また,(8.2) 式から,(8.10) 式は

$$I(\boldsymbol{\theta}, \boldsymbol{y}) = \left(-\frac{\partial^2}{\partial \boldsymbol{\theta} \partial \boldsymbol{\theta}^T}Q(\boldsymbol{\theta}, \boldsymbol{\theta}'')\Big|_{\boldsymbol{\theta}''=\boldsymbol{\theta}}\right) - \left(-\frac{\partial^2}{\partial \boldsymbol{\theta} \partial \boldsymbol{\theta}^T}H(\boldsymbol{\theta}, \boldsymbol{\theta}'')\Big|_{\boldsymbol{\theta}''=\boldsymbol{\theta}}\right)$$

とも表現できる.ここで,

$$J^C(\boldsymbol{\theta}, \boldsymbol{y}) = -\frac{\partial^2}{\partial \boldsymbol{\theta} \partial \boldsymbol{\theta}^T}Q(\boldsymbol{\theta}, \boldsymbol{\theta}'')\Big|_{\boldsymbol{\theta}''=\boldsymbol{\theta}}, \quad J^M(\boldsymbol{\theta}, \boldsymbol{y}) = -\frac{\partial^2}{\partial \boldsymbol{\theta} \partial \boldsymbol{\theta}^T}H(\boldsymbol{\theta}, \boldsymbol{\theta}'')\Big|_{\boldsymbol{\theta}''=\boldsymbol{\theta}}$$

である.このように,情報に関して,

観測情報 = 完全観測情報 − 欠測情報

なる関係式が成立し,欠測情報 $J^M(\boldsymbol{\theta}, \boldsymbol{y})$ は,完全なデータ $\boldsymbol{x}$ ではなく,不完全なデータ $\boldsymbol{y}$ を観測したために,欠落 (missing) した情報と解釈できる.このような関係は**欠測情報原理** (missing information principle) とよばれている (Orchard and Woodbury (1972), Louis (1982)).

(8.10) 式の両辺について,さらに Y の分布を用いて期待値を考えると,

$$J(\boldsymbol{\theta}) = J^C(\boldsymbol{\theta}) - \mathrm{E}_{\boldsymbol{\theta}}\left[J^M(\boldsymbol{\theta}, \boldsymbol{Y})\right] \tag{8.11}$$

となる.Orchard and Woodbury (1972) ではこれと同様な関係式を導いている.

8.5 標準誤差の評価

8.5.1 標準誤差の評価法

EM アルゴリズムの弱点の 1 つは,パラメータ推定量に関する分散評価値を直接的に得られないことにあった.実際には EM アルゴリズムは観測データに基づ

8.5 標準誤差の評価

く尤度 $l(\boldsymbol{\theta}, \boldsymbol{y})$ を $\boldsymbol{\theta}$ に関して最大化する方法であり，この尤度に関する最尤推定値を求めるための手法である．したがって，最尤推定量の漸近分散を評価するためには EM アルゴリズムによって得られた推定値 $\hat{\boldsymbol{\theta}}$ を用いて，観測情報 $I(\hat{\boldsymbol{\theta}}, \boldsymbol{y})$ を求めればよい．ただ，EM アルゴリズムを利用することの理由の 1 つが $I(\boldsymbol{\theta}, \boldsymbol{y})$ の評価が煩雑な場合があることであった．したがって，何らかの別の手立てで分散の評価を考えることが必要となる．

いま，観測に関するスコア関数を考えると，

$$
\begin{aligned}
S(\boldsymbol{y}, \boldsymbol{\theta}) &= \frac{\partial}{\partial \boldsymbol{\theta}} \log f(\boldsymbol{y}|\boldsymbol{\theta}) = \frac{1}{f(\boldsymbol{y}|\boldsymbol{\theta})} \frac{\partial}{\partial \boldsymbol{\theta}} f(\boldsymbol{y}|\boldsymbol{\theta}) \\
&= \frac{1}{f(\boldsymbol{y}|\boldsymbol{\theta})} \frac{\partial}{\partial \boldsymbol{\theta}} \left(\int_{\Omega(\boldsymbol{y})} f^C(\boldsymbol{x}|\boldsymbol{\theta}) d\boldsymbol{x} \right) = \frac{1}{f(\boldsymbol{y}|\boldsymbol{\theta})} \int_{\Omega(\boldsymbol{y})} \frac{\partial}{\partial \boldsymbol{\theta}} f^C(\boldsymbol{x}|\boldsymbol{\theta}) d\boldsymbol{x} \\
&= \frac{1}{f(\boldsymbol{y}|\boldsymbol{\theta})} \int_{\Omega(\boldsymbol{y})} \left(\frac{\partial}{\partial \boldsymbol{\theta}} \log f^C(\boldsymbol{x}|\boldsymbol{\theta}) \right) f^C(\boldsymbol{x}|\boldsymbol{\theta}) d\boldsymbol{x} \\
&= \int_{\Omega(\boldsymbol{y})} \left(\frac{\partial}{\partial \boldsymbol{\theta}} \log f^C(\boldsymbol{x}|\boldsymbol{\theta}) \right) \frac{f^C(\boldsymbol{x}|\boldsymbol{\theta})}{f(\boldsymbol{y}|\boldsymbol{\theta})} d\boldsymbol{x} \\
&= \mathrm{E}_{\boldsymbol{\theta}} \left[\frac{\partial}{\partial \boldsymbol{\theta}} \log f^C(\boldsymbol{X}|\boldsymbol{\theta}) \bigg| \boldsymbol{Y} = \boldsymbol{y} \right] = \mathrm{E}_{\boldsymbol{\theta}} \left[S^C(\boldsymbol{X}, \boldsymbol{\theta}) \bigg| \boldsymbol{Y} = \boldsymbol{y} \right]
\end{aligned}
$$

が成立する．さらに，

$$
\begin{aligned}
-I(\boldsymbol{\theta}, \boldsymbol{y}) &= \frac{\partial}{\partial \boldsymbol{\theta}} S^T(\boldsymbol{\theta}, \boldsymbol{y}) = \frac{\partial}{\partial \boldsymbol{\theta}} \int_{\Omega(\boldsymbol{y})} \left(\frac{\partial}{\partial \boldsymbol{\theta}^T} \log f^C(\boldsymbol{x}|\boldsymbol{\theta}) \right) \frac{f^C(\boldsymbol{x}|\boldsymbol{\theta})}{f(\boldsymbol{y}|\boldsymbol{\theta})} d\boldsymbol{x} \\
&= \int_{\Omega(\boldsymbol{y})} \frac{\partial}{\partial \boldsymbol{\theta}} \left\{ \left(\frac{\partial}{\partial \boldsymbol{\theta}^T} \log f^C(\boldsymbol{x}|\boldsymbol{\theta}) \right) \frac{f^C(\boldsymbol{x}|\boldsymbol{\theta})}{f(\boldsymbol{y}|\boldsymbol{\theta})} \right\} d\boldsymbol{x} \\
&= \int_{\Omega(\boldsymbol{y})} \bigg\{ \left(\frac{\partial^2}{\partial \boldsymbol{\theta} \partial \boldsymbol{\theta}^T} \log f^C(\boldsymbol{x}|\boldsymbol{\theta}) \right) \frac{f^C(\boldsymbol{x}|\boldsymbol{\theta})}{f(\boldsymbol{y}|\boldsymbol{\theta})} \\
&\qquad + \frac{\partial}{\partial \boldsymbol{\theta}} f^C(\boldsymbol{x}|\boldsymbol{\theta}) \frac{\partial}{\partial \boldsymbol{\theta}^T} \log f^C(\boldsymbol{x}|\boldsymbol{\theta}) \frac{1}{f(\boldsymbol{y}|\boldsymbol{\theta})} \\
&\qquad - \frac{\partial}{\partial \boldsymbol{\theta}} f(\boldsymbol{y}|\boldsymbol{\theta}) \frac{\partial}{\partial \boldsymbol{\theta}^T} \log f^C(\boldsymbol{x}|\boldsymbol{\theta}) \frac{f^C(\boldsymbol{x}|\boldsymbol{\theta})}{f^2(\boldsymbol{y}|\boldsymbol{\theta})} \bigg\} d\boldsymbol{x} \\
&= -\mathrm{E}_{\boldsymbol{\theta}}[I^C(\boldsymbol{\theta}, \boldsymbol{X})|\boldsymbol{Y} = \boldsymbol{y}] \\
&\qquad + \int_{\Omega(\boldsymbol{y})} \left(\frac{\partial}{\partial \boldsymbol{\theta}} \log f^C(\boldsymbol{x}|\boldsymbol{\theta}) \right) \left(\frac{\partial}{\partial \boldsymbol{\theta}^T} \log f^C(\boldsymbol{x}|\boldsymbol{\theta}) \right) \frac{f^C(\boldsymbol{x}|\boldsymbol{\theta})}{f(\boldsymbol{y}|\boldsymbol{\theta})} d\boldsymbol{x} \\
&\qquad - \frac{\partial}{\partial \boldsymbol{\theta}} \log f(\boldsymbol{y}|\boldsymbol{\theta}) \int_{\Omega(\boldsymbol{y})} \frac{\partial}{\partial \boldsymbol{\theta}^T} \log f^C(\boldsymbol{x}|\boldsymbol{\theta}) \frac{f^C(\boldsymbol{x}|\boldsymbol{\theta})}{f(\boldsymbol{y}|\boldsymbol{\theta})} d\boldsymbol{x}
\end{aligned}
$$

$$\begin{aligned}
&= -\mathrm{E}_{\boldsymbol{\theta}}[I^C(\boldsymbol{\theta},\boldsymbol{X})|\boldsymbol{Y}=\boldsymbol{y}]+\mathrm{E}_{\boldsymbol{\theta}}\left[S^C(\boldsymbol{X},\boldsymbol{\theta})\left(S^C(\boldsymbol{X},\boldsymbol{\theta})\right)^T\Big|\boldsymbol{Y}=\boldsymbol{y}\right]\\
&\quad -S(\boldsymbol{y},\boldsymbol{\theta})\mathrm{E}_{\boldsymbol{\theta}}\left[S^C(\boldsymbol{X},\boldsymbol{\theta})^T\Big|\boldsymbol{Y}=\boldsymbol{y}\right]\\
&= -\mathrm{E}_{\boldsymbol{\theta}}[I^C(\boldsymbol{\theta},\boldsymbol{X})|\boldsymbol{Y}=\boldsymbol{y}]+\mathrm{E}_{\boldsymbol{\theta}}\left[S^C(\boldsymbol{X},\boldsymbol{\theta})\left(S^C(\boldsymbol{X},\boldsymbol{\theta})\right)^T\Big|\boldsymbol{Y}=\boldsymbol{y}\right]\\
&\quad -S(\boldsymbol{y},\boldsymbol{\theta})S^T(\boldsymbol{y},\boldsymbol{\theta})
\end{aligned}$$

であることも確認できる．したがって，欠測情報行列 $J^M(\boldsymbol{\theta},\boldsymbol{y})$ について次のように，スコア関数の条件付分布における分散共分散としての表現，

$$\begin{aligned}
J^M(\boldsymbol{\theta},\boldsymbol{y}) &= \mathrm{V}_{\boldsymbol{\theta}}\left(S^C(\boldsymbol{X},\boldsymbol{\theta})\Big|\boldsymbol{y}\right)\\
&= \mathrm{E}_{\boldsymbol{\theta}}\left[S^C(\boldsymbol{X},\boldsymbol{\theta})\left(S^C(\boldsymbol{X},\boldsymbol{\theta})\right)^T\Big|\boldsymbol{Y}=\boldsymbol{y}\right]-S(\boldsymbol{y},\boldsymbol{\theta})S^T(\boldsymbol{y},\boldsymbol{\theta})
\end{aligned}$$

が可能であり，

$$I(\boldsymbol{\theta},\boldsymbol{y})=J^C(\boldsymbol{\theta},\boldsymbol{y})-\mathrm{V}_{\boldsymbol{\theta}}\left(S^C(\boldsymbol{X},\boldsymbol{\theta})\Big|\boldsymbol{y}\right)$$

が成立する (Louis (1982))．

最尤推定値 $\hat{\boldsymbol{\theta}}$ が得られた場合，$S(\boldsymbol{y},\hat{\boldsymbol{\theta}})=\boldsymbol{0}$ であるので，パラメータ推定量に関する分散の推定値は

$$\begin{aligned}
I(\hat{\boldsymbol{\theta}},\boldsymbol{y}) &= J^C(\hat{\boldsymbol{\theta}},\boldsymbol{y})-\mathrm{E}_{\hat{\boldsymbol{\theta}}}\left[S^C(\boldsymbol{X},\hat{\boldsymbol{\theta}})\left(S^C(\boldsymbol{X},\hat{\boldsymbol{\theta}})\right)^T\Big|\boldsymbol{Y}=\boldsymbol{y}\right]\\
&= \mathrm{E}_{\hat{\boldsymbol{\theta}}}\left[-\frac{\partial^2}{\partial\boldsymbol{\theta}\partial\boldsymbol{\theta}^T}\log f^C(\boldsymbol{X}|\boldsymbol{\theta})\Big|_{\boldsymbol{\theta}=\hat{\boldsymbol{\theta}}}\Big|\boldsymbol{Y}=\boldsymbol{y}\right]\\
&\quad -\mathrm{E}_{\hat{\boldsymbol{\theta}}}\left[\frac{\partial}{\partial\boldsymbol{\theta}}\log f^C(\boldsymbol{X}|\boldsymbol{\theta})\Big|_{\boldsymbol{\theta}=\hat{\boldsymbol{\theta}}}\frac{\partial}{\partial\boldsymbol{\theta}^T}\log f^C(\boldsymbol{X}|\boldsymbol{\theta})\Big|_{\boldsymbol{\theta}=\hat{\boldsymbol{\theta}}}\Big|\boldsymbol{Y}=\boldsymbol{y}\right]
\end{aligned}$$

によって計算される．

上式では，完全データの情報行列の $\boldsymbol{Y}=\boldsymbol{y}$ の条件のもとでの条件付期待値 $J^C(\hat{\boldsymbol{\theta}},\boldsymbol{y})$ を計算しなければならないが，完全データの分布密度関数が指数分布族 ((7.1) 式)

$$f(\boldsymbol{x}|\boldsymbol{\theta})=\frac{\exp\{\boldsymbol{q}^T(\boldsymbol{\theta})\boldsymbol{t}(\boldsymbol{x})\}}{a(\boldsymbol{\theta})}h(\boldsymbol{x})$$

の場合，

$$\frac{\partial^2}{\partial\boldsymbol{\theta}\partial\boldsymbol{\theta}^T}\log f(\boldsymbol{x}|\boldsymbol{\theta})=-\frac{\partial^2}{\partial\boldsymbol{\theta}\partial\boldsymbol{\theta}^T}\log a(\boldsymbol{\theta})+\sum_{j=1}^{k}\left(\frac{\partial^2}{\partial\boldsymbol{\theta}\partial\boldsymbol{\theta}^T}q_j(\boldsymbol{\theta})\right)t_j(\boldsymbol{x})$$

となり，
$$J^C(\hat{\boldsymbol{\theta}}, \boldsymbol{y}) = \mathrm{E}_{\hat{\boldsymbol{\theta}}}\left[\left.-\frac{\partial^2}{\partial\boldsymbol{\theta}\partial\boldsymbol{\theta}^T}\log f(\boldsymbol{X}|\boldsymbol{\theta})\right|_{\boldsymbol{\theta}=\hat{\boldsymbol{\theta}}}\right|\boldsymbol{Y}=\boldsymbol{y}\right]$$
での計算では，十分統計量 $\boldsymbol{t}(\boldsymbol{X})$ をその条件付期待値で置き換えることを行うだけでよい．また，特に正準型の指数分布族 ((7.2) 式)
$$f(\boldsymbol{x}|\boldsymbol{\theta}) = \frac{\exp\{\boldsymbol{\theta}^T\boldsymbol{t}(\boldsymbol{x})\}}{a(\boldsymbol{\theta})}h(\boldsymbol{x})$$
では
$$\frac{\partial^2}{\partial\boldsymbol{\theta}\partial\boldsymbol{\theta}^T}\log f(\boldsymbol{x}|\boldsymbol{\theta}) = -\frac{\partial^2}{\partial\boldsymbol{\theta}\partial\boldsymbol{\theta}^T}\log a(\boldsymbol{\theta})$$
となり，対数尤度関数の 2 階微分が観測には依存しなくなるので，条件付期待値をとる操作自身が不要になる．

これらの結果は，最尤推定量の漸近分散に関わる議論であり，分散推定量はあくまで近似である．したがって，対数尤度関数が正規分布のそれに近いほうがその近似の挙動が良好である．このために，Meng and Rubin (1991) はパラメータの変換について考察している．

ここで述べてきた方法は基本的に対数尤度関数に関する微分や，条件付期待値の計算にともなう積分など解析的な処理が求められる．これらの解析的な扱いが困難な場合については，たとえば，対数尤度の 2 階微分を数値解析的に計算する方法 (Meilijson (1989)) や，完全データに基づくパラメータ推定値の分散の計算と EM アルゴリズムの反復計算のみを利用して観測データによる分散推定値の近似をする計算アルゴリズムなどが提案されている (Smith (1977), Meng and Rubin (1991))．特に，この後者のアプローチは追補 EM アルゴリズム (supplemented EM algorithm, SEM) とよばれている．また，条件付分布に従った欠測データの分布からの乱数生成による方法や，ブートストラップ法などのシミュレーションを基礎にする推定方式なども考えられている (Rubin (1987), Tannar (1996), Efron (1994), McLachlan and Krishnan (1997))．

8.5.2 遺伝連鎖の場合 (続き)

6.2 節の遺伝連鎖の例の場合について考えてみる．この場合，完全データの対数尤度については (6.14) 式
$$l^C(\theta, \boldsymbol{x}) = (x_2+x_5)\log\theta + (x_3+x_4)\log(1-\theta)$$
と考えればよかった．したがって，

$$\frac{d}{d\theta}l^C(\theta,\boldsymbol{x}) = S(\boldsymbol{x},\theta) = \frac{x_2+x_5}{\theta} - \frac{x_3+x_4}{1-\theta}$$

$$-\frac{d^2}{d\theta^2}l^C(\theta,\boldsymbol{x}) = \frac{x_2+x_5}{\theta^2} + \frac{x_3+x_4}{(1-\theta)^2}$$

となり,

$$\mathrm{E}_\theta\left[-\frac{d^2}{d\theta^2}l^C(\theta,\boldsymbol{X})\bigg|\boldsymbol{Y}=\boldsymbol{y}\right] = \left(y_1\frac{\theta}{2+\theta}+y_4\right)\frac{1}{\theta^2} + (y_2+y_3)\frac{1}{(1-\theta)^2}$$

$$\mathrm{V}_\theta\left(\frac{d}{d\theta}l^C(\theta,\boldsymbol{X})\bigg|\boldsymbol{y}\right) = \mathrm{V}_\theta\left(\frac{X_2+X_5}{\theta}-\frac{X_3+X_4}{1-\theta}\bigg|\boldsymbol{y}\right)$$

$$= \frac{1}{\theta^2}\mathrm{V}_\theta(X_2|\boldsymbol{y}) = \frac{1}{\theta^2}\left\{y_1\left(\frac{\theta}{2+\theta}\right)\left(1-\frac{\theta}{2+\theta}\right)\right\}$$

を得る.

Rao (1973) のデータでは, 最尤推定値 $\hat{\theta} = 0.6268215$, $(y_1,y_2,y_3,y_4) = (125, 18, 20, 34)$ を代入して,

$$\mathrm{E}_\theta\left[-\frac{d^2}{d\theta^2}l^C(\theta,\boldsymbol{X})\bigg|\boldsymbol{Y}=\boldsymbol{y}\right] = 435.3173,$$

$$\mathrm{V}_\theta\left(\frac{d}{d\theta}l^C(\theta,\boldsymbol{X})\bigg|\boldsymbol{Y}=\boldsymbol{y}\right) = 57.80102$$

を得るので, 観測 $\boldsymbol{y}$ に基づく情報 $I(\theta,\boldsymbol{y})$ は

$$I(\theta,\boldsymbol{y}) = \mathrm{E}_\theta\left[-\frac{d^2}{d\theta^2}l^C(\theta,\boldsymbol{X})\bigg|\boldsymbol{Y}=\boldsymbol{y}\right] - \mathrm{V}_\theta\left(\frac{d}{d\theta}l^C(\theta,\boldsymbol{X})\bigg|\boldsymbol{y}\right)$$

$$= 435.3173 - 57.80102 = 377.5163$$

となり, パラメータ推定量の分散は $(377.5163)^{-1} = 0.002649$ を得る. これは, 6.2 節で, 観測のみから構成した尤度に基づいて計算した観測情報行列 $I(\theta)$ ((6.11)式) から計算した結果と厳密に一致している.

8.6 加 速 法

EM アルゴリズムのもう 1 つの弱点はその収束が遅いことである. それを議論するために, まず EM アルゴリズムに関する収束率について調べてみよう.

EM アルゴリズムでの更新アルゴリズムを

$$\boldsymbol{\theta}^{(k+1)} = M(\boldsymbol{\theta}^{(k)}) \quad k=1,2,\ldots$$

とする. いま, $k \to \infty$ のとき, $\boldsymbol{\theta}^{(k)} \to \boldsymbol{\theta}^*$ となるのであれば,

$$\boldsymbol{\theta}^* = M(\boldsymbol{\theta}^*)$$

が成立する．このとき，$\boldsymbol{\theta}^*$ の近傍では，
$$\boldsymbol{\theta}^{(k+1)} - \boldsymbol{\theta}^* = M(\boldsymbol{\theta}^{(k)}) - M(\boldsymbol{\theta}^*) \approx R(\boldsymbol{\theta}^*)(\boldsymbol{\theta}^{(k)} - \boldsymbol{\theta}^*) \tag{8.12}$$
となる．ただし，ここで，$R(\boldsymbol{\theta}^*)$ は
$$R(\boldsymbol{\theta}^*) = \left.\frac{\partial}{\partial \boldsymbol{\theta}^T} M(\boldsymbol{\theta})\right|_{\boldsymbol{\theta}=\boldsymbol{\theta}^*}$$
である．

$\|\cdot\|$ をパラメータ空間 $\Theta \subset R^d$ のノルムとすると，系列 $\{\boldsymbol{\theta}^{(k)}\}$ の収束率 r は
$$r = \lim_{k \to \infty} \frac{\|\boldsymbol{\theta}^{(k+1)} - \boldsymbol{\theta}^*\|}{\|\boldsymbol{\theta}^{(k)} - \boldsymbol{\theta}^*\|}$$
によって計算される．いま，収束の状況が (8.12) 式であるとき，r は $R(\boldsymbol{\theta}^*)$ の最大固有値となることが知られている．このとき r が大きいことは収束が遅いことを意味するので，Meng (1994) は $s = 1 - r$ を大域的収束速度とよんでいる．この s は，行列
$$S = I_d - R(\boldsymbol{\theta}^*)$$
の最小固有値に等しい．ここで I_d は d 次単位行列である．

EM アルゴリズムでは $Q(\boldsymbol{\theta}, \boldsymbol{\theta}^{(k)})$ を最大化するように $\boldsymbol{\theta}^{(k+1)}$ が計算されるので，
$$\left.\frac{\partial}{\partial \boldsymbol{\theta}} Q(\boldsymbol{\theta}, \boldsymbol{\theta}^{(k)})\right|_{\boldsymbol{\theta}=\boldsymbol{\theta}^{(k+1)}} = \boldsymbol{0}$$
である．このとき，
$$\begin{aligned} S(\boldsymbol{y}, \boldsymbol{\theta}) &= \mathrm{E}_{\boldsymbol{\theta}}\left[S^C(\boldsymbol{X}, \boldsymbol{\theta}) \Big| \boldsymbol{Y} = \boldsymbol{y}\right] \\ &= \mathrm{E}_{\boldsymbol{\theta}}\left[\frac{\partial}{\partial \boldsymbol{\theta}} l^C(\boldsymbol{\theta}, \boldsymbol{X}) \Big| \boldsymbol{Y} = \boldsymbol{y}\right] = \left.\frac{\partial}{\partial \boldsymbol{\theta}} Q(\boldsymbol{\theta}, \boldsymbol{\theta}'')\right|_{\boldsymbol{\theta}''=\boldsymbol{\theta}} \end{aligned}$$
ならびに，
$$J^C(\boldsymbol{\theta}, \boldsymbol{y}) = -\left.\frac{\partial^2}{\partial \boldsymbol{\theta} \partial \boldsymbol{\theta}^T} Q(\boldsymbol{\theta}, \boldsymbol{\theta}'')\right|_{\boldsymbol{\theta}''=\boldsymbol{\theta}}$$
より，
$$\begin{aligned} \boldsymbol{0} &= \left.\frac{\partial}{\partial \boldsymbol{\theta}} Q(\boldsymbol{\theta}, \boldsymbol{\theta}^{(k)})\right|_{\boldsymbol{\theta}=\boldsymbol{\theta}^{(k+1)}} \\ &\approx \left.\frac{\partial}{\partial \boldsymbol{\theta}} Q(\boldsymbol{\theta}, \boldsymbol{\theta}^{(k)})\right|_{\boldsymbol{\theta}=\boldsymbol{\theta}^{(k)}} + \left.\frac{\partial^2}{\partial \boldsymbol{\theta} \partial \boldsymbol{\theta}^T} Q(\boldsymbol{\theta}, \boldsymbol{\theta}^{(k)})\right|_{\boldsymbol{\theta}=\boldsymbol{\theta}^{(k)}} \left(\boldsymbol{\theta}^{(k+1)} - \boldsymbol{\theta}^{(k)}\right) \\ &= S(\boldsymbol{y}, \boldsymbol{\theta}^{(k)}) - J^C(\boldsymbol{\theta}^{(k)}, \boldsymbol{y})\left(\boldsymbol{\theta}^{(k+1)} - \boldsymbol{\theta}^{(k)}\right) \end{aligned}$$
が成立する．このことから，
$$S(\boldsymbol{y}, \boldsymbol{\theta}^{(k)}) \approx J^C(\boldsymbol{\theta}^{(k)}, \boldsymbol{y})\left(\boldsymbol{\theta}^{(k+1)} - \boldsymbol{\theta}^{(k)}\right) \tag{8.13}$$

となる．一方，
$$S(\boldsymbol{y},\boldsymbol{\theta}) \approx S(\boldsymbol{y},\boldsymbol{\theta}^{(k)}) - I(\boldsymbol{\theta}^{(k)},\boldsymbol{y})(\boldsymbol{\theta}-\boldsymbol{\theta}^{(k)})$$
であるので，$\boldsymbol{\theta}=\boldsymbol{\theta}^*$ を代入して，
$$\boldsymbol{\theta}^* \approx \boldsymbol{\theta}^{(k)} + I(\boldsymbol{\theta}^{(k)},\boldsymbol{y})^{-1} S(\boldsymbol{y},\boldsymbol{\theta}^{(k)})$$
を得る．したがって，
$$\begin{aligned}\boldsymbol{\theta}^* - \boldsymbol{\theta}^{(k)} &\approx I(\boldsymbol{\theta}^{(k)},\boldsymbol{y})^{-1} J^C(\boldsymbol{\theta}^{(k)},\boldsymbol{y})\left(\boldsymbol{\theta}^{(k+1)}-\boldsymbol{\theta}^{(k)}\right) \\ &= I(\boldsymbol{\theta}^{(k)},\boldsymbol{y})^{-1} J^C(\boldsymbol{\theta}^{(k)},\boldsymbol{y})\left(\boldsymbol{\theta}^{(k+1)}-\boldsymbol{\theta}^* + \boldsymbol{\theta}^*-\boldsymbol{\theta}^{(k)}\right)\end{aligned}$$
より
$$\begin{aligned}\boldsymbol{\theta}^{(k+1)} - \boldsymbol{\theta}^* &\approx \left\{I_d - \left(J^C(\boldsymbol{\theta}^{(k)},\boldsymbol{y})\right)^{-1} I(\boldsymbol{\theta}^{(k)},\boldsymbol{y})\right\}\left(\boldsymbol{\theta}^{(k)}-\boldsymbol{\theta}^*\right) \\ &\approx \left\{I_d - \left(J^C(\boldsymbol{\theta}^*,\boldsymbol{y})\right)^{-1} I(\boldsymbol{\theta}^*,\boldsymbol{y})\right\}\left(\boldsymbol{\theta}^{(k)}-\boldsymbol{\theta}^*\right)\end{aligned}$$

が成立し，EM アルゴリズムの場合は，(8.12) 式の $R(\boldsymbol{\theta}^*)$ としては，
$$R(\boldsymbol{\theta}^*) = I_d - \left(J^C(\boldsymbol{\theta}^*,\boldsymbol{y})\right)^{-1} I(\boldsymbol{\theta}^*,\boldsymbol{y}) \tag{8.14}$$
を考えればよい．また，欠測情報原理 (8.10) 式
$$I(\boldsymbol{\theta},\boldsymbol{y}) = J^C(\boldsymbol{\theta},\boldsymbol{y}) - J^M(\boldsymbol{\theta},\boldsymbol{y})$$
より，
$$R(\boldsymbol{\theta}^*) = \left(J^C(\boldsymbol{\theta}^*,\boldsymbol{y})\right)^{-1} J^M(\boldsymbol{\theta}^*,\boldsymbol{y})$$
が成立する (Sundberg (1976), Dempster et al. (1977))．この式は，収束率が完全データの情報と欠測情報の比に比例することを示す式として解釈することができる．

EM アルゴリズムの収束については上記の式で評価可能であるが，実際の適用に際して，その遅さが多くの文献で指摘されている．そのいくつかをあげてみると，不完全情報を含む分割表解析では Hartley (1958) や Fienberg (1972) らが，潜在構造分析では Sundberg (1976), Harberman (1977), Nelder (1977) らが分散成分の推定では Thompson (1977) らがその収束の遅さの問題に言及している．また，Horng (1987) は EM アルゴリズムの収束率がこのような場合に 1 となることがあり，これが収束の遅さを招く原因になることを指摘し，正規混合分布の場合のほか，いくつかの例について言及している．

8.6 加 速 法

このような EM アルゴリズムの収束の遅さに対応する処方のなかでも,最も広く利用されている方法が,数値解析の分野でよく用いられる**エイトケンの加速法** (Aitken's acceleration) である.

いま,$\theta^{(k)} \to \theta^*$, $k \to \infty$ とする.各ステップでの値の差に着目すると,

$$\theta^* = \sum_{h=1}^{\infty} \left(\theta^{(h+k)} - \theta^{(h+k-1)} \right) + \theta^{(k)}$$

であるので,

$$\begin{aligned}
\theta^{(h+k)} - \theta^{(h+k-1)} &= M(\theta^{(h+k-1)}) - M(\theta^{(h+k-2)}) \\
&\approx R(\theta^{(h+k-2)}) \left(\theta^{(h+k-1)} - \theta^{(h+k-2)} \right) \\
&\approx R(\theta^{(*)}) \left(\theta^{(h+k-1)} - \theta^{(h+k-2)} \right)
\end{aligned}$$

から

$$\begin{aligned}
\theta^* &\approx \sum_{h=0}^{\infty} R(\theta^*)^h \left(\theta^{(k+1)} - \theta^{(k)} \right) + \theta^{(k)} \\
&= (I_d - R(\theta^*))^{-1} \left(\theta^{(k+1)} - \theta^{(k)} \right) + \theta^{(k)}
\end{aligned}$$

を利用して系列 $\{\theta^{(k)}\}$ の収束を加速する方法である.ここで,$R(\theta^*)$ の固有値が 0 から 1 の範囲にあれば,この等式の行列のベキ級数の収束することが示される.

Louis (1982) は,このエイトケンの加速法を利用して,

$$\theta_A^{(k+1)} = \theta_A^{(k)} + (I_d - R(\theta_A^{(k)}))^{-1} \left(\theta_{EMA}^{(k+1)} - \theta_A^{(k)} \right) \tag{8.15}$$

のように系列 $\{\theta_A^{(k)}\}$ を構成することによって,収束を加速することを提案した.ただし,$\theta_{EMA}^{(k+1)}$ は,$\theta_A^{(k)}$ をもとに通常の EM アルゴリズムの更新手順で求めた次のパラメータ推定値である.この式は,(8.14) 式に着目すると,

$$\theta_A^{(k+1)} = \theta_A^{(k)} + \left(I(\theta_A^{(k)}, y) \right)^{-1} J^C(\theta_A^{(k)}, y) \left(\theta_{EMA}^{(k+1)} - \theta_A^{(k)} \right) \tag{8.16}$$

によって計算することに等しい.

いま,$\theta_{EMA}^{(k+1)}$ が $\theta_A^{(k)}$ をもとに通常の EM アルゴリズムの更新手順で求めた次のパラメータ推定値であることから,

$$\left. \frac{\partial}{\partial \theta} Q(\theta, \theta_A^{(k)}) \right|_{\theta = \theta_{EMA}^{(k+1)}} = \mathbf{0}$$

である.このことから,(8.13) 式より

$$S(y, \theta_A^{(k)}) \approx J^C(\theta_A^{(k)}, y) \left(\theta_{EMA}^{(k+1)} - \theta_A^{(k)} \right)$$

が成立している.ここで (8.16) 式の最後の項に着目すると,

$$\theta_A^{(k+1)} \approx \theta_A^{(k)} + \left(I(\theta_A^{(k)}, y) \right)^{-1} S(y, \theta_A^{(k)})$$

これは本質的に観測 y の尤度をもとにしてニュートン・ラフソン法 ((5.8) 式) を利用していることに等しい．Meilijson (1989), Jamshidian and Jennrich (1993) は，関数 $M(\boldsymbol{\theta})$ を EM アルゴリズムにおけるパラメータ更新式とするとき，この Louis (1982) の提案した加速法 ((8.15) 式) が，方程式

$$\mathbf{0} = M(\boldsymbol{\theta}) - \boldsymbol{\theta}$$

の解法として，ニュートン・ラフソン法を適用することに一致していることを指摘している．この意味で，Louis (1982) のこの手法は最尤推定値の近傍では 2 次収束をしていることがわかる．ただし，この近似は最尤推定値に近い範囲でしか有効ではなく，ある程度の EM アルゴリズムの反復の後に適用すべきであることを Louis (1982) は指摘している．

エイトケンの加速法に関しては Louis (1982) のほかに，Laird *et al.* (1987), Lansky and Casella (1990) らも考察を加えている．また，その他の加速法として，Meilijson (1989), Lindstrom and Bates (1988), Lange (1995), Jamshidian and Jennrich (1997) らは擬似ニュートン法による加速法について議論している．さらに，Jamshidian and Jennrich (1993) らは共役勾配法による加速を提案し，それを AEM (accelerated EM) アルゴリズムとよんでいる．EM アルゴリズムの大域的な収束特性と最尤推定値近傍でのニュートン・ラフソン法あるいは擬似ニュートン法の収束の速さの利点を生かし，これらを組み合わせて用いるハイブリッド法も，Redner and Walker (1984), Heckman and Singer (1984), Atkinson (1992), Jones and McLachlan (1992), Aitkin and Aitkin (1996) らによって議論されている．

9

EM アルゴリズムの拡張と関連手法

9.1 ECM アルゴリズムとその拡張

Dempster *et al.* (1977) が EM アルゴリズムを提案した後,さまざまな EM アルゴリズムの拡張手法が提案されてきた.ここでは,そのなかでも ECM アルゴリズムとよばれる方法とその拡張である ECME アルゴリズムについて簡単に触れておく.

これまでに述べてきたように EM アルゴリズムの最大の利点は,不完全な観測を含むデータであっても,その M ステップでは完全データに基づく対数尤度を基本とする目的関数を最大化すればよいことにあった.多くの場合,それは計算上容易な形の式に帰着される.しかし,完全データにおける最尤推定値の計算が容易でない場合には,EM アルゴリズムでの M ステップの計算も必然的に複雑になり,EM アルゴリズムを利用する利点が生まれない.ただ,このような場合であっても,パラメータあるいはパラメータの関数のいくつかに制約を加えれば,完全データにおける最尤推定値の計算が簡単になることがある.Meng and Rubin (1993) はこのような場合への EM アルゴリズムの適用を考え,期待値計算と制約付最大化による (expectation-conditional maximization, ECM) アルゴリズム (**ECM アルゴリズム**) を提案した.

このアルゴリズムは次のように定式化される.$\boldsymbol{\theta}^{(k)}$ が与えられたとき,M ステップが数段階 (S 段階) に分割される.$\boldsymbol{\theta}^{(k+\frac{s}{S})}$ を CM ステップの s 段階目とすると,この $\boldsymbol{\theta}^{(k+\frac{s}{S})}$ は制約

$$\boldsymbol{g}_s(\boldsymbol{\theta}) = \boldsymbol{g}_s(\boldsymbol{\theta}^{(k+\frac{s}{S})})$$

のもとで,

を最大化するように選択される．ここで，$C = \{g_s(\boldsymbol{\theta}), s = 1, \ldots, S\}$ は S 個の事前に指定した (ベクトル) 関数の集合である．したがって，$\boldsymbol{\theta}^{(k+\frac{s}{S})}$ では任意の $\boldsymbol{\theta} \in \Theta_s(\boldsymbol{\theta}^{(k+\frac{s-1}{S})})$ について

$$Q(\boldsymbol{\theta}^{(k+\frac{s}{S})}, \boldsymbol{\theta}^{(k)}) \geq Q(\boldsymbol{\theta}, \boldsymbol{\theta}^{(k)}) \tag{9.1}$$

が成立することになる．ただし，$\Theta_s(\boldsymbol{\theta}^{(k+\frac{s-1}{S})})$ は

$$\Theta_s(\boldsymbol{\theta}^{(k+\frac{s-1}{S})}) = \{\boldsymbol{\theta} | \boldsymbol{\theta} \in \Theta, \ g_s(\boldsymbol{\theta}) = g_s(\boldsymbol{\theta}^{(k+\frac{s-1}{S})})\}$$

となるようなパラメータ空間 Θ 内の部分空間である．CM ステップでは以上の操作が S 段階ほど繰り返され，CM ステップでの最終段階での $\boldsymbol{\theta}^{(k+\frac{S}{S})}$ が $\boldsymbol{\theta}^{(k+1)}$ としてパラメータの更新値として用いられ，次の EM (ECM) アルゴリズムのステップへ移行することになる．$\Theta_s(\boldsymbol{\theta}^{(k+\frac{s}{S})})$ の定義から $\boldsymbol{\theta}^{(k+\frac{s-1}{S})} \in \Theta_s(\boldsymbol{\theta}^{(k+\frac{s-1}{S})})$ であるので，(9.1) 式より，

$$\begin{aligned}
Q(\boldsymbol{\theta}^{(k+1)}, \boldsymbol{\theta}^{(k)}) &\geq Q(\boldsymbol{\theta}^{(k+\frac{S-1}{S})}, \boldsymbol{\theta}^{(k)}) \\
&\geq Q(\boldsymbol{\theta}^{(k+\frac{S-2}{S})}, \boldsymbol{\theta}^{(k)}) \\
&\geq \vdots \\
&\geq Q(\boldsymbol{\theta}^{(k+\frac{1}{S})}, \boldsymbol{\theta}^{(k)}) \\
&\geq Q(\boldsymbol{\theta}^{(k)}, \boldsymbol{\theta}^{(k)})
\end{aligned}$$

が成立する．このことから，ECM アルゴリズムは GEM アルゴリズムの 1 つであり，8 章の結果が利用可能である．つまり，観測データに基づく対数尤度の単調増加性等の結果が成り立つことになる．ただし，このためには，$g_s(\boldsymbol{\theta}), (s = 1, \ldots, S)$ について，

1) 微分可能であること
2) $g_s(\boldsymbol{\theta})$ の $\boldsymbol{\theta}^{(k)}$ での勾配 $\left.\frac{\partial}{\partial \boldsymbol{\theta}} g_s^T(\boldsymbol{\theta})\right|_{\boldsymbol{\theta}=\boldsymbol{\theta}^{(k)}}$ がフルランクであること
3) 「空間充足 (space filling)」条件: すべての k で，

$$\bigcap_{s=1}^{S} G_s(\boldsymbol{\theta}^{(k)}) = \{\boldsymbol{0}\} \tag{9.2}$$

を満足すること

が求められる．ここで，$G_s(\boldsymbol{\theta}^{(k)})$ は $\left.\frac{\partial}{\partial \boldsymbol{\theta}} g_s^T(\boldsymbol{\theta})\right|_{\boldsymbol{\theta}=\boldsymbol{\theta}^{(k)}}$ の列ベクトルからなる空間で，d_s を $g_s(\boldsymbol{\theta})$ の次元とすると，

$$G_s(\boldsymbol{\theta}^{(k)}) = \left\{ \left(\frac{\partial}{\partial \boldsymbol{\theta}} g_s^T(\boldsymbol{\theta}) \bigg|_{\boldsymbol{\theta}=\boldsymbol{\theta}^{(k)}} \right) \boldsymbol{\eta}, \ \boldsymbol{\eta} \in R^{d_s} \right\}$$

である．この空間充足条件は (9.2) 式の両辺について補集合を考えると，任意の k について，制約空間 $\Theta_s(\boldsymbol{\theta}^{(k+\frac{s}{S})}), (s=1,\ldots,S)$ で定義されるすべての可能な方向の凸包が d 次元ユークリッド空間全体になることを示し，最大化がその一部での最大化でなく，パラメータ空間全体に対するものであることを示している．

ECM アルゴリズムの詳細な議論や例については Meng and Rubin (1993), Meng(1994), Schafer (1995), McLachlan and Krishnan (1997) を参照されたい．

さらに Liu and Rubin (1994) は ECM アルゴリズムを拡張して ECME アルゴリズムを提案した．ECME アルゴリズムは "expectation-conditional maximization either" の省略形である．ここでの "either" の意味は CM ステップの一部で，完全データに基づく対数尤度の条件付期待値 $Q(\boldsymbol{\theta}, \boldsymbol{\theta}^{(k)})$ に関する最大化が，観測データの対数尤度の制約付最大化に置き換えられることを意味している．Liu and Rubin (1994) は ECME アルゴリズムでも ECM や EM アルゴリズムと同様に観測データの対数尤度の単調増加性を保つことを示した．また, Meng and van Dyk (1997) はこの結果について，観測データの対数尤度の最大化の前に，$Q(\boldsymbol{\theta}, \boldsymbol{\theta}^{(k)})$ に基づく最大化を行う必要があることを指摘している．ECME アルゴリズムについては，Liu and Rubin (1994, 1995), Meng and van Dyk (1997) を参照されたい．また，ECM アルゴリズムと同様にパラメータ空間を分割して条件付最大化をはかる方法として，SAGE アルゴリズム (space-alternating generealized EM algorithm) が Fessler and Hero (1994) らによって，ECM とは別の観点から導出されている．さらに，Meng and van Dyk (1997) は ECME アルゴリズムと SAGE アルゴリズムを拡張して，AECM アルゴリズム (alternating ECM algorithm) を提案している．

9.2 その他の拡張

これまでに紹介してきた EM アルゴリズムの拡張では，M ステップでの Q-関数の最大化あるいは系列の収束の加速に関するものを中心に扱っていた．最大化の問題と収束の遅さの問題のほかに，EM アルゴリズムでは条件付期待値の計算の問題もある．つまり，そのような積分計算が容易でなく，陽に計算結果を表現

できないことがある.自然に考えられる1つの方法はその積分計算を数値積分として数値解析的に求めることである.ただし,そのような数値解析での積分の結果は数値として得られる場合が多いために,関数として扱いにくく,その後の処理が煩雑になる.その意味では,Eステップで完全データの対数尤度に関する条件付期待値をモンテカルロ積分として扱うと都合がよいことがある.つまり,EMアルゴリズムのEステップでの $Q(\boldsymbol{\theta},\boldsymbol{\theta}^{(k)})$ の評価については,

$$Q(\boldsymbol{\theta},\boldsymbol{\theta}^{(k)}) = \mathrm{E}_{\boldsymbol{\theta}^{(k)}}\left[\log f^C(\boldsymbol{X}|\boldsymbol{\theta})\Big|\boldsymbol{Y}=\boldsymbol{y}\right]$$
$$= \int_\Xi \log f^C(\boldsymbol{x}|\boldsymbol{\theta}) f(\boldsymbol{z}|\boldsymbol{y},\boldsymbol{\theta}^{(k)}) d\boldsymbol{z}$$

と考えてよい.ここで z は欠測観測であり,Ξ はその標本空間を示す.したがって,この積分の解析的な評価が困難な場合,

1) 分布 $f(\boldsymbol{z}|\boldsymbol{y},\boldsymbol{\theta}^{(k)})$ に従うような乱数 $z_1,\ldots,z_m$ を生成する.
2) この乱数を用いてモンテカルロ積分

$$\hat{Q}(\boldsymbol{\theta},\boldsymbol{\theta}^{(k)}) = \frac{1}{m}\sum_{i=1}^m \log f^C(\boldsymbol{x}_i^*|\boldsymbol{\theta})$$

を計算する.ただし $\boldsymbol{x}_i^*$ は,そのなかの不完全なデータを z_i で置き換えた擬似完全データである.

このことにより,その後のMステップでの最大化については $\hat{Q}(\boldsymbol{\theta},\boldsymbol{\theta}^{(k)})$ を用いることによって,完全データの対数尤度関数の形を利用した計算が可能になる.

このような方法はMCEM (Monte Carlo EM) アルゴリズムとよばれている (Wei and Tanner (1990)).Guo and Thompson (1992) は遺伝モデルの処理のために,Sinha et al. (1994) は生存時間データの解析において,Chan and Ledolter (1995) は計数データの時系列モデルによる分析のために,MCEMアルゴリズムの利用を考えている.

Eステップでの期待値の計算の近似に関する別のアプローチとしては,近似分布の代入 (Laird (1978)) やラプラス展開 (Steele (1996)) などもある.

9.3 データ拡大アルゴリズム

ベイズ推測の目標が,7.3節で述べたような事後分布の最頻値を求めることではなく,その分布自身を求めることにある場合がある.このようなときに有効な方法として Tanner and Wong (1987) らは**データ拡大アルゴリズム** (data augmentation algorithm) を提案した.

いま,議論を簡単にするために,完全データを x とし,観測データを y,欠測データを z と表記し, z が観測されたと想定した場合には $x^T = (y^T, z^T)$ に対応するものと考える.このとき,完全データ x に基づくパラメータ θ の事後分布を $\pi(\theta|x)$ とすると,不完全データを含む観測 y に基づく事後分布は

$$\pi(\theta|y) = \int_\Xi \pi(\theta|x) f(z|y) dz = \int_\Xi \pi(\theta|y, z) f(z|y) dz, \quad (9.3)$$

ただし,

$$f(z|y) = \int f(z|y, \theta) \pi(\theta|y) d\theta \quad (9.4)$$

である.したがって,分布 $f(z|y)$ に従うような乱数 $z_1, \ldots, z_m$ を生成することができると,(9.3) 式のモンテカルロ積分近似,

$$\frac{1}{m} \sum_{i=1}^m \pi(\theta|y, z_i)$$

を得ることができる. $z_1, \ldots, z_m$ については,(9.4) 式から,

1) 分布 $\pi(\theta|y)$ に従う乱数 θ_i を生成
2) 分布 $f(z|y, \theta_i)$ に従う乱数 z_i を生成

という手順を $i = 1, \ldots, m$ について繰り返すことによって生成可能である.

したがって,一般的なデータ拡大アルゴリズムは,第 k 段階で,観測 y に基づくパラメータ θ の事後分布の推定 $\pi^{(k)}(\theta|y)$ を得たとするとき,

代入段階 (imputation step, **I ステップ**): 以下の 2 段階を m 回 ($i = 1, \ldots, m$) 繰り返して,乱数 $z_1, \ldots, z_m$ を得る.

1) $\pi^{(k)}(\theta|y)$ から $\theta_i^{(k)}$ を生成する.
2) $f(z|y, \theta_i^{(k)})$ から z_i を生成する.

事後段階 (posterior step, **P ステップ**): $z_1, \ldots, z_m$ を用いて完全データ x に基づく事後密度の平均を計算し,次ステップの観測 y に基づく事後密度の推定を得る.

$$\pi^{(k+1)}(\theta|y) = \frac{1}{m} \sum_{i=1}^m \pi^{(k)}(\theta|x_i^*) \quad (x_i^* = (y^T, z_i^T)^T)$$

以上の段階を繰り返す方法である (Tanner and Wong (1987)).また,このように,代入ステップで $z_1, \ldots, z_m$ を生成して複数の値を代入することを Rubin (1987) は**多重代入** (multiple imputations) とよんでいる.

これらのステップからデータ拡大法は EM アルゴリズムと非常に類似点が多く,

I ステップが EM アルゴリズムの E ステップに，P ステップが M ステップに対応した類似の計算であることがわかる．

このような繰り返しの操作が困難な場合には，分布 $f(z|y)$ についてラプラス近似を用いて

$$f(z|y) \approx f(z|y, \hat{\theta})$$

を利用することも提案されている．この $\hat{\theta}$ は $\pi(\theta|y)$ の最頻値である．

たとえば，ベイズ推測に関する MCEM アルゴリズムの適用として 7.3 節で述べたような事後分布の最頻値 $\hat{\theta}$ が得られたとする．このとき，非反復手順として，

1) $z_1, \ldots, z_m$ を $f(z|y, \hat{\theta})$ から生成する．
2) 事後分布の近似，

$$\frac{1}{m} \sum_{i=1}^{m} \pi(\theta|y, z_i)$$

を計算する．

という手順が考えられる．この方法は MCEM アルゴリズムの収束後，E ステップの Q 関数のモンテカルロ積分計算の際，完全観測の事後確率 $\pi(\theta|y, z)$ の対数の条件付期待値を計算する代わりに，対数をとらないでそのまま事後確率のモンテカルロ積分を行うことに等しい．この方法は **poor man's data augmentation アルゴリズム 1 (PMDA1)** として知られている (Wei and Tanner (1990))．

また，データ拡大法で $m = 1$ の場合，上記の 2 段階は

1) z^* が与えられたという条件のもとで，θ^* を分布密度 $\pi(\theta|y, z^*)$ から生成する．このとき，

$$\pi(\theta|y) = \int \pi(\theta|y, z) f(z|y) dz$$

に留意する．

2) θ^* が与えられたという条件のもとで，z^* を分布密度 $f(z|y, \theta^*)$ から生成する．このとき，

$$f(z|y) = \int f(z|y, \theta) \pi(\theta|y) d\theta$$

に留意する．

に帰着できる．この方法は**連鎖データ拡大アルゴリズム** (chained data augmentation) とよばれる (Tanner (1996))．

この連鎖データ拡大アルゴリズムは**マルコフ連鎖・モンテカルロ (MCMC) 法**の特殊な場合であり，このアルゴリズムをその手法の 1 つである**ギブス・サンプ**

リング (Gibbs sampling) とみなすこともできる．また，パラメータ空間を分割して最大化をはかる ECM, ECME などの EM アルゴリズムも同様にギブス・サンプリングとの類似点をもち，Liu *et al.* (1994) や Liu (1994) らは MCMC 法とデータ拡大法や EM アルゴリズムとの関連について議論している．データ拡大法や MCMC 法の詳細については，本書第 III 部「マルコフ連鎖モンテカルロ法」を参照されたい．

文　　献

Aitkin, M. and Aitkin, I. (1996). A hybrid EM/Gauss-Newton algorithm for maximum likelihood in mixture distributions. *Statistics and Computing*, **6**, 127–130.

Amari, S. (1995a). The EM algorithm and information geometry in neural network learning. *Neural Computation*, **7**, 13–18.

Amari, S. (1995b). Information geometry of the EM and em algorithms for neural networks. *Neural Networks*, **8**, 1379–1408.

Arslan, O., Constable, P. D. L. and Kent, J. T. (1993). Domains of convergence for the EM algorithm: A cautionary tale in a location estimation problem. *Statistics and Computing*, **3**, 103–108.

Atkinson, S. E. (1992). The performance of standard and hybrid EM algorithms for ML estimates of the normal mixture model with censoring. *Journal of Statistical Computation and Simulation*, **44**, 105–115.

Baum, L. E., Petrie, T., Soules, G. and Weiss, N. (1970). A maximization technique occurring in the statistical analysis of probabilistic functions of Markov chains. *The Annals of Mathematical Statistics*, **41**, 164–171.

Boyles, R. A. (1983). On the convergence of the EM algorithm. *Journal of the Royal Statistical Society*, Series B: *Methodological*, **45**, 47–50.

Chan, K. S. and Ledolter, J. (1995). Monte Carlo EM estimation for time series models involving counts. *Journal of the American Statistical Association*, **90**, 242–252.

Cox, D. R. and Hinkley, D. V. (1974). *Theoretical statistics*. Chapman & Hall, London.

Cramér, H. (1946). *Mathematical methods of statistics*. Princeton University Press, Princeton.

Dempster, A. P., Laird, N. M. and Rubin, D. B. (1977). Maximum likelihood from incomplete data via the EM algorithm. *Journal of the Royal Statistical Society*, Series B: *Methodological*, **39**, 1–37.

Efron, B. (1994). Missing data, imputation, and the bootstrap. *Journal of the American Statistical Association*, **89**, 463–479.

Fessler, J. A. and Hero, A. O. (1994). Space-alternating generalized expectation-maximization algorithm. *IEEE Transactions on Acoustics, Speech, and Signal Processing*, **42**, 2664–2677.

Fienberg, S. E. (1972). The analysis of incomplete multi-way contingency tables. *Biometrics*, **28**, 177–202.

Guo, S. W. and Thompson, E. A. (1992). A Monte Carlo method for combined segregation and linkage analysis. *American Journal of Human Genetics*, **51**, 1111–1126.

Haberman, S. J. (1977). Product models for frequency tables involving indirect observation. *The Annals of Statistics*, **5**, 1124–1147.

Hartley, H. O. (1958). Maximum likelihood estimation from incomplete data. *Biometrics*, **14**, 174–194.

Heckman, J. and Singer, B. (1984). A method for minimizing the impact of distributional assumptions in econometric models for duration data. *Econometrica*, **52**, 271–320.

Horng, S. C. (1987). Examples of sublinear convergence of the EM algorithm. *ASA Proceedings of the Statistical Computing Section*, 266–271.

Jamshidian, M. and Jennrich, R. I. (1993). Conjugate gradient acceleration of the EM algorithm. *Journal of the American Statistical Association*, **88**, 221–228.

Jamshidian, M. and Jennrich, R. I. (1997). Acceleration of the EM algorithm by using quasi-Newton methods. *Journal of the Royal Statistical Society, Series B: Methodological*, **59**, 569–587.

Jørgensen, B. (1984). The delta algorithm and GLIM. *International Statistical Review*, **52**, 283–300.

Jones, P. N. and McLachlan, G. J. (1992). Improving the convergence rate of the EM algorithm for a mixture model fitted to grouped truncated data. *Journal of Statistical Computation and Simulation*, **43**, 31–44.

Laird, N. (1978). Nonparametric maximum likelihood estimation of a mixing distribution. *Journal of the American Statistical Association*, **73**, 805–811.

Laird, N., Lange, N. and Stram, D. (1987). Maximum likelihood computations with repeated measures: Application of the EM algorithm. *Journal of the American Statistical Association*, **82**, 97–105.

Lange, K. (1995). A quasi-Newton acceleration of the EM algorithm. *Statistica Sinica*, **5**, 1–18.

Lansky, D. and Casella, G. (1990). Improving the EM algorithm. In Page, C. and LePage, R. (eds.), *Computing Science and Statistics: Proceedings of the Symposium on the Interface*. Springer-Verlag, New York, pp.420–424.

Lee, E. T and Wang, J. W. (2003). *Statistical Methods for Survival Data Analysis*. Wiley-Interscience, New York.

Lindstrom, M. J. and Bates, D. M. (1988). Newton-Raphson and EM algorithms for linear mixed-effects models for repeated-measures data. *Journal of the American Statistical Association*, **83**, 1014–1022.

Little, R. J. A. and Rubin, D. B. (1987). *Statistical analysis with missing data*. John Wiley & Sons, New York.

Liu, C. and Rubin, D. B. (1994). The ECME algorithm: A simple extension of EM and ECM with faster monotone convergence. *Biometrika*, **81**, 633–648.

Liu, C. and Rubin, D. B. (1995). ML estimation of the t distribution using EM and its extensions, ECM and ECME. *Statistica Sinica*, **5**, 19–39.

Liu, J. S. (1994). The collapsed Gibbs sampler in Bayesian computations with applications to a gene regulation problem. *Journal of the American Statistical Association*, **89**, 958–966.

Liu, J. S., Wong, W. H. and Kong, A. (1994). Covariance structure of the Gibbs sampler with applications to the comparisons of estimators and augmentation schemes. *Biometrika*, **81**, 27–40.

Louis, T. A. (1982). Finding the observed information matrix when using the EM algorithm.

Journal of the Royal Statistical Society, Series B: *Methodological,* **44**, 226–233.

McLachlan, G. J. and Krishnan, T. (1997). *The EM algorithm and extensions.* John Wiley & Sons, New York.

Meilijson, I. (1989). A fast improvement to the EM algorithm on its own terms. *Journal of the Royal Statistical Society,* Series B: *Methodological,* **51**, 127–138.

Meng, X. L. (1994). On the rate of convergence of the ECM algorithm. *The Annals of Statistics,* **22**, 326–339.

Meng, X. L. and Pedlow, S. (1992). EM: A bibliographic review with missing articles. *ASA Proceedings of the Statistical Computing Section.* American Statistical Association, Alexandria, VA, pp.24–27.

Meng, X. L. and Rubin, D. B. (1991). Using EM to obtain asymptotic variance-covariance matrices: The SEM algorithm. *Journal of the American Statistical Association,* **86**, 899–909.

Meng, X. L. and Rubin, D. B. (1993). Maximum likelihood estimation via the ECM algorithm: A general framework. *Biometrika,* **80**, 267–278.

Meng, X. L. and van Dyk, D. (1997). The EM algorithm: An old folk-song sung to a fast new tune. *Journal of the Royal Statistical Society,* Series B: *Methodological,* **59**, 511–567.

Murray, G. D. (1977). Comments on "Maximum likelihood from incomplete data via the EM algorithm". *Journal of the Royal Statistical Society,* Series B: *Methodological,* **39**, 27–28.

Nelder, J. A. (1977). Comments on "Maximum likelihood from incomplete data via the EM algorithm". *Journal of the Royal Statistical Society,* Series B: *Methodological,* **39**, 23–24.

Orchard, T. and Woodbury. M. A. (1972). A mising information principle: theory and applications, In *Proceedings of the 6th Berkeley Symposium on Mathematical Statistics and Probability,* **1**, University of Calfornia Press, Berkeley, pp.697–715.

Ostrowski, A. M. (1966). *Solution of Equations and Systems of Equations,* 2nd edition. Academic Press, New York.

Rai, S. N. and Matthews, D. E. (1993). Improving the EM algorithm. *Biometrics,* **49**, 587–591.

Rao, C. R. (1973). *Linear statistical inference and its applications.* John Wiley & Sons, New York.

Redner, R. A. and Walker, H. F. (1984). Mixture densities, maximum likelihood and the EM algorithm. *SIAM Review,* **26**, 195–202.

Rubin, D. B. (1987). *Multiple imputation for nonresponse in surveys.* John Wiley & Sons, New York.

Schafer, J. L. (1995). *Analysis of Incomplete Multivariate Data.* Chapman & Hall, London.

Silvey, S. D. (1970). *Statistical inference.* Chapman & Hall, London.

Sinha, D., Tanner, M. A. and Hall, W. J. (1994). Maximization of the marginal likelihood of grouped survival data. *Biometrika,* **81**, 53–60.

Smith, C. A. B. (1977). Comments on "Maximum likelihood from incomplete data via the

EM algorithm". *Journal of the Royal Statistical Society,* Series B: *Methodological,* **39**, 24–25.

Steele, B. M. (1996). A modified EM algorithm for estimation in generalized mixed models. *Biometrics,* **52**, 1295–1310.

Sundberg, R. (1976). An iterative method for solution of the likelihood equations for incomplete data from exponential families. *Communications in Statistics,* B: *Simulation and Computation,* **5**, 55–64.

Tanner, M. A. (1993). *Tools for statistical inference: methods for the exploration of posterior distributions and likelihood functions.* Springer-Verlag, New York.

Tanner, M. A. and Wong, W. H. (1987). The calculation of posterior distributions by data augmentation. *Journal of the American Statistical Association,* **82**, 528–550.

Thisted, R. A. (1988). *Elements of Statistical Computing: Numerical Computation.* Chapman & Hall, London.

Thompson, E. A. (1977). Comments on "Maximum likelihood from incomplete data via the EM algorithm". *Journal of the Royal Statistical Society,* Series B: *Methodological,* **39**, 33–34.

Turnbull, B. W. (1976). The empirical distribution function with arbitrarily grouped, censored and truncated data. *Journal of the Royal Statistical Society,* Series B: *Methodological,* **38**, 290–295.

Turnbull, B. W. and Mitchell, T. J. (1984). Nonparametric estimation of the distribution of time to onset for specific diseases in survival/sacrifice experiments. *Biometrics,* **40**, 41–50.

Vardi, Y., Shepp, L. A. and Kaufman, L. (1985). A statistical model for positron emission tomography. *Journal of the American Statistical Association,* **80**, 8–37.

Wei, G. C. G. and Tanner, M. A. (1990). A Monte Carlo implementation of the EM algorithm and the poor man's data augmentation algorithms. *Journal of the American Statistical Association,* **85**, 699–704.

Wu, C. F. J. (1983). On the convergence properties of the EM algorithm. *The Annals of Statistics,* **11**, 95–103.

Zangwill, W. I. (1969). *Nonlinear programming: A unified approach.* Prentice-Hall, Englewood Cliffs.

第III部

マルコフ連鎖モンテカルロ法

　マルコフ連鎖モンテカルロ (Markov chain Monte Carlo, MCMC) 法は，統計学の分野に取り入れられて 1990 年以降に研究が進み，現在ではファイナンスや計量経済学などを含めて多くの実証分析において応用されている．この MCMC 法は，ベイズ統計学を用いた推論を行うために，シミュレーションを用いて関心のあるパラメータについて情報を引き出す方法である．もちろん，ベイズ推論においてシミュレーションによる計算がいつも必要であるわけではない．しかし，データに仮定される確率密度関数が複雑ではなくても，関心のあるパラメータについての事前情報を表す確率密度関数によっては，データとあわせて得られる事後情報を引き出して推論を行うことが，シミュレーションを使わない解析的な方法では難しくなることも多い．最近の実証分析に特徴的なことであるが，パラメータが多くなったり，個人の異質性や時系列データの動学的変動を表現するために多数の潜在変数を導入したりすることがしばしばであり，結果として個別パラメータに関する推論を解析的に行うことが困難になっている．今までは高速で高価な大型計算機でなければ行うことができなかったこのような計算が，MCMC 法が開発されたことにより身近に利用可能なパーソナル・コンピュータによって計算できるようになったのである．

　10 章では，MCMC 法が適用されるベイズ統計学の考え方を説明する．関心のあるパラメータについての事前情報が，データを観測して標本情報が加わることにより，どのように事後情報として修正されていくのかをベイズの定理として説

明する．またベイズ推論においてなぜシミュレーションが必要となるのかをみていく．次に11章では，まずMCMC法のシミュレーションの基礎となるモンテカルロ法やモンテカルロ積分について紹介する．基礎的なモンテカルロ法では互いに独立な確率標本の発生を行うが，その考え方はMCMC法におけるようにマルコフ連鎖から得られる互いに独立ではない確率標本を発生させる場合においても重要である．具体的には棄却サンプリング法とSIR法を中心に説明していく．次に，MCMC法の概略について説明する．MCMC法として最もよく使われている手法であるギブス・サンプラーを紹介した後，より一般的なアルゴリズムであるMHアルゴリズムを説明する．それぞれについていくつかの例を紹介し，それらを比較検討していく．また12章では，実際に計算をする際に必要となるマルコフ連鎖の収束の判定のしかた，MCMC法の効率性の診断方法，そしてプログラミングの誤りを発見する方法について取り上げる．最後に13章では，さまざまなモデルの候補があるときに，モデルを選択する基準の1つであるデータの周辺尤度の計算方法について紹介する．

なお，本文中の計算例は，行列言語の1つであるOx言語 (Doornik (2002)) というソフトウェアを用い，パーソナル・コンピュータで計算している．

10

ベイズ統計学の基礎

10.1 ベイズの定理と事前分布・事後分布

　ベイズの定理としてよく知られているのは，ある事象の起こる確率が，関連する別の事象が起こったことによってどのように変化するかを条件付確率を用いて表現するものである．たとえば明日雨が降るかどうかを知りたいとしよう．特別に明日の天気に関する情報がなければ，明日雨が降る確率は例年の雨天の確率とまず考えるのが自然であろう．しかし，天気予報を見て雨が降るという情報を新たに得ることができれば，事前に考えていた雨天確率を修正して高くするであろう．このことを条件付確率として説明するために，明日雨が降るという事象を A，雨が降るという天気予報の事象を B とし，事象 A の確率を $\Pr(A)$，事象 B の確率を $\Pr(B)$，事象 A と事象 B が同時に起こる確率を $\Pr(A \cap B)$，事象 B が起きたときの事象 A の条件付確率を $\Pr(A|B)$ とおく．すると，天気予報を見た後の雨天確率は

$$\begin{aligned} \Pr(A|B) &= \frac{\Pr(A \cap B)}{\Pr(B)} \\ &= \frac{\Pr(A \cap B)}{\Pr(A \cap B) + \Pr(A^c \cap B)} \\ &= \frac{\Pr(B|A)\Pr(A)}{\Pr(B|A)\Pr(A) + \Pr(B|A^c)\Pr(A^c)} \end{aligned} \quad (10.1)$$

と表現される．ただし，A^c は A が起こらないことを表す補事象で，$\Pr(A^c) = 1 - \Pr(A)$ である．もし例年の雨天確率が 0.2 であり ($\Pr(A) = 0.2$)，雨が実際に降ったときに前日雨が降るという予報が出ている条件付確率が 0.8 ($\Pr(B|A) = 0.8$)，雨が実際に降らなかったときに前日雨が降るという予報が出ている条件付確率が 0.1 ($\Pr(B|A^c) = 0.1$) とすれば，雨が降るという予報が出たときに翌日雨が降る

という条件付確率は
$$\Pr(A|B) = \frac{0.8 \times 0.2}{0.8 \times 0.2 + 0.1 \times 0.8} = 0.667$$
となり，天気予報を見る前の雨天の確率 $\Pr(A) = 0.2$ より高い確率となる．

この例年の雨天の確率のような情報を事象の事前情報といい，その確率 $\Pr(A)$ を事前確率という．また天気予報の情報を標本情報といい，標本情報を受けた後の事象に関する情報を事後情報という．またその事象の条件付確率 $\Pr(A|B)$ を事後確率という．

(10.1) 式は次のように一般化される．事象 A と A^c という2つの事象の代わりに n 個の事象 $A_1, \ldots, A_n$ を考える．ただし，$i \neq j$ のとき $A_i \cap A_j = \phi$ (ϕ は空集合を表す) であり，$A_1 \cup A_2 \cup \cdots \cup A_n = \Omega$ (Ω は全体集合を表す) とする．このとき，

$$\Pr(A_i|B) = \frac{\Pr(B|A_i)\Pr(A_i)}{\sum_{j=1}^{n} \Pr(B|A_j)\Pr(A_j)} \tag{10.2}$$

を得ることができる．(10.2) 式は**ベイズの定理** (Bayes' theorem) としてよく知られている．

この結果は離散的な事象に関する定理であるが，以下のように確率関数や確率密度関数の未知母数 (パラメータ) に関する定理としても表現することができる．まずパラメータを確率変数 θ とし，θ の確率密度関数を $\pi(\theta)$ とする．次に θ が与えられたときの確率変数 X を考えて，その条件付確率密度関数を $f(x|\theta)$ とする．パラメータ θ に関する事前情報は $\pi(\theta)$ として表現され，θ の分布を**事前分布** (prior distribution)，その確率密度関数 $\pi(\theta)$ を**事前確率密度関数** (prior probability density function) という．また標本 X は観測されることにより θ に関する情報を与える標本情報であり，$f(x|\theta)$ を観測された x を固定して θ の関数とみるとき**尤度関数** (likelihood function) という．

このとき確率変数 X と θ の同時分布を $f(x,\theta)$，X が与えられたときの θ の条件付確率密度関数を $\pi(\theta|x)$，X の周辺確率密度関数を $m(x)$ とすれば

$$\begin{aligned} f(x,\theta) &= f(x|\theta)\pi(\theta) = \pi(\theta|x)m(x), \\ m(x) &= \int f(x|\theta)\pi(\theta)d\theta \end{aligned}$$

となるので

10.1 ベイズの定理と事前分布・事後分布

$$\pi(\theta|x) = \frac{f(x,\theta)}{m(x)} = \frac{f(x|\theta)\pi(\theta)}{\int f(x|\theta)\pi(\theta)d\theta} \quad (10.3)$$

を得る．この X が与えられたときの θ の条件付分布を**事後分布** (posterior distribution) といい，その確率密度関数 $\pi(\theta|x)$ を**事後確率密度関数** (posterior probability density function) という．このように事前分布と標本情報が結びつくことによってパラメータに関する事後分布が得られるのである．$m(x)$ は事後確率密度関数の基準化定数または正規化定数 (normalizing constant) とよばれるが，(10.3) 式において基準化定数を省略して

$$\pi(\theta|x) \propto f(x|\theta)\pi(\theta) \quad (10.4)$$

と表現することも多い (ただし $\propto$ は比例関係を表す)．

例 1. ポアソン分布は生起確率の小さな事象の発生回数 X を記述する分布であり，以下のように平均 $\theta\ (>0)$ をパラメータとする確率関数をもち，これを $X|\theta \sim POI(\theta)$ と表記する．

$$f(x|\theta) = \frac{\exp(-\theta)\theta^x}{x!}, \quad x = 0, 1, 2, \ldots. \quad (10.5)$$

一方，θ の事前分布には以下のような確率密度関数をもつガンマ分布を仮定し，$\theta \sim G(\alpha_0, \beta_0)$ と表記する．

$$\begin{aligned}\pi(\theta) &= \frac{\beta_0^{\alpha_0}}{\Gamma(\alpha_0)}\theta^{\alpha_0-1}\exp(-\beta_0\theta) \quad (10.6)\\ &\propto \theta^{\alpha_0-1}\exp(-\beta_0\theta), \quad \theta > 0\end{aligned}$$

ただし，α_0, β_0 は既知の定数で過去の経験など事前情報から定まるものとする．また，Γ はガンマ関数で

$$\Gamma(\alpha_0) = \int_0^\infty t^{\alpha_0-1}\exp(-t)dt$$

である．このとき X が与えられたときの θ の事後分布は

$$\begin{aligned}\pi(\theta|x) &\propto f(x|\theta)\pi(\theta)\\ &\propto \theta^{\alpha_0+x-1}\exp\{-(\beta_0+1)\theta\}, \quad \theta > 0\end{aligned}$$

となるので，

$$\theta|x \sim G(\alpha_1, \beta_1), \quad \alpha_1 = \alpha_0+x, \quad \beta_1 = \beta_0+1$$

と θ の事後分布はガンマ分布になる．

例 2. $X_1, X_2, \ldots, X_n$ が互いに独立に平均 $\mu\ (>0)$ をパラメータとする指数分布

$$f(x_i|\mu) = \frac{1}{\mu}\exp\left(-\frac{x_i}{\mu}\right), \quad \mu>0, \quad i=1,2,\ldots,n \tag{10.7}$$

に従うとする.このとき $\boldsymbol{X} = (X_1, X_2, \ldots, X_n)$ の同時確率密度関数は

$$f(\boldsymbol{x}|\mu) = \mu^{-n}\exp\left(-\frac{\sum_{i=1}^{n} x_i}{\mu}\right)$$

である.ここで μ の事前分布として確率密度関数が以下で与えられる (α_0, β_0) をパラメータとする逆ガンマ分布を仮定する.

$$\pi(\mu) = \frac{\beta_0^{\alpha_0}}{\Gamma(\alpha_0)}\mu^{-(\alpha_0+1)}\exp\left(-\frac{\beta_0}{\mu}\right), \quad \mu>0 \tag{10.8}$$

以下では,これを $\mu \sim IG(\alpha_0, \beta_0)$ と表記する($\mu \sim IG(\alpha_0, \beta_0)$ であるとき,$\mu^{-1} \sim G(\alpha_0, \beta_0)$ である).このとき,μ の事後確率密度関数は

$$\pi(\mu|\boldsymbol{x}) \propto \mu^{-(\alpha_0+n+1)}\exp\left(-\frac{\beta_0 + \sum_{i=1}^{n} x_i}{\mu}\right), \quad \mu>0$$

となるので,μ の事後分布は

$$\mu|\boldsymbol{x} \sim IG(\alpha_1, \beta_1), \quad \alpha_1 = \alpha_0 + n, \quad \beta_1 = \beta_0 + \sum_{i=1}^{n} x_i$$

と逆ガンマ分布になる.

10.2 自然共役事前分布

例 1 ではパラメータ θ の事前分布と事後分布がいずれもガンマ分布であり,例 2 ではパラメータ μ の事前分布と事後分布がいずれも逆ガンマ分布であった.このように事前分布と事後分布が同じ分布族になるような事前分布族を**自然共役 (natural conjugate) 事前分布族**という.共役な事前分布を用いれば,事後分布もよく性質の知られた分布であることが多いため統計的推論を行うことが容易であるという利点がある.

もし例 1 において θ の事前分布がガンマ分布ではなく,その確率密度関数が

$$\pi(\theta) = \frac{1}{\sqrt{2\pi}\sigma_0}\theta^{-1}\exp\left\{-\frac{1}{2\sigma_0^2}(\log\theta - \mu_0)^2\right\}, \quad \theta>0 \tag{10.9}$$

である対数正規分布に従うとすれば(ただし μ_0, σ_0^2 は既知の定数とする),θ の事

後確率密度関数は
$$\pi(\theta|x) \propto \theta^{x-1} \exp\left\{-\theta - \frac{1}{2\sigma_0^2}(\log\theta - \mu_0)^2\right\}, \quad \theta > 0$$
となる．これは対数正規分布の確率密度関数ではないから共役な事前分布ではない．

このように共役ではない事前分布を用いて得られる事後分布は性質のよく知られた分布ではないことが多い．したがってパラメータ θ に関する事後情報を要約するために事後分布の平均や分散を求めるとき，必要となる積分計算を解析的に行うことはできず，数値的に行う必要がでてくる．パラメータの次元が高くない場合には数値積分による計算も実行可能であるが，現実の問題においては次元が 1000 を超えることもしばしばあり，その場合には数値積分によって精度の高い計算結果を得ることは困難になる．後述するマルコフ連鎖モンテカルロ法は，シミュレーションを用いることでこの問題を解決する方法である．

確かに共役事前分布は便利ではあるが，本来どのような事前分布を用いるかは事前情報に即して決められるべきものである．共役事前分布が存在することは必ずしも多くないが，パラメータが複数であるときには一部の分布は条件付で共役になることも多い．

例 3. $X_1, X_2, \ldots, X_n$ が互いに独立に平均 μ，分散 σ^2 の正規分布に従うとする ($X_1, X_2, \ldots, X_n \sim$ i.i.d. $N(\mu, \sigma^2)$ と表記する)．このとき，$\boldsymbol{X} = (X_1, \ldots, X_n)$ の確率密度関数は
$$\begin{aligned}f(\boldsymbol{x}|\mu, \sigma^2) &= \prod_{i=1}^n \frac{1}{\sqrt{2\pi}\sigma} \exp\left\{-\frac{1}{2\sigma^2}(x_i - \mu)^2\right\} \\ &\propto (\sigma^2)^{-\frac{n}{2}} \exp\left\{-\frac{1}{2\sigma^2}\sum_{i=1}^n (x_i - \mu)^2\right\}\end{aligned}$$
である．

(1) 事前分布として $\mu|\sigma^2$ は正規分布 $N(\mu_0, m_0^{-1}\sigma^2)$ (μ_0, m_0 は既知)，σ^2 は逆ガンマ分布 $IG(\alpha_0/2, \beta_0/2)$ (α_0, β_0 は既知) に従うと仮定すると，
$$\begin{aligned}&\pi(\mu, \sigma^2) \\ &= \pi(\mu|\sigma^2)\pi(\sigma^2) \\ &= \frac{\sqrt{m_0}}{\sqrt{2\pi}\sigma}\exp\left\{-\frac{m_0(\mu-\mu_0)^2}{2\sigma^2}\right\} \times \frac{(\beta_0/2)^{\alpha_0/2}}{\Gamma(\alpha_0/2)}(\sigma^2)^{-\left(\frac{\alpha_0}{2}+1\right)}\exp\left(-\frac{\beta_0}{2\sigma^2}\right)\end{aligned}$$

$$\propto (\sigma^2)^{-\left(\frac{\alpha_0+1}{2}+1\right)} \exp\left\{-\frac{m_0(\mu-\mu_0)^2+\beta_0}{2\sigma^2}\right\}$$

となるので，(μ,σ^2) の事後分布は

$$\pi(\mu,\sigma^2|\boldsymbol{x}) \propto (\sigma^2)^{-\left(\frac{\alpha_0+1+n}{2}+1\right)} \exp\left\{-\frac{\sum_{i=1}^{n}(x_i-\mu)^2+m_0(\mu-\mu_0)^2+\beta_0}{2\sigma^2}\right\}$$

$$\propto (\sigma^2)^{-\left(\frac{\alpha_1+1}{2}+1\right)} \exp\left\{-\frac{m_1(\mu-\mu_1)^2+\beta_1}{2\sigma^2}\right\}$$

となる．ただし

$$\alpha_1 = \alpha_0+n, \quad \beta_1 = \beta_0 + \sum_{i=1}^{n}(x_i-\overline{x})^2 + \frac{nm_0(\overline{x}-\mu_0)^2}{n+m_0},$$

$$m_1 = m_0+n, \quad \mu_1 = \frac{m_0\mu_0+n\overline{x}}{m_0+n}, \quad \overline{x} = \frac{1}{n}\sum_{i=1}^{n}x_i$$

とする．したがって，(μ,σ^2) の事前分布は事後分布と同じ分布族になるので，自然共役事前分布である．

(2) 一方，事前分布として μ と σ^2 が独立で μ は正規分布 $N(\mu_0,\sigma_0^2)$，σ^2 は逆ガンマ分布 $IG(\alpha_0/2,\beta_0/2)$ に従うと仮定すると，

$$\pi(\mu,\sigma^2)$$
$$= \pi(\mu)\pi(\sigma^2)$$
$$= \frac{1}{\sqrt{2\pi}\sigma_0}\exp\left\{-\frac{(\mu-\mu_0)^2}{2\sigma_0^2}\right\} \times \frac{(\beta_0/2)^{\alpha_0/2}}{\Gamma(\alpha_0/2)}(\sigma^2)^{-\left(\frac{\alpha_0}{2}+1\right)}\exp\left(-\frac{\beta_0}{2\sigma^2}\right)$$
$$\propto (\sigma^2)^{-\left(\frac{\alpha_0}{2}+1\right)}\exp\left\{-\frac{(\mu-\mu_0)^2}{2\sigma_0^2}-\frac{\beta_0}{2\sigma^2}\right\}$$

となるので，(μ,σ^2) の事後分布は

$$\pi(\mu,\sigma^2|\boldsymbol{x}) = (\sigma^2)^{-\left(\frac{\alpha_0+n}{2}+1\right)}\exp\left\{-\frac{1}{2\sigma^2}\sum_{i=1}^{n}(x_i-\mu)^2-\frac{(\mu-\mu_0)^2}{2\sigma_0^2}-\frac{\beta_0}{2\sigma^2}\right\}$$

であり，(μ,σ^2) の事前分布とは同じ分布族ではない．しかし，μ の条件付事後分布は

$$\pi(\mu|\sigma^2,\boldsymbol{x}) \propto \exp\left\{-\frac{(\mu-\mu_1)^2}{2\sigma_1^2}\right\},$$

$$\sigma_1^2 = (\sigma_0^{-2}+n\sigma^{-2})^{-1}, \quad \mu_1 = \frac{\sigma_0^{-2}\mu_0+n\sigma^{-2}\overline{x}}{\sigma_0^{-2}+n\sigma^{-2}}$$

と $\mu|\sigma^2,\boldsymbol{x} \sim N(\mu_1,\sigma_1^2)$ になり，事前分布と同じ正規分布族になる．また，σ^2 についても条件付事後分布は

$$\pi(\sigma^2|\mu,\boldsymbol{x}) \propto (\sigma^2)^{-(\frac{\alpha_1}{2}+1)}\exp\left(-\frac{\beta_1}{2\sigma^2}\right)$$

$$\alpha_1 = \alpha_0+n, \quad \beta_1 = \beta_0+\sum_{i=1}^{n}(x_i-\mu)^2$$

と $\sigma^2|\mu,\boldsymbol{x} \sim IG(\alpha_1/2,\beta_1/2)$ になり,事前分布と同じく逆ガンマ分布族になる.このように (μ,σ^2) の同時事前分布としては共役事前分布ではないが,条件付分布としては共役であるような事前分布は多い.

10.3 事前情報の少ない場合

事前分布のパラメータは過去のデータなどによる事前情報によって設定するが,事前情報がほとんどない場合にはどうすればよいであろうか.ひとつの表現のしかたは,事前分布の確率密度関数をフラットに近くするということである.もしパラメータの定義域が有界であれば,定義域において一様な分布を想定するということができる.例3の(2)のパラメータ μ のように定義域が有界ではなく,μ の事前分布が正規分布 $N(\mu_0,\sigma_0^2)$ であるような場合には,σ_0^2 の値を100とか1000というように十分大きくとるということである.そうすることで事前情報が事後分布やそれに基づく統計的推論に影響を与えないことになるはずではあるが,念のために σ_0^2 の値をいくつか変えて設定してみて,その結果として事後分布がどのように変化するのか,あるいはしないのかをよく確認する必要がある.

もし $\sigma_0^2 \to \infty$ とすると μ の事前密度は $\pi(\mu) \propto$ 定数となり,積分しても1とならない非正則(improper)な事前分布となってしまうが,事後分布は $N(\bar{x},\sigma^2/n)$ であり,積分して1となる正則(proper)な事後分布である.そこでJeffreys (1961)は $\boldsymbol{\theta}$ に関する**無情報事前分布**(non-informative prior distribution)として,

$$\pi(\boldsymbol{\theta}) \propto |I(\boldsymbol{\theta})|^{1/2}, \quad I(\boldsymbol{\theta}) = -E_{f(x|\boldsymbol{\theta})}\left[\frac{\partial^2 \log f(x|\boldsymbol{\theta})}{\partial\boldsymbol{\theta}\partial\boldsymbol{\theta}'}\right] \quad (10.10)$$

を提案した.ただし $|I(\boldsymbol{\theta})|$ は $I(\boldsymbol{\theta})$ の行列式を,$E_{f(x|\boldsymbol{\theta})}[\cdot]$ は $f(x|\boldsymbol{\theta})$ に関する期待値を表し,$I(\boldsymbol{\theta})$ はフィッシャー情報量(Fisher information)とよばれる.この事前分布はパラメータ $\boldsymbol{\theta}$ の微分可能な1対1変換に関して不変であるという性質がある(たとえばZellner (1971)参照).たとえば $f(x|\mu)$ が平均 μ で分散既知の正規分布の確率密度関数であれば $\pi(\mu) \propto$ 定数となり,$f(x|\sigma^2)$ が平均既知で分散 σ^2 の正規分布の確率密度関数であれば $\pi(\sigma^2) \propto \sigma^{-2}$ となる.応用例において

は，定義域が $(-\infty, \infty)$ であるようなパラメータ θ_1 については
$$\pi(\theta_1) \propto \text{定数}, \quad -\infty < \theta_1 < \infty \tag{10.11}$$
という事前密度が，また定義域が $(0, \infty)$ であるようなパラメータ θ_2 については
$$\pi(\theta_2) \propto \theta_2^{-1}, \quad \theta_2 > 0 \tag{10.12}$$
という事前密度がよく用いられる．Jeffreys (1961) はまた，(θ_1, θ_2) の同時事前密度については $\pi(\theta_1, \theta_2) \propto \theta_2^{-1}$ を用いることを提案している．

$f(x|\mu, \sigma^2)$ が平均 μ で分散 σ^2 の正規分布の確率密度関数であれば，(10.10) 式では $\pi(\mu, \sigma^2) \propto \sigma^{-3}$ となるが，実際には $\pi(\mu, \sigma^2) \propto \sigma^{-2}$ が用いられることが多い．たとえば $X_1, X_2, \ldots, X_n \sim$ i.i.d. $N(\mu, \sigma^2)$ で事前密度として $\pi(\mu, \sigma^2) \propto \sigma^{-3}$ を用いると $\sum_{i=1}^n (x_i - \overline{x})^2 / \sigma^2$ の周辺事後分布は，自由度 n のカイ 2 乗分布になる．しかし，これは平均 μ が未知であることによる自由度 1 の損失を反映した結果ではない点が受け入れにくい．一方，$\pi(\mu, \sigma^2) \propto \sigma^{-2}$ を用いると $\sum_{i=1}^n (x_i - \overline{x})^2 / \sigma^2$ の周辺事後分布は，自由度 $n-1$ のカイ 2 乗分布になる．

例 4. 例 3 の (2) において σ^2 が既知であると仮定すると，事後分布は正規分布で平均が
$$\mu_1 = \frac{\sigma_0^{-2} \mu_0 + n \sigma^{-2} \overline{x}}{\sigma_0^{-2} + n \sigma^{-2}} = w \mu_0 + (1-w) \overline{x}, \quad w = \frac{\sigma_0^{-2}}{\sigma_0^{-2} + n \sigma^{-2}}$$
と，事前平均 μ_0 と標本平均 $\overline{x}$ の加重平均 (w は事前平均への重み) になっていることがわかる．また，分散は
$$\sigma_1^2 = (\sigma_0^{-2} + n \sigma^{-2})^{-1}$$
である．このとき，事前分布の分散を $\sigma_0^2 \to \infty$ とすると $w \to 0$ となり，事前情報の重み w が 0 となるので
$$\mu_1 = \overline{x}, \quad \sigma_1^2 = \frac{\sigma^2}{n}$$
となる．

図 10.1 は，平均 5, 分散 1 の正規分布に従う乱数を 10 個発生させて，事前分布において $\mu_0 = 0$ とし，$\sigma_0^2 = 1, 2, 10, 1000$ と分散を変えてみたときの事後確率密度関数の様子を描いたものである ($\sigma^2 = 1$ は既知と仮定)．μ の事前分布の分散が $\sigma_0^2 = 1$ と小さいときには事前情報の重み w が $w = 0.09$ と比較的残っているので，標本平均 $\overline{x} = 5.13$ に比べて事前平均 $\mu_0 = 0$ に引っ張られている (事後平均は 4.67)．ところが，$\sigma_0^2 = 10, 1000$ と大きくなると，事前平均の重みは

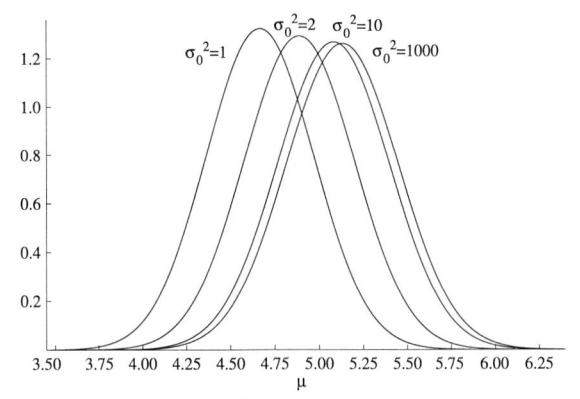

図 10.1　事前分布の分散を $\sigma_0^2 = 1, 2, 10, 1000$ と変えたときの事後分布

$w = 0.01, 0.0001$ と小さくなり，事後分布も事前分布に影響されずに (事後平均はそれぞれ 5.08, 5.13) 変わらなくなってくる．

この例のように非正則な事前分布を用いた場合でも事後分布は正則であることが多い．しかし，事後分布が非正則になることもあるのでその使用には注意が必要である．また無情報事前分布には Jeffreys の提案したものに限らず，参照事前分布 (reference prior distribution) などさまざまなものが存在する (たとえば Bernardo and Smith (1994) を参照).

10.4　ベイズ推論

10.4.1　周辺事後分布・事後平均・信用区間

パラメータが 1 次元である場合には，事後確率密度関数を描くことによってパラメータに関する事後情報を直観的に得ることができる．パラメータが多次元でその同時事後分布が 3 次元以上の場合には，周辺事後分布を用いて事後確率密度関数を描くことになる．具体的には m 個のパラメータ $(\theta_1, \ldots, \theta_m)$ があり，事後確率密度関数を $\pi(\theta_1, \ldots, \theta_m | \boldsymbol{x})$ ($\boldsymbol{x}$ はデータを表す) として，θ_1 の周辺事後確率密度関数は

$$\pi(\theta_1 | \boldsymbol{x}) = \int \cdots \int \pi(\theta_1, \ldots, \theta_m | \boldsymbol{x}) d\theta_2 \cdots d\theta_m$$

として多重積分を求めることになる．このように周辺事後確率密度関数を求めるためには，関心のあるパラメータ以外について多重積分を求める必要がある．し

かし，多重積分を解析的に解くことができない場合も多く，また数値積分による計算も困難である場合が多い．その問題にシミュレーションを用いて答えるのがマルコフ連鎖モンテカルロ法である．

関心のあるパラメータについて事後情報を1つの値として要約する方法としては，事後分布の平均値や標準偏差である事後平均や事後標準偏差が用いられる．たとえば θ_1 の事後平均は

$$E(\theta_1|\boldsymbol{x}) = \int \cdots \int \theta_1 \pi(\theta_1,\ldots,\theta_m|\boldsymbol{x})d\theta_1\cdots d\theta_m$$
$$= \int \theta_1 \pi(\theta_1|\boldsymbol{x})d\theta_1$$

と多重積分を求めることで得られ，事後標準偏差も同様に求めることができる．ただし，$\boldsymbol{\theta}=(\theta_1,\ldots,\theta_m)^T$ として $E(\cdot|\boldsymbol{x})$ は $\boldsymbol{x}$ が与えられたときの $\boldsymbol{\theta}$ に関する期待値を表す．またパラメータの関数 $g(\boldsymbol{\theta})$ に関心がある場合にはその事後平均は

$$E\{g(\boldsymbol{\theta})|\boldsymbol{x}\} = \int \cdots \int g(\boldsymbol{\theta})\pi(\theta_1,\ldots,\theta_m|\boldsymbol{x})d\theta_1\cdots d\theta_m$$

とすればよい．事後情報を1つの値として要約する方法には，事後分布の中央値やパーセント点などのほか，決定理論の枠組みのなかで考える方法もある．

関心のあるパラメータについて，区間を用いて要約する方法もある．たとえば θ_1 が区間 I に含まれる確率が $1-\alpha$ であるような場合，つまり

$$\Pr(\theta_1 \in I|\boldsymbol{x}) = \int_I \pi(\theta_1|\boldsymbol{x})d\theta_1 = 1-\alpha$$

であるとする．ただし $\Pr(\theta_1 \in I|\boldsymbol{x})$ は $\boldsymbol{x}$ が与えられたときに θ_1 が区間 I に入る確率である．このとき，区間 I を $100(1-\alpha)\%$ **信用区間** (credible interval) または**信用領域** (credible region) といい，$1-\alpha$ をその**信用係数**という．複数のパラメータについては領域 R を考えて

$$\Pr(\boldsymbol{\theta} \in R|\boldsymbol{x}) = \int \cdots \int_R \pi(\theta_1,\ldots,\theta_m|\boldsymbol{x})d\theta_1\cdots d\theta_m = 1-\alpha$$

を考えればよい．区間 I のとり方にはさまざまな方法があり，たとえば $I=(a,b)$ とおいて

$$\int_{-\infty}^{a} \pi(\theta_1|\boldsymbol{x})d\theta_1 = \frac{\alpha}{2}, \quad \int_{b}^{\infty} \pi(\theta_1|\boldsymbol{x})d\theta_1 = \frac{\alpha}{2}$$

とすればよい．また，区間内の点が区間外の点よりも高い事後密度をもつような区間を**最高事後密度** (highest posterior density) **区間**という．

10.4.2 仮説検定・予測分布

m 次元パラメータベクトル $\boldsymbol{\theta} = (\theta_1, \ldots, \theta_m)^T$ の空間 Θ が互いに素な空間 $\Theta_1, \Theta_2, \ldots, \Theta_K$ に分けられて $\Theta = \Theta_1 \cup \cdots \cup \Theta_K$ であるとする.このとき仮説 $H_i : \boldsymbol{\theta} \in \Theta_i, i = 1, 2, \ldots, K$ を検定したいとしよう.仮説の事後確率は

$$\Pr(H_i|\boldsymbol{x}) = \Pr(\boldsymbol{\theta} \in \Theta_i|\boldsymbol{x}) = \int \cdots \int_{\Theta_i} \pi(\theta_1, \ldots, \theta_m|\boldsymbol{x}) d\theta_1 \cdots d\theta_m,$$

$i = 1, \ldots, K$, として求めることができ,最も高い事後確率を与える仮説 H_i^* の事後確率が 1 に近ければ仮説 H_i^* を採択し,ほかの仮説を棄却するとすればよい.

また得られたパラメータの事後分布を更新された事前分布と考えて,これから観測される標本についての**予測分布** (predictive distribution) を構成することができる.いま,$\pi(\boldsymbol{\theta}|\boldsymbol{x})$ を $\boldsymbol{x} = (x_1, \ldots, x_n)^T$ が与えられたときの $\boldsymbol{\theta}$ の事後密度確率関数として,$f(x_{n+1}|\boldsymbol{\theta})$ を $\boldsymbol{\theta}$ を所与とする x_{n+1} の確率密度関数であるとすれば,x_{n+1} の**予測確率密度関数** (predictive probability density function) は,まず $\boldsymbol{x}$ を所与としたときの $\boldsymbol{\theta}$ と x_{n+1} の同時分布を求めてその周辺分布を

$$\pi(x_{n+1}|\boldsymbol{x}) = \int f(x_{n+1}|\boldsymbol{\theta})\pi(\boldsymbol{\theta}|\boldsymbol{x})d\boldsymbol{\theta}$$

と求めることにより得ることができる.これにより観測値 $\boldsymbol{x}$ が与えられたときの $\boldsymbol{\theta}$ に関する事後分布の情報を用いて,$\boldsymbol{\theta}$ のばらつきも考慮した予測分布を構成することができる.

10.4.3 モデル選択

同じデータに対してさまざまなモデルを提案することができる場合には,どのモデルが最もよいかというモデル選択の問題が生じる.モデルを選択する基準にはいろいろあるが,ベイズ推論の枠組みのなかでよく用いられるものに**周辺尤度** (marginal likelihood) や**ベイズ・ファクター** (Bayes factor) がある (AIC, BIC, GIC については小西・北川 (2004) を,DIC については補論を参照).以下では,事前分布が積分可能な正則な事前分布であることを仮定する.なお,事前分布が無情報事前分布などを用いることで非正則な場合には,データの周辺分布を定義することができないのでほかのモデル選択の基準を用いることになるが,それらについては詳しくは Kass and Raftery (1995), Berger and Pericchi (1996), Berger and Mortera (1999) などを参照されたい.

まず候補となるモデル M が K 個 $(M = 1, \ldots, K)$ あるとし,そのモデルの事前確

率を $\pi(M=i)$ とおく ($\sum_{i=1}^{K}\pi(M=i)=1$). $\boldsymbol{x}$ を観測値とし，$\boldsymbol{\theta}_i, f(\boldsymbol{x}|\boldsymbol{\theta}_i, M=i), \pi(\boldsymbol{\theta}_i|M=i)$ をそれぞれモデル $M=i$ におけるパラメータベクトル，$\boldsymbol{x}$ の確率密度関数，パラメータの事前確率密度関数とする．するとモデル $M=i$ における $\boldsymbol{x}$ の周辺尤度は

$$m(\boldsymbol{x}|M=i) = \int f(\boldsymbol{x}|\boldsymbol{\theta}_i, M=i)\pi(\boldsymbol{\theta}_i|M=i)d\boldsymbol{\theta}_i$$

である．周辺尤度は，観測される変数のモデルにおける周辺分布を考え，その確率密度関数の値がどれだけ大きいかをみることによって，モデルのもとでの起こりやすさを測るものである．このとき，モデル $M=i$ の $M=j$ に対する**ベイズ・ファクター** B_{ij} は

$$B_{ij} = \frac{m(\boldsymbol{x}|M=i)}{m(\boldsymbol{x}|M=j)} = \frac{\pi(M=i|\boldsymbol{x})/\pi(M=i)}{\pi(M=j|\boldsymbol{x})/\pi(M=j)}$$

と定義され，2つのモデルの周辺尤度の比をみることによって，事後的なモデルの当てはまりの比較を行うために用いられる．

　周辺尤度は，尤度関数だけではなく事前分布の適切さも含めたモデルの尺度である．したがって，その値は事前分布のとり方に影響されて大きく変わる場合があることに注意する必要がある．たとえば事後分布が事前分布のとり方にあまり影響されない場合であっても，事前分布のとり方によっては周辺尤度の値が強く影響される場合もあるためである．特に事前情報の少ないときには，そのことを表す事前分布のとり方に対して周辺尤度の値がどのように変わるか，注意深く確認する必要がある．ほかのモデル選択基準を併用してモデル選択の結果を比較するのもよいであろう．

10.4.4　事後予測分析——モデルの特定化は正しいか

　候補となるモデルが複数ある場合には，どのモデルがよいかを何らかのモデル選択基準によって選べばよいが，モデルが1つしかない場合や，選ばれたモデルがモデルとして適切に特定化されているかを調べるにはどうすればよいであろうか．ひとつの方法は**事後予測分析** (posterior predictive analysis) である．

　事後予測分析では，$\boldsymbol{x}$ の新しいデータに相当する $\boldsymbol{x}^{\mathrm{rep}}$ の予測分布を用いて，モデルの診断を行う．その際，モデルの特定化を検定する数量として $(\boldsymbol{x}^{\mathrm{rep}}, \boldsymbol{\theta})$ の関数 $T(\boldsymbol{x}^{\mathrm{rep}}, \boldsymbol{\theta})$ を考える．もちろん T は $\boldsymbol{x}^{\mathrm{rep}}$ だけの関数 $T(\boldsymbol{x}^{\mathrm{rep}})$ であってもよい．このとき，$T(\boldsymbol{x}, \boldsymbol{\theta})$ の事後予測 p 値を

$$\Pr(T(\boldsymbol{x}^{\text{rep}}, \boldsymbol{\theta}) > T(\boldsymbol{x}, \boldsymbol{\theta})) = \int\int_{T(\boldsymbol{x}^{\text{rep}}, \boldsymbol{\theta}) > T(\boldsymbol{x}, \boldsymbol{\theta})} f(\boldsymbol{x}^{\text{rep}}|\boldsymbol{\theta})\pi(\boldsymbol{\theta}|\boldsymbol{x})d\boldsymbol{\theta}d\boldsymbol{x}^{\text{rep}}$$
$$= E_{f(\boldsymbol{x}^{\text{rep}}|\boldsymbol{\theta})\pi(\boldsymbol{\theta}|\boldsymbol{x})}(I[T(\boldsymbol{x}^{\text{rep}}, \boldsymbol{\theta}) > T(\boldsymbol{x}, \boldsymbol{\theta})])$$

として求める．ただし $E_{f(\boldsymbol{x}^{\text{rep}}|\boldsymbol{\theta})\pi(\boldsymbol{\theta}|\boldsymbol{x})}(\cdot)$ は $f(\boldsymbol{x}^{\text{rep}}|\boldsymbol{\theta})\pi(\boldsymbol{\theta}|\boldsymbol{x})$ に関する期待値であり，$I[T(\boldsymbol{x}^{\text{rep}}, \boldsymbol{\theta}) > T(\boldsymbol{x}, \boldsymbol{\theta})]$ は $T(\boldsymbol{x}^{\text{rep}}, \boldsymbol{\theta}) > T(\boldsymbol{x}, \boldsymbol{\theta})$ のとき 1，それ以外のとき 0 をとる定義関数である．このとき，事後予測 p 値が小さいということは，仮定したモデルで予測を行うと，すでに観測したデータに基づく T の値は起こりにくいことを意味し，したがってモデルの特定化が正しくない可能性を示唆することになる．

T はたとえば $\boldsymbol{x}$ の標本平均，標本分散，標本分位数などのほか，$\boldsymbol{x}$ が時系列であればラグ 1 の標本相関係数などさまざまなとり方が考えられる．モデルの特定化が正しいかどうかを見分けるためには，いくつかの T を用いて判断する必要がある．事後予測分析についてはギブス・サンプラーの節で再び例を用いて説明する (表 11.3 参照)．

10.5 参 考 文 献

ベイズ統計学の入門書としては，日本語で書かれたものでは繁桝 (1985), 鈴木 (1987), 渡部 (1999), 中妻 (2007) があり，英語で書かれたものでは Lee (2004), Gelman et al. (2003), Carlin and Louis (2000) などがある．やや難しいが Bernardo and Smith (1994) や Robert (2001) もよい．

ベイズ統計による計量経済分析の入門書には，和合・大森 (2005), Zellner (1971), Koop (2003), Lancaster (2004), Geweke (2005), Koop et al. (2007) などがあり，その応用には和合 編 (2005), Bauwen et al. (2000) がある．ベイズ計量経済学の発展の概説については和合 (1998) を参照されたい．またマーケティングへの応用については阿部・近藤 (2005) や Rossi et al. (2006)，順序モデルへの応用に Johnson and Albert (1999)，空間統計への応用に Banerjee et al. (2003)，生存解析への応用に Ibrahim et al. (2001)，マルコフ・スイッチング・モデルへの応用に Frühwirth-Schnatter (2006) がある．

10.6 補　論：DIC

DIC (deviance information criterion) は，Spiegelhalter *et al.* (2002) によって提案されたモデル選択のための基準である．DIC は以下に示すように，モデルの当てはまりのよさにモデルの複雑さをペナルティとして考慮する．まず，モデルのパラメータを $\boldsymbol{\theta}$, $\boldsymbol{\theta}$ が与えられたときのデータの確率密度関数を $f(\boldsymbol{x}|\boldsymbol{\theta})$ とおくとき，当てはまりの悪さ $D(\boldsymbol{\theta})$ を，

$$D(\boldsymbol{\theta}) = -2\log f(\boldsymbol{x}|\boldsymbol{\theta}) + 2\log h(\boldsymbol{x})$$

と定義し，これを Bayesian deviance とよぶ．$h(\boldsymbol{x})$ はデータ $\boldsymbol{x}$ の関数であり，$D(\boldsymbol{\theta})$ を基準化するために用いるが，特にその必要がなければ $h(\boldsymbol{x}) = 1$ とおく．モデルの当てはまりがよいほど $\log f(\boldsymbol{x}|\boldsymbol{\theta})$ は大きくなり，したがって $D(\boldsymbol{\theta})$ は小さくなる．一方，モデルの複雑さ p_D を

$$\begin{aligned} p_D &= E_{\pi(\boldsymbol{\theta}|\boldsymbol{x})}\{D(\boldsymbol{\theta})\} - D(\boldsymbol{\theta}^*) \\ &= E_{\pi(\boldsymbol{\theta}|\boldsymbol{x})}\{-2\log f(\boldsymbol{x}|\boldsymbol{\theta})\} + 2\log f(\boldsymbol{x}|\boldsymbol{\theta}^*), \quad \boldsymbol{\theta}^* = E_{\pi(\boldsymbol{\theta}|\boldsymbol{x})}(\boldsymbol{\theta}) \end{aligned}$$

とする．ただし $E_{\pi(\boldsymbol{\theta}|\boldsymbol{x})}(\cdot)$ は，$\pi(\boldsymbol{\theta}|\boldsymbol{x})$ を確率密度関数とする事後分布に関する期待値である．p_D は有効なパラメータ数 (effective number of parameters) とよばれ，$\boldsymbol{\theta}$ の事後平均 $\boldsymbol{\theta}^*$ における当てはまりのよさに比べて，当てはまりのよさの (事後分布に関する) 平均はどれくらい悪くなるかを示す．Spiegelhalter *et al.* (2002) は，平均的な当てはまりの悪さとモデルの複雑さを両方考慮して DIC を

$$\mathrm{DIC} = E_{\pi(\boldsymbol{\theta}|\boldsymbol{x})}\{D(\boldsymbol{\theta})\} + p_D = D(\boldsymbol{\theta}^*) + 2p_D$$

と定義し，DIC の最も小さいモデルがよいモデルであるとしている．

11

マルコフ連鎖モンテカルロ法

　前章で述べたようにベイズ推論においては，パラメータの同時分布が多変量分布であるときに，個々のパラメータに関する周辺分布や事後平均などを求めることになる．その場合には多重積分を解くことが必要になるが，解析的に求めることができない場合が多い．数値積分による近似もまた，多変量になればなるほど難しくなっていく．マルコフ連鎖モンテカルロ法は，この問題をシミュレーションに基づく方法によって解いていく．以下ではまず基礎的なモンテカルロ法について説明し，次にマルコフ連鎖を用いたモンテカルロ法について説明していく (マルコフ連鎖については補論を参照されたい).

11.1　基礎的なモンテカルロ法

　モンテカルロ法はさまざまな確率分布からの乱数を発生する方法である．乱数は確率標本ともいい，確率標本を発生することをサンプリングするともいう．一様乱数や正規乱数など標準的な確率分布に従う乱数の発生は，多くのソフトウェアに組み込み関数として用意されている (たとえば Ripley (1987), Fishman (1996) を参照)．しかし，ベイズ推論における事後分布は必ずしも既知の標準的な確率分布になるとは限らない．そこで，以下では組み込み関数の用意されていない確率分布に従う乱数を，組み込み関数の用意されている確率分布に従う乱数を用いて発生させる方法として，受容–棄却法と SIR 法を紹介する．

11.1.1　受 容–棄 却 法

　まず，最もよく用いられている**受容–棄却** (acceptance–rejection, A–R) 法について説明する (**棄却サンプリング** (rejection sampling) 法ともいう)．いま，密度関数が $\pi(\boldsymbol{x})$ であるような確率分布から乱数 $\boldsymbol{x}$ を発生させたいが，この乱数はソ

フトウェアの組み込み関数としては用意されていないとしよう.このとき正規分布など乱数発生が簡単な確率分布(密度関数を $g(\boldsymbol{x})$ とする)からの乱数を一部棄却しながら利用して,$\pi(\boldsymbol{x})$ からの乱数発生を行うのが受容-棄却法である.以下では簡便のため,$\boldsymbol{x}$ の確率密度関数 $\pi(\boldsymbol{x})$ と同じくその確率分布に π を用いており,その分布からの乱数発生を $\boldsymbol{x} \sim \pi(\boldsymbol{x})$ などと表記する.

この $g(\boldsymbol{x})$ には次のような仮定が必要となる.具体的には,「$\pi(\boldsymbol{x}) > 0$ であるすべての $\boldsymbol{x}$ について図 11.1 のように

$$\pi(\boldsymbol{x}) \leq cg(\boldsymbol{x}), \quad c \text{ は正の定数}$$

が成り立つ」とする.このとき

Step 1. $g(\boldsymbol{x})$ から乱数 $\boldsymbol{x}^*$ を発生させる.

Step 2. (0,1) 区間上の一様乱数 u を発生させる.

Step 3. $u \leq \pi(\boldsymbol{x}^*)/cg(\boldsymbol{x}^*)$ ならば $\boldsymbol{x}^*$ を $\pi(\boldsymbol{x})$ からの確率標本として受容し,そうでなければ棄却して Step 1 へ戻る.

とすると,受容して得られる確率変数 $\boldsymbol{x}^*$ は,$\pi(\boldsymbol{x})$ を確率密度関数とする分布 π からの確率標本となる.なぜならベイズの定理から

$$\begin{aligned} f(\boldsymbol{x}|u \leq \pi(\boldsymbol{x})/cg(\boldsymbol{x})) &= \frac{\Pr(u \leq \pi(\boldsymbol{x})/cg(\boldsymbol{x})|\boldsymbol{x})g(\boldsymbol{x})}{\int \Pr(u \leq \pi(\boldsymbol{x})/cg(\boldsymbol{x})|\boldsymbol{x})g(\boldsymbol{x})d\boldsymbol{x}} \\ &= \frac{\{\pi(\boldsymbol{x})/cg(\boldsymbol{x})\}g(\boldsymbol{x})}{\int \{\pi(\boldsymbol{x})/cg(\boldsymbol{x})\}g(\boldsymbol{x})d\boldsymbol{x}} = \frac{\pi(\boldsymbol{x})}{\int \pi(\boldsymbol{x})d\boldsymbol{x}} = \pi(\boldsymbol{x}) \end{aligned}$$

である.受容-棄却法の長所は,目標となる密度関数 $\pi(\boldsymbol{x})$ の基準化定数がわからなくてもよい点である.実際,ベイズ推論における事後確率密度関数の基準化定数を求めることが難しい場合もあるので,この性質は重要である.基準化定数がわからず $\pi(\boldsymbol{x}) \propto h(\boldsymbol{x})$ であるとすると,$c' = c\int h(\boldsymbol{t})d\boldsymbol{t}$ とおけば「$\pi(\boldsymbol{x}) \leq cg(\boldsymbol{x})$」は「$h(\boldsymbol{x}) \leq c'g(\boldsymbol{x})$」となり「$\pi(\boldsymbol{x}^*)/cg(\boldsymbol{x}^*)$」は「$h(\boldsymbol{x}^*)/c'g(\boldsymbol{x}^*)$」となる.

一方,受容-棄却法の問題点は,$\pi(\boldsymbol{x})$ を上から覆うような $cg(\boldsymbol{x})$ は必ずしも容易に見つけられないということである.また仮にそのような $g(\boldsymbol{x})$ が見つかったとしても,$g(\boldsymbol{x})$ の $\pi(\boldsymbol{x})$ 対する近似がよくなければ Step 3 における受容率が低くなってしまい,効率の悪い乱数発生法になる.特に,分布の裾において条件 $\pi(\boldsymbol{x}) \leq cg(\boldsymbol{x})$ が満たされるかどうかの判定を簡単にするために c の値を大きくしてしまうと,受容率が低くなり効率が悪くなる.

図 11.1 $\pi(x)$ (実線) と $cg(x)$ (点線)

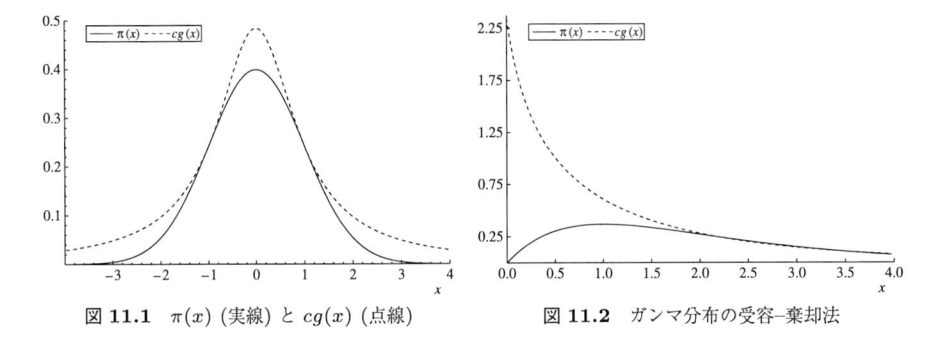

図 11.2 ガンマ分布の受容–棄却法

例 5. 確率変数 X がガンマ分布 $G(2,1)$ に従うとき,自由度 1 のカイ 2 乗分布に従う乱数を用いて受容–棄却法を行うことを考える.X の確率密度関数を $\pi(x)$ とし,自由度 1 のカイ 2 乗分布の確率密度関数を $g(x)$ とすると

$$\pi(x) = x\exp(-x), \quad g(x) = \frac{1}{\sqrt{2\pi}}x^{-\frac{1}{2}}\exp\left(-\frac{x}{2}\right), \quad x > 0$$

であるから

$$\frac{\pi(x)}{g(x)} = \sqrt{2\pi}\cdot x^{\frac{3}{2}}\exp\left(-\frac{x}{2}\right) \leq \sqrt{2\pi}\cdot 3^{\frac{3}{2}}\exp\left(-\frac{3}{2}\right) = c$$

とする.この例の場合,図 11.2 のように 0 付近での近似が悪いため,$n=10000$ 回の発生で受容率は低く約 34% である.

11.1.2 サンプリング/重点リサンプリング法

サンプリング/重点リサンプリング (sampling/importance resampling, SIR) 法は,確率密度関数 $\pi(x)$ からの確率標本を発生させたいときに,まず密度関数 $g(x)$ を用いて確率標本を発生させたあと,密度の近さに応じて再び標本を抽出する近似的なサンプリング方法である (Rubin (1987)).具体的には

Step 1. $g(x)$ を用いて M 個の確率標本 $x_1,\ldots,x_M$ を発生させる.

Step 2. 重み w_j を

$$w_j \propto \pi(x_j)/g(x_j), \quad j=1,2,\ldots,M$$

とする.

Step 3. $(x_1,\ldots,x_M)$ の中から $m\,(<M)$ 個の確率標本 x を復元抽出により確率

$$\Pr(x = x_j) = \frac{w_j}{\sum_{i=1}^{M} w_i}$$

で発生させる.

とする.この方法は一度得られた標本を重み w_j で再抽出するため,重みつきリサンプリング法 (weighted resampling method) ともよばれる. $M/m \to \infty$ のとき

$$\Pr(X \leq x) = \frac{\sum_{\{i:x_i \leq x\}} w_i}{\sum_{i=1}^{M} w_i} = \frac{\frac{1}{M}\sum_{i=1}^{M} \pi(x_i)/g(x_i) I(x_i \leq x)}{\frac{1}{M}\sum_{i=1}^{M} \pi(x_i)/g(x_i)}$$

$$\to \frac{\int_{-\infty}^{x} \{\pi(t)/g(t)\}g(t)dt}{\int \{\pi(t)/g(t)\}g(t)dt} = \frac{\int_{-\infty}^{x} \pi(t)dt}{\int \pi(t)dt} = \int_{-\infty}^{x} \pi(t)dt$$

となるので,最初に抽出する M の値は大きいほどよい.また確率密度関数 $g(x)$ のとり方には特に注意が必要であり, $\pi(x)$ をよく近似する確率密度関数であることが必要である.もし $g(x)$ が $\pi(x)$ と大きく乖離していると, w_j が $\pi(x)$ の確率密度の低いところばかり選択されて SIR 法による近似は非常に悪くなる可能性が高い. m の値の決め方については,Rubin (1987) は一般に $M/m = 20$ 程度に決めるのがよいであろうとしている.また,一般にベクトル $\boldsymbol{x}$ の確率分布についても適用できるが,近似の精度は悪くなると考えられる.

11.1.3 モンテカルロ積分と重点サンプリング法

ベイズ推論においては事後平均や周辺事後確率密度関数を求める際に,多重積分 $H = \int k(\boldsymbol{x})d\boldsymbol{x}$ の計算を行うことがしばしば必要になる.この計算を数値積分によって行う場合には, $\boldsymbol{x}$ がベクトルでその次元が高いと,精度の高い結果を得るために大型計算機が必要となる.これに対してシミュレーションを用いるモンテカルロ積分によって計算を行うと,大型計算機を必要とすることなく精度の高い結果を得ることができる.

まず確率変数 $\boldsymbol{x}$ の密度関数を $\pi(\boldsymbol{x})$ とし,その台が $k(\boldsymbol{x})$ の台を含むとしよう.このとき積分 H を

$$H = \int k(\boldsymbol{x})d\boldsymbol{x} = \int \frac{k(\boldsymbol{x})}{\pi(\boldsymbol{x})}\pi(\boldsymbol{x})d\boldsymbol{x}$$

$$= \int h(\boldsymbol{x})\pi(\boldsymbol{x})d\boldsymbol{x} = E_\pi[h(\boldsymbol{x})], \quad h(\boldsymbol{x}) = \frac{k(\boldsymbol{x})}{\pi(\boldsymbol{x})}$$

と書き換える.ただし E_π は $\pi(\boldsymbol{x})$ に関する期待値である.このとき $\boldsymbol{x}_1,\ldots,\boldsymbol{x}_n$ を,$\pi(\boldsymbol{x})$ を確率密度関数とする分布からの独立標本であるとすると,大数の法則により $n \to \infty$ のとき

$$\hat{H} = \frac{1}{n}\sum_{i=1}^{n} h(\boldsymbol{x}_i) \to H$$

と確率 1 で収束するので,$\hat{H}$ によって多重積分 H を推定することができる.

$\pi(\boldsymbol{x})$ からの標本発生が難しい場合には,乱数発生のしやすい近似分布 $g(\boldsymbol{x})$ を用いてモンテカルロ積分と同様な操作で重みつきサンプリングを以下のように行う.まず

$$\begin{aligned}E_\pi(h(\boldsymbol{x})) &= \int h(\boldsymbol{x})\pi(\boldsymbol{x})d\boldsymbol{x} \\ &= \int \left(\frac{\pi(\boldsymbol{x})}{g(\boldsymbol{x})}h(\boldsymbol{x})\right)g(\boldsymbol{x})d\boldsymbol{x} = E_g\left[\frac{\pi(\boldsymbol{x})}{g(\boldsymbol{x})}h(\boldsymbol{x})\right]\end{aligned}$$

と書き換える.ただし E_g は $g(\boldsymbol{x})$ に関する期待値である.次に $\boldsymbol{x}_1,\ldots,\boldsymbol{x}_n$ を $g(\boldsymbol{x})$ を確率密度関数とする分布からの独立標本として

$$\hat{E}_\pi(h(\boldsymbol{x})) = \frac{1}{n}\sum_{i=1}^{n}\frac{\pi(\boldsymbol{x}_i)}{g(\boldsymbol{x}_i)}h(\boldsymbol{x}_i)$$

として求めればよい.このような重みつきサンプリングの方法を**重点サンプリング** (importance sampling) **法**という.

この重点サンプリングの考え方を用いて,確率変数 (x,y) の同時確率密度関数を $\pi(x,y)$,x の周辺確率密度関数を $\pi(x)$ としたとき

- y の周辺確率密度関数 $p(y)$ を求める
- y の確率標本を発生する

という問題を考えよう.以下では x が与えられたときの y の条件付分布 (確率密度関数は $\pi(y|x)$) からの乱数発生は簡単にできるとする.まず,x の確率標本も簡単に発生することができる場合を考える.このとき

$$p(y) = \int \pi(x,y)dx = \int \pi(y|x)\pi(x)dx$$

であるから,

    Step 1. 独立な n 個の確率標本 $x_1,\ldots,x_n$ を発生させる.
    Step 2. $\hat{p}(y) = (1/n)\sum_{i=1}^{n}\pi(y|x_i)$ を計算する.

とすれば, $p(y)$ を推定することができる. また y の確率標本を得るためには Step 2 の代わりに

　　Step 2′. y_i を $\pi(y|x_i)$ を確率密度関数とする分布から発生する.
とすればよい.

次に $\pi(x)$ から確率標本を発生させることが難しい場合について考える. 重点サンプリングにおけるように, $\pi(x)$ をよく近似しかつ標本を発生させやすい分布 (確率密度関数は $g(x)$, g の台は π の台を含むとする) を用いて

　　Step 1. 独立な n 個の確率標本 $x_1,\ldots,x_n$ を $g(x)$ を確率密度関数とする分布から発生する.
　　Step 2.
$$\hat{p}(y) = \frac{\sum_{i=1}^{n} w_i \pi(y|x_i)}{\sum_{i=1}^{n} w_i}, \quad w_i = \frac{\pi(x_i)}{g(x_i)}$$
　　を計算する.

とすればよい. $\hat{p}(y)$ は確率 1 で $p(y)$ に収束し, その標準誤差は
$$\sqrt{\sum_{i=1}^{n} w_i^2 (\pi(y|x_i) - \hat{p}(y))^2} \left(\sum_{i=1}^{n} w_i\right)^{-1}$$
のように数値的に求めることができる (Geweke (1989)). また $p(y)$ からの乱数を発生させるには Step 2 の代わりに

　　Step 2a. x_i が与えられたとき, $\pi(y|x_i)$ を確率密度関数とする分布から y_i を発生させる $(i = 1,\ldots,M)$.
　　Step 2b. $(y_1,\ldots,y_M)$ に確率 $(w_1/\sum_i w_i,\ldots,w_M/\sum_i w_i)$ を与えて乱数を発生させる.

とすればよい. この方法は重みつきブーストラップともよばれ, M が大きくなるに従って近似がよくなることが証明されている (Smith and Gelfand (1992)). 前述した Rubin (1987) の SIR 法はこの方法がもとになっている.

11.2　ギブス・サンプラー

マルコフ連鎖は正則条件のもとで, 反復することによって確率標本の分布が不変分布 $\pi(\boldsymbol{x})$ に収束するという性質がある. この不変分布がわれわれの関心であ

る事後分布であり,不変分布としての事後分布からの確率標本を得るのが**マルコフ連鎖モンテカルロ法**である.マルコフ連鎖モンテカルロ法の基本的なアルゴリズムはメトロポリス–ヘイスティングス・アルゴリズムであるが,以下ではまずその特別な場合としてよく知られているギブス・サンプラーを説明し,次にメトロポリス–ヘイスティングス・アルゴリズムを説明する.

マルコフ連鎖モンテカルロ法のなかで最もよく知られている方法が,**ギブス・サンプラー** (Gibbs sampler) である.ギブス・サンプラーの考え方は古くからあり,1970 年代以降,統計物理学・空間統計学・画像分析などの分野でそれぞれ独立に発見されているが,特に Geman and Geman (1984) が離散分布のギブス分布への応用として紹介したので,ギブス・サンプラーと名づけられている.その後,Gelfand and Smith (1990) がギブス・サンプラーを学術雑誌 *Journal of the American Statistical Association* のなかで事後分布一般への応用に用いたため,急速に統計学の分野で広まるようになった.したがって現在ではギブス・サンプラーという言葉は名前としては必ずしも適切ではないのだが,現在でも通称としてギブス・サンプラーという名前が広く一般的に用いられている.

11.2.1 ギブス・サンプラーのアルゴリズム

パラメータを $\boldsymbol{\theta} = (\boldsymbol{\theta}_1, \ldots, \boldsymbol{\theta}_p)$,観測データを $\boldsymbol{y}$,パラメータの事後分布を $\pi(\boldsymbol{\theta}|\boldsymbol{y})$ とする.この $\boldsymbol{\theta}$ の要素 $\boldsymbol{\theta}_i$ はスカラーでもベクトルでもよい.周辺事後分布や事後平均などを求めることが難しい場合に,次のように反復的に $\boldsymbol{\theta}$ を発生させることにより,事後分布からの標本を得るのがギブス・サンプラーである(以下では π は表記の便宜上,確率分布と確率密度関数の両方を表すとする).

ここではサンプリングの順序が固定されている systematic scan を説明するが,順序をランダムに行う random scan とよばれるものもある.

Step 1. まず初期値として $\boldsymbol{\theta}^{(0)} = (\boldsymbol{\theta}_1^{(0)}, \boldsymbol{\theta}_2^{(0)}, \ldots, \boldsymbol{\theta}_p^{(0)})$ を適当な分布から発生させる.

Step 2. $\boldsymbol{\theta}^{(i)} = (\boldsymbol{\theta}_1^{(i)}, \boldsymbol{\theta}_2^{(i)}, \ldots, \boldsymbol{\theta}_p^{(i)})$ $(i \geq 0)$ が得られたら

Step 2a. $\boldsymbol{\theta}_1^{(i+1)}$ を $\pi(\boldsymbol{\theta}_1|\boldsymbol{\theta}_2^{(i)}, \ldots, \boldsymbol{\theta}_p^{(i)}, \boldsymbol{y})$ から発生させる.

Step 2b. $\boldsymbol{\theta}_2^{(i+1)}$ を $\pi(\boldsymbol{\theta}_2|\boldsymbol{\theta}_1^{(i+1)}, \boldsymbol{\theta}_3^{(i)}, \ldots, \boldsymbol{\theta}_p^{(i)}, \boldsymbol{y})$ から発生させる.

Step 2c. $\boldsymbol{\theta}_3^{(i+1)}$ を $\pi(\boldsymbol{\theta}_3|\boldsymbol{\theta}_1^{(i+1)}, \boldsymbol{\theta}_2^{(i+1)}, \boldsymbol{\theta}_4^{(i)}, \ldots, \boldsymbol{\theta}_p^{(i)}, \boldsymbol{y})$ から発生させる.

同様に $\boldsymbol{\theta}_4^{(i+1)}, \ldots, \boldsymbol{\theta}_p^{(i+1)}$ を順次発生させていく.$\boldsymbol{\theta}^{(i+1)} = (\boldsymbol{\theta}_1^{(i+1)},$

$\boldsymbol{\theta}_2^{(i+1)}, \ldots, \boldsymbol{\theta}_p^{(i+1)}$) を得たら, i を $i+1$ として Step 2 に戻り繰り返す.
このとき得られる $\boldsymbol{\theta}$ の系列 $\boldsymbol{\theta}^{(0)}, \boldsymbol{\theta}^{(1)}, \boldsymbol{\theta}^{(2)}, \ldots$ は

$K(\boldsymbol{\theta}^{(i)}, \boldsymbol{\theta}^{(i+1)}|\boldsymbol{y})$
$= \pi(\boldsymbol{\theta}_1^{(i+1)}|\boldsymbol{\theta}_2^{(i)}, \ldots, \boldsymbol{\theta}_p^{(i)}, \boldsymbol{y}) \prod_{j=2}^{p-1} \pi(\boldsymbol{\theta}_j^{(i+1)}|\boldsymbol{\theta}_1^{(i+1)}, \ldots, \boldsymbol{\theta}_{j-1}^{(i+1)}, \boldsymbol{\theta}_{j+1}^{(i)}, \ldots, \boldsymbol{\theta}_p^{(i)}, \boldsymbol{y})$
$\times \pi(\boldsymbol{\theta}_p^{(i+1)}|\boldsymbol{\theta}_1^{(i+1)}, \ldots, \boldsymbol{\theta}_{p-1}^{(i+1)}, \boldsymbol{y})$

を推移核とするマルコフ連鎖であり, $\boldsymbol{\theta}^{(n)}$ の分布は $n \to \infty$ のときに $\pi(\boldsymbol{\theta}|\boldsymbol{y})$ を確率密度関数とする $\boldsymbol{\theta}$ の事後分布に収束する. ギブス・サンプラーによるマルコフ連鎖の収束の条件は, 応用例の多くの場合においては満たされているが, たとえば Chan (1993) や Roberts and Smith (1994) を参照されたい.

ギブス・サンプラーを用いて事後分布からの確率標本を得るには

Step 1. 初期値 $\boldsymbol{\theta}^{(0)}$ からギブス・サンプラーを実行する.

Step 2. N を十分大きくとり, 最初の N 個を初期値に依存する期間 (burn-in period, 稼動検査期間) として棄てる.

Step 3. $\boldsymbol{\theta}^{(i)}$ ($i=N+1, \ldots, N+m$) を事後分布からの確率標本とする.

という単一連鎖 (single chain) による方法と

Step 1. m 個の初期値 $\boldsymbol{\theta}^{(0,j)}$ ($j=1,2,\ldots,m$) からそれぞれギブス・サンプラーを実行する.

Step 2. m 個それぞれのギブス・サンプラーにおいて N を十分大きくとり, 最初の N 個を稼動検査期間として棄てる.

Step 3. 第 j 番目のギブス・サンプラーによって発生した $\boldsymbol{\theta}^{(N+1,j)}$ ($j=1,2,\ldots,m$) を事後分布からの確率標本とする (ここでは連鎖の最後の 1 つずつだけとるとしたが複数個とる場合もある).

という多重連鎖 (multiple chain) による方法がある. これらの確率標本を用いることにより, 事後分布の平均や分散はモンテカルロ積分により求めることができ, たとえば事後平均については確率標本の標本平均で推定する (Tierney (1994) や Chan and Geyer (1994) を参照). また 95%信用区間については下限に 2.5 パーセンタイル, 上限に 97.5 パーセンタイルを用いて求めればよい.

単一連鎖と多重連鎖のどちらが良いかは必ずしも明らかではない. 単一連鎖の場合, 通常 N を大きくとるので, 状態空間を広くサンプリングする可能性が高い.

しかし，得られる標本には互いに相関があるので，相関が高い場合には非効率的なサンプリングになる．一方，多重連鎖の場合，N は単一連鎖に比べて小さくとられることが多い．多重連鎖から得られる標本は独立であるが，初期値を適切に設定しないと標本の分布が不変分布に十分収束していない可能性がある．どちらも一長一短はあるが，単一連鎖を用いることが多い．

例 7. 例 3 の (1) を再び考えてみよう．確率変数列 $X_1, \ldots, X_n$ は互いに独立に同一の正規分布 $N(\mu, \sigma^2)$ に従うとし，$\mu|\sigma^2, \sigma^2$ の事前分布をそれぞれ正規分布 $N(\mu_0, \sigma^2/m_0)$，逆ガンマ分布 $IG(\alpha_0/2, \beta_0/2)$ とする．すると (μ, σ^2) の条件付事後分布は

$$\mu|\sigma^2, \boldsymbol{x} \sim N(\mu_1, \sigma^2/m_1), \quad \sigma^2|\mu, \boldsymbol{x} \sim IG\left(\frac{\alpha_1+1}{2}, \frac{m_1(\mu-\mu_1)^2+\beta_1}{2}\right)$$

ただし，$m_1 = m_0 + n$, $\boldsymbol{x} = (x_1, \ldots, x_n)^T$,

$$\mu_1 = \frac{m_0\mu_0 + n\overline{x}}{m_0 + n}, \quad \alpha_1 = \alpha_0 + n,$$

$$\beta_1 = \beta_0 + \sum_{i=1}^{n}(x_i - \overline{x})^2 + \frac{nm_0(\overline{x}-\mu_0)^2}{n+m_0}$$

である．したがって，この事後分布からの確率標本を発生するには，初期値 $\sigma^{2(0)}$ を決めて

$$\mu^{(1)}|\sigma^{2(0)}, \boldsymbol{x} \sim N(\mu_1, \sigma^{2(0)}/m_1),$$

$$\sigma^{2(1)}|\mu^{(1)}, \boldsymbol{x} \sim IG\left(\frac{\alpha_1+1}{2}, \frac{m_1(\mu^{(1)}-\mu_1)^2+\beta_1}{2}\right)$$

と順に $(\mu^{(1)}, \sigma^{2(1)})$ を発生させる．同様に $(\mu^{(i)}, \sigma^{2(i)})$ $(i = 2, 3, 4, \ldots,)$ についてもギブス・サンプリングを繰り返して発生していけばよい．

ただし，この例の場合，σ^2 の周辺事後密度 $\pi(\sigma^2|\boldsymbol{x})$ を解析的にも求めることができる (周辺事後分布は逆ガンマ分布) ので，マルコフ連鎖モンテカルロ法を行う必要はなく，乱数の発生は (1) $\sigma^2|x \sim \pi(\sigma^2|\boldsymbol{x})$, (2) $\mu|\sigma^2, \boldsymbol{x} \sim N(\mu_1, \sigma^2/m_1)$ の順に発生させてもよい．

実際に平均 5, 分散 1 の正規分布に従う乱数を 100 個発生してデータを作り，これらを $X_1, \ldots, X_{100}$ と考えてギブス・サンプラーを行ってみた．事前分布のパラメータは $\mu_0 = 0, m_0 = 1, \alpha_0 = \beta_0 = 0.02$ とおいた．つまり μ に関する事前分布の平均は 0, その分散に関する重みは観測値の個数でいえば 1 個分とし，σ^2

に関する事前分布としては逆数である σ^{-2} が平均 1, 分散 100 をもつように事前情報がほとんどないこととした ($\sigma^2 \sim IG(a,b)$ であるとき, $\sigma^{-2} \sim G(a,b)$ である). ギブス・サンプラーの初期値は $(\mu^{(0)}, \sigma^{2(0)}) = (5,1)$ としてサンプリングを開始し, 最初の 1000 個は初期値に依存する稼動検査期間として棄てて, その後の 10000 個の標本を記録した. 表 11.1 は事後分布の平均, 標準偏差およびパラメータの 95%信用区間の推定結果であるが, 事後平均の値が真の値に近く, また 95%信用区間も真の値を含んでいることがわかる.

表 11.1 事後分布の平均, 標準偏差, 95%信用区間

パラメータ	事後平均	事後標準偏差	95%信用区間
μ	5.041	0.107	(4.833, 5.253)
σ^2	1.161	0.170	(0.871, 1.539)

また図 11.3 はギブス・サンプラーで得られた μ, σ^2 の標本経路である. それぞれ真の値 $\mu = 5, \sigma^2 = 1$ の周りをサンプリングしており, 特定の場所ばかりを続けてサンプリングすることなく短い期間でも十分に状態空間全体を行き来している様子が見てとれる. そしてギブス・サンプラーで得られた μ, σ^2 を事後分布からの確率標本として事後確率密度関数を推定したものが, 図 11.4 である. 真の値が事後確率密度関数の中央にきていることがわかる. 実はこの例では周辺事後確率密度関数を解析的に求めることもできるので, それぞれ真の周辺事後確率密度関数・累積分布関数 (点線) と推定された周辺事後確率密度関数・累積分布関数 (実線) を図 11.5 および図 11.6 に描いた. 真の値と推定値はほぼ重なりあっており, 真の事後確率密度関数と累積分布関数がギブス・サンプラーによって正確に推定されていることがわかる.

さらに新しい観測値 x_{n+1} の予測分布を次のように構成することができる. パラメータ (μ, σ^2) に関する事後確率密度関数を $\pi(\mu, \sigma^2|\boldsymbol{x})$, x_{n+1} の確率密度関数を $f(x_{n+1}|\mu, \sigma^2)$ と表記すると, 予測確率密度関数は

$$\pi(x_{n+1}|\boldsymbol{x}) = \int\int f(x_{n+1}|\mu, \sigma^2)\pi(\mu, \sigma^2|\boldsymbol{x})d\mu d\sigma^2$$

である. この積分を解析的に求めることができない場合には, ギブス・サンプラーによって得られた M 個の確率標本を $(\mu^{(i)}, \sigma^{2(i)})$ $(i = 1, 2, \ldots, M)$ とすれば, それぞれについて $x_{n+1}^{(i)} \sim N(\mu^{(i)}, \sigma^{2(i)})$ として $i = 1, 2, \ldots, M$ を発生させ, 確率密度関数を推定して描けばよい. 予測を行う際に, たとえば (μ, σ^2) の事後平均値

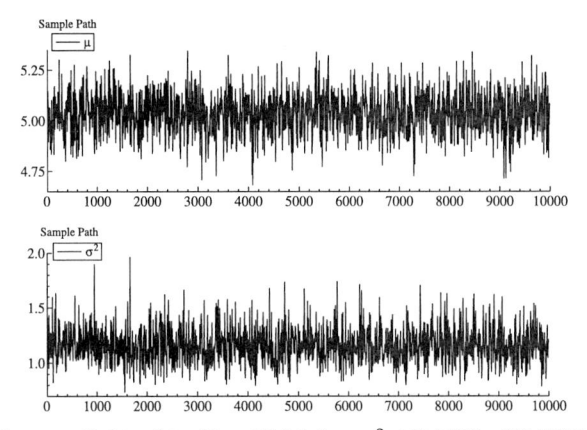

図 11.3 ギブス・サンプラーで得られた μ, σ^2 の標本経路. 横軸は時間.

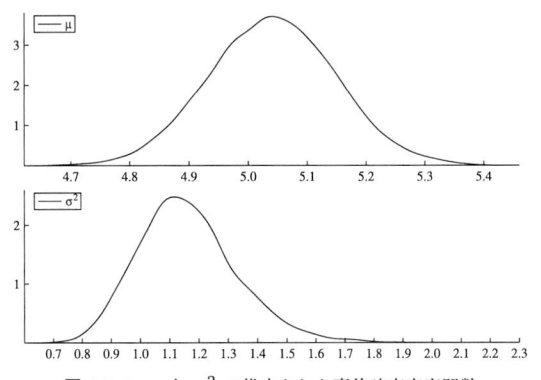

図 11.4 μ と σ^2 の推定された事後確率密度関数

(μ^*, σ^{2*}) を代入して，平均 μ^*，分散 σ^{2*} の正規分布を用いると，(μ, σ^2) のばらつきを考慮しないため，本来はより裾の厚い分布であるはずなのに分布の裾の厚みを過小評価する危険性があるので注意が必要である．

図 11.7 は平均 5, 分散 1 の正規分布に従う乱数を 10 個発生してデータを作り，これらを $X_1, \ldots, X_{10}$ と考えてギブス・サンプラーを行い，得られた事後分布から予測確率密度関数 (実線) と，事後平均をパラメータに代入した正規分布の確率密度関数 (点線) を描いたものである．ただし，事前分布のパラメータは $\mu_0 = 0, m_0 = 0.01, \alpha_0 = \beta_0 = 0.02$ とおいている．

予測確率密度関数が分布の裾において，事後平均をパラメータに代入して正規

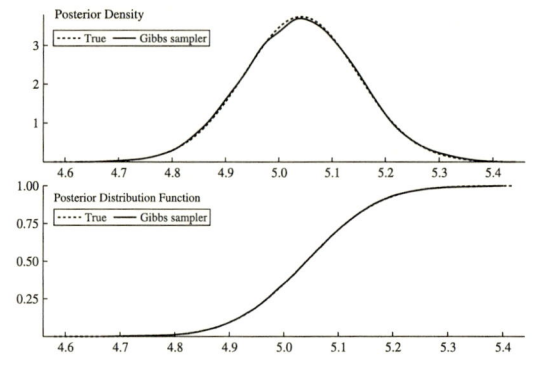

図 11.5 μ の事後確率密度関数 (上段) と累積分布関数 (下段) の真の値 (点線) と推定値 (実線)

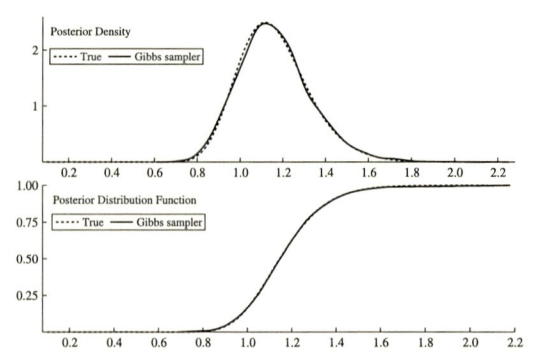

図 11.6 σ^2 の事後確率密度関数 (上段) と累積分布関数 (下段) の真の値 (点線) と推定値 (実線)

分布の確率密度関数よりも高くなっている様子がわかる.このことは,観測値 10 個から推定したパラメータに関する情報の不確実性を考慮すれば,予測はその不確実性を反映して 7 以上の大きな値や 3 以下の小さな値もとる確率が高くなるということを意味している.

例 8. 例 3 の (2) も同様に考えることができる.確率変数列 $X_1, \ldots, X_n$ は互いに独立に同一の正規分布 $N(\mu, \sigma^2)$ に従うとし,μ, σ^2 の事前分布をそれぞれ正規分布 $N(\mu_0, \sigma_0^2)$,逆ガンマ分布 $IG(\alpha_0/2, \beta_0/2)$ とする.すると (μ, σ^2) の条件付事後分布は

11.2 ギブス・サンプラー

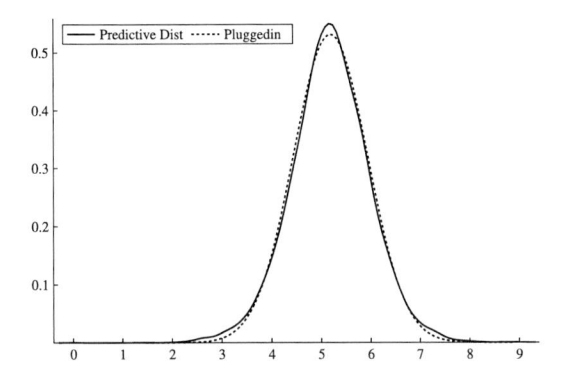

図 11.7 事後予測確率密度関数 (実線) と事後平均をパラメータに代入した正規分布の確率密度関数 (点線)

$$\mu|\sigma^2, \boldsymbol{x} \sim N(\mu_1, \sigma_1^2), \quad \sigma^2|\mu, \boldsymbol{x} \sim IG\left(\frac{\alpha_1}{2}, \frac{\beta_1}{2}\right).$$

ただし,
$$\alpha_1 = \alpha_0 + n, \quad \beta_1 = \beta_0 + \sum_{i=1}^{n}(x_i - \mu)^2,$$
$$\sigma_1^2 = (\sigma_0^{-2} + n\sigma^{-2})^{-1}, \quad \mu_1 = \frac{\sigma_0^{-2}\mu_0 + n\sigma^{-2}\overline{x}}{\sigma_0^{-2} + n\sigma^{-2}}$$

である.したがって,初期値 $\sigma^{2(0)}$ を決めて

$$\mu^{(1)}|\sigma^{2(0)}, \boldsymbol{x} \sim N(\mu_1^{(0)}, \sigma_1^{2(0)}),$$
$$\sigma^{2(1)}|\mu^{(1)}, \boldsymbol{x} \sim IG\left(\frac{\alpha_1}{2}, \frac{\beta_1^{(1)}}{2}\right)$$

と順に $(\mu^{(1)}, \sigma^{2(1)})$ を発生させる.ただし $(\mu_1^{(0)}, \sigma_1^{2(0)})$ は (μ_1, σ_1^2) を $\sigma^2 = \sigma^{2(0)}$ で評価し,$\beta^{(1)}$ は β_1 を $\mu = \mu^{(1)}$ で評価したものである.同様に $(\mu^{(i)}, \sigma^{2(i)})$ $(i = 2, 3, 4, \ldots,)$ をギブス・サンプリングを繰り返して発生していけばよい.

再び平均 5,分散 1 の正規分布に従う乱数を 100 個発生してデータを作り,これらを $X_1, \ldots, X_{100}$ と考えてギブス・サンプラーを行ってみた.事前分布のパラメータは $\mu_0 = 0, \sigma_0^2 = 100, \alpha_0 = \beta_0 = 0.02$ とおいた.つまり μ に関する事前分布の平均は 0,その分散は 100 とし,σ^2 に関する事前分布としては逆数である σ^{-2} が平均 1,分散 100 をもつようにして,いずれも事前情報がほとんどないこととした.ギブス・サンプラーの初期値は $(\mu^{(0)}, \sigma^{2(0)}) = (5, 1)$ としてサンプリングを開始し,最初の 1000 個は初期値に依存する部分として棄てて,その後の

10000 個の標本を記録した.

表 11.2 は事後分布の平均, 標準偏差およびパラメータの 95%信用区間の推定結果であるが, 事後平均の値が真の値に近く, また 95%信用区間も真の値を含んでいることがわかる. 特にこの例では μ の事前分布の分散を大きくとったため, 事後平均の値は標本平均 $\bar{x} = 5.092$ に非常に近くなっている. また図 11.8 はギブス・

表 11.2 事後分布の平均, 標準偏差, 95%信用区間

パラメータ	事後平均	事後標準偏差	95%信用区間
μ	5.091	0.095	(4.906, 5.279)
σ^2	0.908	0.133	(0.680, 1.206)

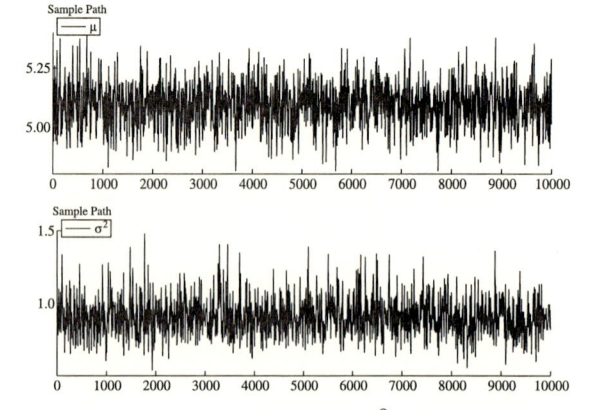

図 11.8 ギブス・サンプラーで得られた μ, σ^2 の標本経路. 横軸は時間.

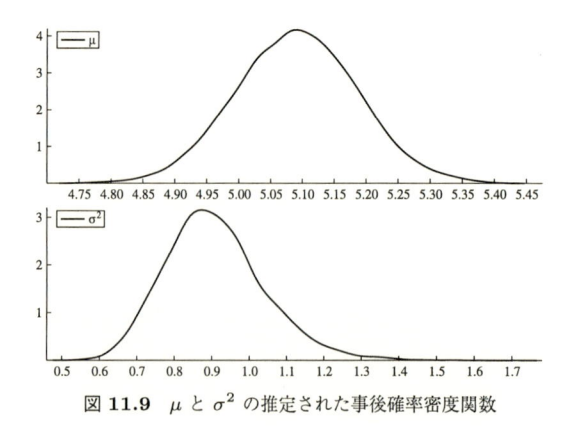

図 11.9 μ と σ^2 の推定された事後確率密度関数

サンプラーで得られた μ, σ^2 の標本経路である. それぞれ真の値 $\mu = 5, \sigma^2 = 1$ の周りをサンプリングしており, 状態空間全体を行き来している様子が見てとれる. そしてギブス・サンプラーで得られた μ, σ^2 を事後分布からの確率標本として事後確率密度関数を推定したものが, 図 11.9 である.

11.2.2 事後予測分析

ここで事後予測分析の例を示そう. まず, 平均 5, 分散 1 の正規分布に従う乱数を 500 個発生してデータを作り, これらを $X_1, \ldots, X_{500}$ と考えてギブス・サンプラーを行った. 事前分布は上と同じとした. このとき, モデルを検定する数量として $T_1(\boldsymbol{x}), T_2(\boldsymbol{x}), T_3(\boldsymbol{x}), T_4(\boldsymbol{x}), T_5(\boldsymbol{x}), T_6(\boldsymbol{x})$ をそれぞれ 500 個のデータ $\boldsymbol{x} = (x_1, \ldots, x_{500})$ に基づく 5, 10, 15, 20 パーセンタイル, 標本平均, 標本分散としよう. ギブス・サンプラーで初期値に依存する稼動検査期間を過ぎたあと, $T_j(\boldsymbol{x})$ の事後予測 p 値を求めるために, 毎回 $(\mu^{(i)}, \sigma^{2(i)})$ を発生した直後に, $x_k^{\text{rep}} | \mu^{(i)}, \sigma^{2(i)}, \boldsymbol{x} \sim N(\mu^{(i)}, \sigma^{2(i)})$, $k = 1, \ldots, 500$ を発生させ, $\boldsymbol{x}^{\text{rep}} = (x_1^{\text{rep}}, \ldots, x_{500}^{\text{rep}})$ を用いて $T_j^{(i)}(x^{\text{rep}})$ ($j = 1, \ldots, 6$) を求めた ($i = 1, 2, \ldots, M$ とする). このとき, $T_j(x)$ の事後予測 p 値を $\sum_{i=1}^{M} I[T_j^{(i)}(\boldsymbol{x}^{\text{rep}}) > T_j(\boldsymbol{x})]/M$ により推定したのが, 表 11.3 (左の列) である. 事後予測 p 値はいずれも大きく, 特定化の誤りを示唆する様子はない.

表 11.3 正規分布のモデルの特定化が正しい場合 (データは正規分布) と正しくない場合 (データは指数分布) の $T_1, \ldots, T_6$ の事後予測 p 値

検定量	特定化が正しいときの事後予測 p 値	特定化が正しくないときの事後予測 p 値
T_1 (5 パーセンタイル)	0.25	0.00
T_2 (10 パーセンタイル)	0.36	0.00
T_3 (15 パーセンタイル)	0.35	0.01
T_4 (20 パーセンタイル)	0.37	0.23
T_5 (標本平均)	0.44	0.48
T_6 (標本分散)	0.70	0.50

では同じことを指数分布に従うデータに対して行ってみよう. 平均 5 の指数分布 ($G(1, 1/5)$) に従う乱数を 500 個発生してデータを作り, これらを $X_1, \ldots, X_{500}$ と考えて, 正規分布のモデルを使って (したがって特定化に誤りがあるモデルを使って) 同様なギブス・サンプラーを行った. T_j の事後予測 p 値は表 11.3 (右の列) にあり, また図 11.10 は, T_j の推定された密度関数を示す (垂線は $T_j(\boldsymbol{x})$ の位

置を表す). T_1, T_2, T_3 は図 11.10 において分布の端にあって事後予測 p 値も小さく, 特定化の誤りを示唆している. しかし, T_4, T_5, T_6 は分布の中央にきており, 事後予測 p 値も比較的大きい. このことは, 分布の中央のパーセンタイルや平均, 分散に関心がある限りは特定化の誤りは大きくはないが, 分布の裾のパーセンタイルに関心がある場合には, 特定化の誤りが大きいことを意味している. 図 11.11 はデータの経験分布関数 (点線) と, 推定された予測分布関数 (実線) であるが, 分布の左裾で大きな乖離がみられ, この場合には, 左裾を調べることによりモデルの特定化の誤りを見つけることができることがわかる.

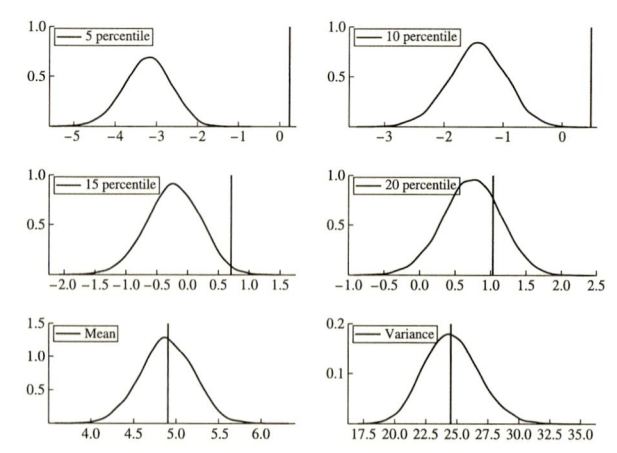

図 11.10 T の推定された密度関数 (5,10,15,20 パーセンタイル, 標本平均, 標本分散) と観測された $T(\boldsymbol{x})$ (垂線). 特定化が正しくないとき.

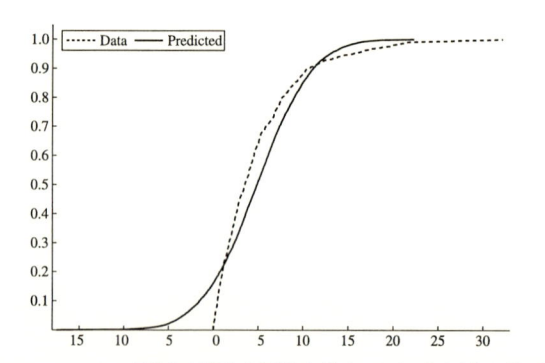

図 11.11 データの経験分布関数 (点線) と推定された予測分布関数 (実線)

11.3 メトロポリス–ヘイスティングス (MH) アルゴリズム

メトロポリス (Metropolis) アルゴリズムは，もともと統計物理学の分野で相互に作用しあう分子からなるシステムの均衡状態をシミュレートするために Metropolis *et al.* (1953) によって導入されたアルゴリズムであり，Hastings (1970) によって **MH** (Metropolis–Hastings, メトロポリス–ヘイスティングス) アルゴリズムに一般化された．

11.3.1 MH アルゴリズム

まず MH アルゴリズムを紹介しよう．ギブス・サンプラーにおけるようにパラメータは $\boldsymbol{\theta} = (\boldsymbol{\theta}_1, \ldots, \boldsymbol{\theta}_p)$，観測データを $\boldsymbol{y}$，パラメータの事後分布を $\pi(\boldsymbol{\theta}|\boldsymbol{y})$ とする．以下では $\boldsymbol{\theta}^{(i)}$ が一度に同時に $\boldsymbol{\theta}^{(i+1)}$ に移動する場合を考えて MH アルゴリズムを説明するが，ギブス・サンプラーにおけるように要素ごとに，$(\boldsymbol{\theta}_1^{(i+1)}, \ldots, \boldsymbol{\theta}_{j-1}^{(i+1)}, \boldsymbol{\theta}_{j+1}^{(i)}, \ldots, \boldsymbol{\theta}_p^{(i)})$ を所与として $\boldsymbol{\theta}_j^{(i)}$ から $\boldsymbol{\theta}_j^{(i+1)}$ へ移動する場合に適用し，$j = 1, \ldots, p$ として進めてもよい．また，簡単化のため $\boldsymbol{\theta}_j$ の次元は 1 として説明するが，ベクトルでもかまわない．

不変分布 π が μ に関して密度関数をもち，推移核 Q を $Q(\boldsymbol{\theta}, d\boldsymbol{\theta}') = q(\boldsymbol{\theta}, \boldsymbol{\theta}')\mu(d\boldsymbol{\theta}')$ とする．また $E^+ = \{\boldsymbol{\theta} : \pi(\boldsymbol{\theta}|\boldsymbol{y}) > 0\}$ として $\boldsymbol{\theta} \notin E^+$ は $Q(\boldsymbol{\theta}, E^+) = 1$ を満たし，π は退化した分布ではないと仮定する (以下では E は p 次元ユークリッド空間 R^p の部分集合，μ はルベーグ測度として具体例をみていく)．また q は $\boldsymbol{y}$ に依存してもよいが表記の便宜上，たとえば $q(\boldsymbol{\theta}, \boldsymbol{\theta}'|\boldsymbol{y})$ ではなく $q(\boldsymbol{\theta}, \boldsymbol{\theta}')$ と表記する．このとき MH アルゴリズムは次のように進められる．

Step 1. 現在の点が $\boldsymbol{\theta}^{(i)} = \boldsymbol{\theta}$ であるとき**提案密度** (proposal density) $q(\boldsymbol{\theta}, \boldsymbol{\theta}')$ を用いて $\boldsymbol{\theta}'$ を発生させ $\boldsymbol{\theta}^{(i+1)}$ の候補とする ($q(\boldsymbol{\theta}, \boldsymbol{\theta}')$ は $\boldsymbol{\theta}$ が与えられたときの $\boldsymbol{\theta}'$ の条件付密度なので $q(\boldsymbol{\theta}'|\boldsymbol{\theta})$ と書くこともある)．

Step 2. Step 1 で得られた $\boldsymbol{\theta}'$ を確率 $\alpha(\boldsymbol{\theta}, \boldsymbol{\theta}')$

$$\alpha(\boldsymbol{\theta}, \boldsymbol{\theta}') = \begin{cases} \min\left(\dfrac{\pi(\boldsymbol{\theta}'|\boldsymbol{y})q(\boldsymbol{\theta}', \boldsymbol{\theta})}{\pi(\boldsymbol{\theta}|\boldsymbol{y})q(\boldsymbol{\theta}, \boldsymbol{\theta}')}, 1\right), & \pi(\boldsymbol{\theta}|\boldsymbol{y})q(\boldsymbol{\theta}, \boldsymbol{\theta}') > 0 \text{ のとき} \\ 1, & \pi(\boldsymbol{\theta}|\boldsymbol{y})q(\boldsymbol{\theta}, \boldsymbol{\theta}') = 0 \text{ のとき} \end{cases}$$

で $\boldsymbol{\theta}^{(i+1)}$ として受容する．棄却した場合には $\boldsymbol{\theta}^{(i+1)} = \boldsymbol{\theta}$ とする．

Step 3. Step 1 に戻る.

この MH アルゴリズムの推移核 P_{MH} は次のように定義される.

$$P_{MH}(\boldsymbol{\theta}, d\boldsymbol{\theta}') = p(\boldsymbol{\theta}, \boldsymbol{\theta}')\mu(d\boldsymbol{\theta}') + r(\boldsymbol{\theta})\delta_{\boldsymbol{\theta}}(d\boldsymbol{\theta}') \tag{11.1}$$

ただし

$$p(\boldsymbol{\theta}, \boldsymbol{\theta}') = \begin{cases} q(\boldsymbol{\theta}, \boldsymbol{\theta}')\alpha(\boldsymbol{\theta}, \boldsymbol{\theta}'), & \boldsymbol{\theta} \neq \boldsymbol{\theta}' \text{ のとき} \\ 0, & \boldsymbol{\theta} = \boldsymbol{\theta}' \text{ のとき} \end{cases}$$

$$r(\boldsymbol{\theta}) = 1 - \int p(\boldsymbol{\theta}, \boldsymbol{\theta}')\mu(d\boldsymbol{\theta}')$$

および $\delta_{\boldsymbol{\theta}}(d\boldsymbol{\theta}')$ は $\boldsymbol{\theta} \in d\boldsymbol{\theta}'$ のとき 1, それ以外のとき 0 である関数とする.

MH アルゴリズムを繰り返していくとある条件のもとで, $n \to \infty$ のとき $\boldsymbol{\theta}^{(n)}$ の分布は不変分布 π に収束する. したがって事後分布を不変分布として構成する MH アルゴリズムを繰り返すことにより, 十分大きな N について, $\boldsymbol{\theta}^{(n)}$ $(n > N)$ の分布を用いて事後分布 π をよく近似することができる.

以下では (11.1) 式において $p(\boldsymbol{\theta}, \boldsymbol{\theta}')$ や $r(\boldsymbol{\theta})$ がどのように決まるかを説明しよう (以下の説明は Chib and Greenberg (1995) を参考にしている). (11.1) 式によって定義される推移核 P_{MH} によるマルコフ連鎖において, $\pi(\boldsymbol{\theta}|\boldsymbol{y})$ が不変分布の密度関数になるための十分条件は

$$\pi(\boldsymbol{\theta}|\boldsymbol{y})p(\boldsymbol{\theta}, \boldsymbol{\theta}') = \pi(\boldsymbol{\theta}'|\boldsymbol{y})p(\boldsymbol{\theta}', \boldsymbol{\theta}) \tag{11.2}$$

である. この (11.2) 式は, 均衡状態においては $\boldsymbol{\theta}$ から $\boldsymbol{\theta}'$ へ移動する割合と $\boldsymbol{\theta}'$ から $\boldsymbol{\theta}$ へ移動する割合は同じであるということを意味しており, **詳細釣合方程式** (detailed balance equation) または可逆性条件 (reversibility condition) とよばれている.

さて, MH アルゴリズムにおいて新しい状態を発生させる提案密度 $q(\boldsymbol{\theta}, \boldsymbol{\theta}')$ は, 詳細釣合方程式を必ずしも満たしているわけではない. たとえば $\boldsymbol{\theta}' \sim q(\boldsymbol{\theta}, \boldsymbol{\theta}')$ を発生したところ,

$$\pi(\boldsymbol{\theta}|\boldsymbol{y})q(\boldsymbol{\theta}, \boldsymbol{\theta}') > \pi(\boldsymbol{\theta}'|\boldsymbol{y})q(\boldsymbol{\theta}', \boldsymbol{\theta}), \quad \boldsymbol{\theta} \neq \boldsymbol{\theta}'$$

であったとしよう (ただし $\pi(\boldsymbol{\theta}|\boldsymbol{y})q(\boldsymbol{\theta}, \boldsymbol{\theta}') > 0$ と仮定する). するとこの提案分布では左辺が大きいので, $\boldsymbol{\theta}$ から $\boldsymbol{\theta}'$ へと移動することが, $\boldsymbol{\theta}'$ から $\boldsymbol{\theta}$ へと移動することよりも多くなってしまうことになる. そこで $\boldsymbol{\theta}$ から $\boldsymbol{\theta}'$ へと移動する確率を下げるために, ある確率 $\alpha(\boldsymbol{\theta}, \boldsymbol{\theta}')$ でしか $\boldsymbol{\theta}$ から $\boldsymbol{\theta}'$ には移動しないと考えて

$$\pi(\boldsymbol{\theta}|\boldsymbol{y})q(\boldsymbol{\theta}, \boldsymbol{\theta}')\alpha(\boldsymbol{\theta}, \boldsymbol{\theta}') = \pi(\boldsymbol{\theta}'|\boldsymbol{y})q(\boldsymbol{\theta}', \boldsymbol{\theta}), \quad \boldsymbol{\theta} \neq \boldsymbol{\theta}'$$

となるように調整することを考える．ここで $\alpha(\boldsymbol{\theta}', \boldsymbol{\theta}) = 1$ と定義すれば

$$\pi(\boldsymbol{\theta}|\boldsymbol{y})q(\boldsymbol{\theta}, \boldsymbol{\theta}')\alpha(\boldsymbol{\theta}, \boldsymbol{\theta}') = \pi(\boldsymbol{\theta}'|\boldsymbol{y})q(\boldsymbol{\theta}', \boldsymbol{\theta})\alpha(\boldsymbol{\theta}', \boldsymbol{\theta}), \quad \boldsymbol{\theta} \neq \boldsymbol{\theta}'$$

となり，$q(\boldsymbol{\theta}, \boldsymbol{\theta}')\alpha(\boldsymbol{\theta}, \boldsymbol{\theta}')$ は詳細釣合条件を満たしていることになる．このとき，

$$\alpha(\boldsymbol{\theta}, \boldsymbol{\theta}') = \frac{\pi(\boldsymbol{\theta}'|\boldsymbol{y})q(\boldsymbol{\theta}', \boldsymbol{\theta})}{\pi(\boldsymbol{\theta}|\boldsymbol{y})q(\boldsymbol{\theta}, \boldsymbol{\theta}')}, \quad \alpha(\boldsymbol{\theta}', \boldsymbol{\theta}) = 1$$

である．同様に

$$\pi(\boldsymbol{\theta}|\boldsymbol{y})q(\boldsymbol{\theta}, \boldsymbol{\theta}') < \pi(\boldsymbol{\theta}'|\boldsymbol{y})q(\boldsymbol{\theta}', \boldsymbol{\theta}), \quad \boldsymbol{\theta} \neq \boldsymbol{\theta}'$$

である場合には $\boldsymbol{\theta}$ から $\boldsymbol{\theta}'$ に必ず移動することとし ($\alpha(\boldsymbol{\theta}, \boldsymbol{\theta}') = 1$), $q(\boldsymbol{\theta}, \boldsymbol{\theta}')\alpha(\boldsymbol{\theta}, \boldsymbol{\theta}')$ が詳細釣合条件を満たすように α を決めると

$$\alpha(\boldsymbol{\theta}, \boldsymbol{\theta}') = 1, \quad \alpha(\boldsymbol{\theta}', \boldsymbol{\theta}) = \frac{\pi(\boldsymbol{\theta}|\boldsymbol{y})q(\boldsymbol{\theta}, \boldsymbol{\theta}')}{\pi(\boldsymbol{\theta}'|\boldsymbol{y})q(\boldsymbol{\theta}', \boldsymbol{\theta})}$$

となる．そこで α を

$$\alpha(\boldsymbol{\theta}, \boldsymbol{\theta}') = \begin{cases} \min\left\{\dfrac{\pi(\boldsymbol{\theta}'|\boldsymbol{y})q(\boldsymbol{\theta}', \boldsymbol{\theta})}{\pi(\boldsymbol{\theta}|\boldsymbol{y})q(\boldsymbol{\theta}, \boldsymbol{\theta}')}, 1\right\} & \pi(\boldsymbol{\theta}|\boldsymbol{y})q(\boldsymbol{\theta}, \boldsymbol{\theta}') > 0 \text{ のとき,} \\ 1 & \text{それ以外のとき} \end{cases}$$

と定義すれば，$q(\boldsymbol{\theta}, \boldsymbol{\theta}')\alpha(\boldsymbol{\theta}, \boldsymbol{\theta}')$ ($\boldsymbol{\theta} \neq \boldsymbol{\theta}'$) は詳細釣合条件を満たすことになる．$\boldsymbol{\theta}$ から $\boldsymbol{\theta}'$ への移動が棄却された場合には $\boldsymbol{\theta}$ にとどまり，その確率は

$$1 - \int q(\boldsymbol{\theta}, \boldsymbol{\theta}')\alpha(\boldsymbol{\theta}, \boldsymbol{\theta}')d\boldsymbol{\theta}'$$

である．このことから MH 推移核 P_{MH} は

$$P_{MH}(\boldsymbol{\theta}, d\boldsymbol{\theta}') = q(\boldsymbol{\theta}, \boldsymbol{\theta}')\alpha(\boldsymbol{\theta}, \boldsymbol{\theta}')d\boldsymbol{\theta}' + \left(1 - \int q(\boldsymbol{\theta}, \boldsymbol{\theta}')\alpha(\boldsymbol{\theta}, \boldsymbol{\theta}')d\boldsymbol{\theta}'\right)\delta_{\boldsymbol{\theta}}(d\boldsymbol{\theta}')$$

となるのである．

11.3.2 酔歩連鎖 MH アルゴリズム

酔歩連鎖 (random walk chain) MH アルゴリズムは酔歩過程を用いて候補点を発生する方法で，サンプリングの効率性はあまりよくないものの多くのモデルにおいて適用できる便利なアルゴリズムである．

具体的には現在の点を $\boldsymbol{\theta}$ とすると，候補点を $\boldsymbol{\theta}' = \boldsymbol{\theta} + \boldsymbol{z}, \boldsymbol{z} \sim f(\boldsymbol{z})$ として提案し，提案密度は $q(\boldsymbol{\theta}, \boldsymbol{\theta}') = f(\boldsymbol{\theta}' - \boldsymbol{\theta})$ となる (もし正符号条件 $f(\boldsymbol{z}) > 0, \boldsymbol{z} \in R^p$ を満たすならば，マルコフ連鎖は不変分布に収束する．正符号条件を満たしていなくても f が原点の近傍で正であり E^+ が開集合で連結されていれば，同様に収束する (Tierney (1994))．$\boldsymbol{z}$ には一様分布や正規分布，t 分布のほか，分割正規分布 (split normal distribution) や分割 t 分布 (Geweke (1989)) なども用いられる．f

に対称な分布を仮定すれば $q(\boldsymbol{\theta}, \boldsymbol{\theta}') = q(\boldsymbol{\theta}', \boldsymbol{\theta})$ となるので，Step 2 で用いられる $\alpha(x, y)$ のなかの比は

$$\frac{\pi(\boldsymbol{\theta}'|\boldsymbol{y})q(\boldsymbol{\theta}', \boldsymbol{\theta})}{\pi(\boldsymbol{\theta}|\boldsymbol{y})q(\boldsymbol{\theta}, \boldsymbol{\theta}')} = \frac{\pi(\boldsymbol{\theta}'|\boldsymbol{y})}{\pi(\boldsymbol{\theta}|\boldsymbol{y})}$$

となり，$\boldsymbol{\theta}'$ の不変分布の確率密度 $\pi(\boldsymbol{\theta}'|\boldsymbol{y})$ が $\boldsymbol{\theta}$ の確率密度 $\pi(\boldsymbol{\theta}|\boldsymbol{y})$ よりも大きいときには必ず移動し，そうでないときには確率 $\pi(\boldsymbol{\theta}'|\boldsymbol{y})/\pi(\boldsymbol{\theta}|\boldsymbol{y})$ で移動することになる．

　この酔歩連鎖アルゴリズムは構成することが簡単である反面，試行錯誤で提案分布のチューニングが必要であるという問題がある．たとえば θ が一変量の場合に，z の分布に対称な分布として平均 0，分散 σ^2 の正規分布を仮定したとしよう．もし分散 σ^2 を小さくとると候補点 θ' は現在の点 θ に近い値となるので $\pi(\theta'|\boldsymbol{y})/\pi(\theta|\boldsymbol{y})$ は 1 に近くなり，候補点 θ' の採択率が上がる．しかし，分散が小さいということは現在の点より遠い点はなかなか候補点として提案されないために，状態空間の一部ばかりをサンプリングしてしまい，広い状態空間を移動してサンプリングするのに時間がかかってしまう．このサンプリングの非効率性は，後述するように，得られる標本系列の自己相関関数が高くなり，仮想的に独立な確率標本と比較した際の非効率性の尺度が高くなることで確かめることができる．

　一方，もし分散 σ^2 を大きくとると，候補点 θ' は現在の点 θ から遠い値が出やすくなるので広い状態空間を自由に移動してサンプリングすることができる．しかし，その場合には θ と θ' の値が大きく異なり $\pi(\theta'|\boldsymbol{y})/\pi(\theta|\boldsymbol{y})$ が小さい値になることもしばしばである．結果として候補点 θ' が棄却されて現在の点 θ にとどまり，サンプリングが進まないということになる．

　そこで以上の 2 つの問題をバランスするような，最も効率的なサンプリングになる σ^2 を試行錯誤を繰り返してチューニングをしていく必要がある (効率性の尺度には非効率性因子があり，3.2.2 項において再度説明する．表 12.2 参照)．

　しばしば，候補点の採択率が 40% 程度になるように分散 σ^2 を試行錯誤でチューニングするということが行われているが，この採択率 40% とは事後分布が一変量正規分布であるときにサンプリングが効率的になるというための目安にすぎないことに注意するべきである ($\boldsymbol{\theta}$ の次元数が高いときには採択率 25% 程度)．

　一般に収束速度が遅くなることが多いので，z の分布の分散 σ^2 (あるいは $\sigma^2 I$) の最適な大きさについて研究がなされている．マルコフ連鎖の不変分布が d 変量正

規分布である場合について Gelman *et al.* (1996) は σ^2 を, (1) $\sigma = 2.38/\sqrt{d} \times$(不変分布の標準偏差) とする, または (2) 1 次元の正規分布では採択率が 44% になるように, 正規分布の次元が高くなるにつれて採択率を下げていくように (23.4%を下限とする) 選ぶ, ことが最適であり, その効率性は約 $0.3/d$ (非効率性は $d/0.3$) であることを示した. また Roberts *et al.* (1997) は次元数の高い多次元分布においては, 採択率が 23.4%となるように σ^2 を選ぶのが最適であることを示している.

また代替的な方法として定常分布 π をもつ拡散過程を離散化することでシミュレーションを行う Langevin アルゴリズムや Langevin–Hastings アルゴリズムがあり,

$$\boldsymbol{\theta}' = \boldsymbol{\theta} + \frac{\sigma^2}{2}\frac{\partial \log \pi(\boldsymbol{\theta}|\boldsymbol{y})}{\partial \boldsymbol{\theta}} + \sigma\boldsymbol{\epsilon}, \quad \boldsymbol{\epsilon} \sim N(\boldsymbol{0}, I)$$

のように現在の点よりも事後分布の密度の高い候補点が提案されやすい工夫がなされているが, 収束速度は必ずしも改善されないという指摘がある (Roberts and Tweedie (1996), Robert and Casella (2004)).

この方法はまた, 事後確率密度関数の対数を現在の点 $\boldsymbol{\theta}^{(i)}$ の周りでテーラー展開することによって得られる正規分布を, 提案分布として候補点を提案する方法にも類似している. しかし, テーラー展開に基づく正規分布による近似は, 事後分布の形が正規分布とは大きく違っているならば, あるいは現在の点 $\boldsymbol{\theta}^{(i)}$ が事後分布のモードの周辺ではないならば, 事後分布へのよい近似とはいえないであろう.

例 9. $X_1, X_2, \ldots, X_n$ が, 次のような確率密度関数をもつ自由度 ν の t 分布からの独立標本であるとしよう.

$$f(x|\nu, \mu, \sigma^2) = \frac{\Gamma\left(\frac{\nu+1}{2}\right)}{\Gamma\left(\frac{\nu}{2}\right)\Gamma\left(\frac{1}{2}\right)(\nu\sigma^2)^{\frac{1}{2}}} \times \left\{1 + \frac{1}{\nu}\frac{(x-\mu)^2}{\sigma^2}\right\}^{-\frac{\nu+1}{2}}$$

ただし $\nu, \sigma^2 > 0$ は既知であるとする. このときパラメータ μ $(-\infty < \mu < \infty)$ について事前分布 $N(\mu_0, \sigma_0^2)$ を仮定すると事後確率密度関数は

$$\pi(\mu|\boldsymbol{x}) \propto \exp\left\{-\frac{(\mu-\mu_0)^2}{2\sigma_0^2}\right\}\prod_{i=1}^{n}\left\{1 + \frac{1}{\nu}\frac{(x_i-\mu)^2}{\sigma^2}\right\}^{-\frac{\nu+1}{2}}$$

ただし $\boldsymbol{x} = (x_1, \ldots, x_n)^T$ となる. このとき, 酔歩連鎖 MH アルゴリズムを用いて現在の点が μ であるとき, 候補点 μ' を

$$\mu' = \mu + z, \quad z \sim N(0, \tau^2)$$

として発生させる．このとき，MH アルゴリズムは

Step 1. 初期値 $\mu^{(0)}$ を設定する．

Step 2. $i \geq 0$ のとき，候補点 μ' を

$$\mu' = \mu^{(i)} + z_i, \quad z_i \sim N(0, \tau^2)$$

と発生させる．

Step 3. μ' を確率

$$\alpha(\mu^{(i)}, \mu') = \min\left\{\frac{\pi(\mu'|\boldsymbol{x})}{\pi(\mu^{(i)}|\boldsymbol{x})}, 1\right\}$$

で受容し，棄却された場合には $\mu^{(i+1)} = \mu^{(i)}$ とする．i を $i+1$ として Step 2 に戻る．

となる．

実際に自由度 $\nu = 5$，$\sigma^2 = 4$，$\mu = 5$ の t 分布に従う $n = 100$ 個のデータを発生させて，μ の酔歩連鎖 MH アルゴリズムを行ってみよう．μ の事前分布は $N(0, 1000)$ として，μ に関する事前情報はほとんどないとし，初期値は $\mu^{(0)} = 0$ とおく．提案密度のチューニングパラメータである τ^2 は，$\tau^2 = 0.2$ とした．表 11.4 は μ の事後平均，事後標準偏差，95%信用区間で，図 11.12 は μ の推定された事後確率密度関数を表す．事後平均は真の値 5 に近く，また 95%信用区間は真の値を含んでいる．

表 **11.4** 事後分布の平均，標準偏差，95%信用区間

パラメータ	事後平均	事後標準偏差	95%信用区間
μ	4.924	0.161	(4.615, 5.246)

図 11.13 は μ の標本経路で，十分に状態空間をサンプリングしている様子がわかる．また MH アルゴリズムにおける候補点の受容率は 40.47%である．比較のために，候補点発生のチューニングパラメータ τ^2 を小さくした場合 ($\tau^2 = 0.001$) と大きくした場合 ($\tau^2 = 4.0$) についても，アルゴリズムを実行したときの μ の標本経路について図 11.14 に示した．$\tau^2 = 0.001$ のときには候補点を提案する際の分散が小さいので標本の動きが遅くなり，状態空間を緩やかに動いている様子がわかる．MH アルゴリズムにおける候補点の受容率は 94.4%と高いが，必ずしも効率的にサンプリングできていないことがわかるであろう．

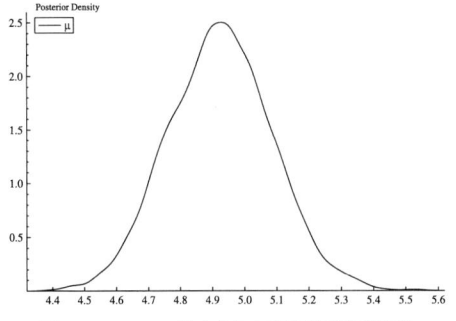

図 11.12 μ の推定された事後確率密度関数

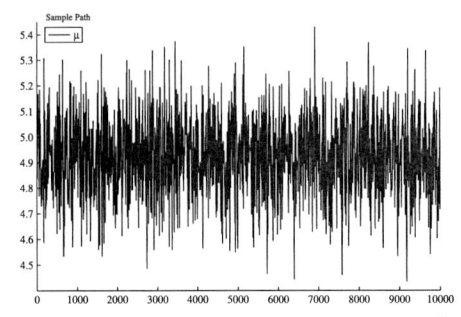

図 11.13 酔歩連鎖 MH アルゴリズム. μ の標本経路 $\tau^2 = 0.2$

一方, $\tau^2 = 4.0$ のときには候補点を提案する際の分散が大きいが, MH アルゴリズムにおける候補点の受容率は 10.33% と低くなり, 候補点が棄却され続けて同じ現在の点にとどまってしまう. 図において階段状になっている部分は, 候補点が棄却され続けて同じ値が続いていることを示す. 結果として状態空間を十分にサンプリングすることができず, 非効率的なサンプリングとなっている.

11.3.3 独立連鎖 MH アルゴリズム

事後分布をよく近似する提案分布を現在の点 $\boldsymbol{\theta}$ とは独立に構成できる場合には, その分布から毎回新しい候補点 $\boldsymbol{\theta}'$ を, 現在の点 $\boldsymbol{\theta}$ と毎回独立に発生させればよい. このようなアルゴリズムを**独立連鎖** (independence chain) **MH アルゴリズム**という. この密度関数を $f(\boldsymbol{\theta}')$ とすれば $q(\boldsymbol{\theta}, \boldsymbol{\theta}') = f(\boldsymbol{\theta}')$ となり, 新しい候補点 $\boldsymbol{\theta}'$ を受け入れる確率 $\alpha(\boldsymbol{\theta}, \boldsymbol{\theta}')$ が

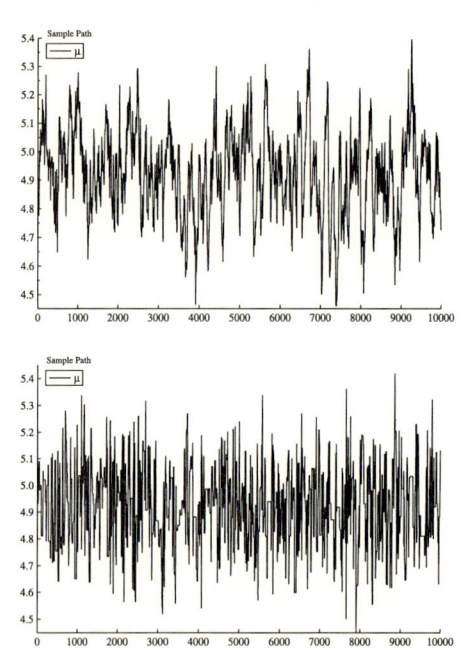

図 11.14 酔歩連鎖 MH アルゴリズム．μ の標本経路 $\tau^2 = 0.001, 0.4$ (上段，下段)

$$\alpha(\boldsymbol{\theta}, \boldsymbol{\theta}') = \min\left\{\frac{w_{\boldsymbol{\theta}'}}{w_{\boldsymbol{\theta}}}, 1\right\}, \quad w_{\boldsymbol{\theta}} = \frac{\pi(\boldsymbol{\theta}|\boldsymbol{y})}{f(\boldsymbol{\theta})}$$

となる．f が E^+ 上で μ に関してほとんど正であるならば，得られるマルコフ連鎖の分布は不変分布へ収束する (Tierney (1994))．独立連鎖では $w_{\boldsymbol{\theta}}$ は重点サンプリングにおける重みであることから，$\boldsymbol{\theta}$ より $\boldsymbol{\theta}'$ の重みのほうが大きいときには必ず $\boldsymbol{\theta}'$ を選択し，そうでないときには重みの比に応じて選択する形になっている．このように重点サンプリングと関係が深いので，Tierney (1994) は f の選択も自由度の低い多変量 t 分布か多変量分割 (split) t 分布がよいのではないかと指摘している．しかし実際には f は π をよく近似している必要があり，そのような f を見つけるのは必ずしも容易ではない．

例 10. 例 9 では酔歩連鎖 MH アルゴリズムを用いたが，ここでは代わりに独立連鎖 MH アルゴリズムを用いて行ってみよう．事後分布をよく近似する提案分布を見つけるのは難しいが，ここでは提案分布を正規分布 $N(\bar{x}, \nu\sigma^2/n)$ とする．こ

のとき，MH アルゴリズムは

Step 1. 初期値 $\mu^{(0)}$ を設定する．

Step 2. $i \geq 0$ のとき，候補点 μ' を
$$\mu' \sim N(\bar{x}, \nu\sigma^2/n)$$
と発生させる．

Step 3. μ' を確率 $\alpha(\mu^{(i)}, \mu')$
$$\alpha(\mu^{(i)}, \mu') = \min\left\{\frac{\pi(\mu'|\boldsymbol{x})f(\mu^{(i)})}{\pi(\mu^{(i)}|\boldsymbol{x})f(\mu')}, 1\right\},$$
$$f(\mu^{(i)}) \propto \exp\left\{-\frac{(\mu^{(i)}-\bar{x})^2}{2\nu\sigma^2/n}\right\}$$
で受容し，棄却された場合には $\mu^{(i+1)} = \mu^{(i)}$ とする．i を $i+1$ として Step 2 に戻る．

となる．

例9と同じようにデータを発生して独立連鎖 MH アルゴリズムを行った．事後平均，事後標準偏差，95%信用区間は表 11.5 の通りである．MH アルゴリズムにおける候補点の受容率は 67.9%と比較的高い．図 11.15 は μ の推定された事後確率密度関数で，図 11.16 は標本経路である．標本経路から状態空間を十分にサンプリングしている様子がわかる．

表 11.5 事後分布の平均，標準偏差，95%信用区間

パラメータ	事後平均	事後標準偏差	95%信用区間
μ	4.921	0.161	(4.608, 5.243)

11.3.4 AR–MH アルゴリズム

独立連鎖の1つに **AR–MH** (accept–reject MH) アルゴリズムまたは受容–棄却 MH アルゴリズムとよばれるアルゴリズムがある．これは独立連鎖において提案分布を事後分布としたい ($f(\boldsymbol{\theta}) = \pi(\boldsymbol{\theta}|\boldsymbol{y})$) が，実際には $\pi(\boldsymbol{\theta}|\boldsymbol{y})$ からの確率標本の発生が難しいので，次善の策としてすべての $\boldsymbol{\theta}$ について $\pi(\boldsymbol{\theta}|\boldsymbol{y}) < cg(\boldsymbol{\theta})$ (c は正の定数) を満たすような $g(\boldsymbol{\theta})$ を使って，受容–棄却法により $\pi(\boldsymbol{\theta}|\boldsymbol{y})$ からの確率標本の発生を行うものである．しかし，すでに述べたように受容–棄却法には $g(\boldsymbol{\theta})$ の近似精度の問題と c の選択の問題がある．そこで，これを修正して $\pi(\boldsymbol{\theta}|\boldsymbol{y}) < cg(\boldsymbol{\theta})$

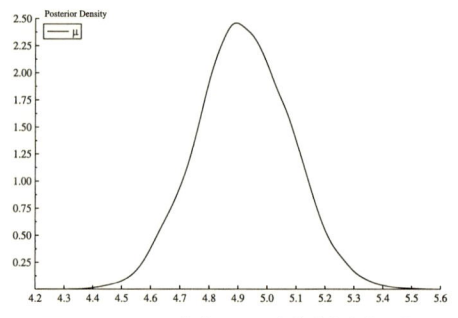

[図 11.15 のグラフ: μ の事後確率密度関数, Posterior Density]

図 11.15 μ の推定された事後確率密度関数

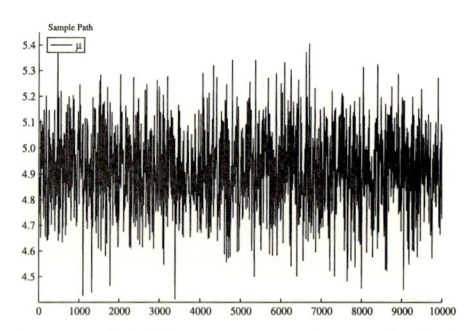

[図 11.16 のグラフ: Sample Path, μ の標本経路]

図 11.16 独立連鎖 MH アルゴリズム．μ の標本経路．

を仮定せず $f(\boldsymbol{\theta}) = \min(\pi(\boldsymbol{\theta}|\boldsymbol{y}), cg(\boldsymbol{\theta}))$ (基準化定数を考慮すれば $f(\boldsymbol{\theta})/\int f(\boldsymbol{t})d\boldsymbol{t}$) として独立連鎖を行えばよい．$f(\boldsymbol{\theta})$ からの確率標本を発生するには受容–棄却法を用いて

Step 1. $g(\boldsymbol{\theta})$ から標本 $\boldsymbol{\theta}$ を発生させる．

Step 2. (0,1) 区間上の一様乱数 u を発生させる．

Step 3. もし $u < f(\boldsymbol{\theta})/cg(\boldsymbol{\theta})$ ならば $\boldsymbol{\theta}$ を確率標本として受容し，そうでなければ棄却して Step 1 へ戻る．

この場合，すべての $\boldsymbol{\theta}$ について $f(\boldsymbol{\theta}) < cg(\boldsymbol{\theta})$ であるから，分布の裾に関する問題は生じない．最初に c を決めるときに $\pi(\boldsymbol{\theta}|\boldsymbol{y})$ の分布の中心で $\pi(\boldsymbol{\theta}|\boldsymbol{y}) \approx cg(\boldsymbol{\theta})$ となるようにしてやればよいだけである．しかし標本発生の効率は $g(\boldsymbol{\theta})$ の $\pi(\boldsymbol{\theta}|\boldsymbol{y})$ への近似精度に依存していることに変わりはない．

例 11. 再び例 9 の問題を AR–MH アルゴリズムで考えてみよう．事後分布

$\pi(\mu|\boldsymbol{x})$ を正規分布で近似することを考える．$l(\mu)$ を $\log \pi(\mu|\boldsymbol{x})$ の基準化定数を除く部分とし，
$$l(\mu) = -\frac{(\mu-\mu_0)^2}{2\sigma_0^2} - \frac{(\nu+1)}{2}\sum_{i=1}^n \log\left\{1+\frac{1}{\nu}\frac{(x_i-\mu)^2}{\sigma^2}\right\}$$
とする．これをある値 $\hat{\mu}$ の周りで次のようにテーラー展開する．
$$l(\mu) \approx l(\hat{\mu})+(\mu-\hat{\mu})l'(\hat{\mu})+\frac{1}{2}(\mu-\hat{\mu})^2 l''(\hat{\mu}) = h(\mu)$$
ただし $l'(\mu), l''(\mu)$ はそれぞれ $l(\mu)$ の 1 階，2 階の導関数である．$h(\mu)$ を整理すると
$$h(\mu) = 定数 - \frac{(\mu-m)^2}{2v}, \quad m = \hat{\mu}+vl'(\hat{\mu}), \quad v = -1/l''(\hat{\mu})$$
という形に書くことができ，ちょうど正規分布の密度関数の形になっている．ここで $\hat{\mu}$ は何でもよいが，サンプリングの効率をよくするために，モードないしモードに近い値であることが望ましい．このとき

Step 1. AR ステップ．

 Step 1a. 標本 $\mu' \sim N(m,v)$ を発生させる．

 Step 1b. (0,1) 区間上の一様乱数 u を発生させる．

 Step 1c. もし $u < \exp\{l(\mu')-h(\mu')\}$ ならば μ' を標本として受容し，そうでなければ棄却して Step 1a へ戻る．

Step 2. MH ステップ．μ' を確率
$$\min\left\{\frac{e^{l(\mu')}\min(e^{l(\mu)},e^{h(\mu)})}{e^{l(\mu)}\min(e^{l(\mu')},e^{h(\mu')})},1\right\}$$
$$= \min\left\{\frac{\exp\{l(\mu')+\min(l(\mu),h(\mu))\}}{\exp\{l(\mu)+\min(l(\mu'),h(\mu'))\}},1\right\}$$
で受容する．棄却された場合には，現在の μ にとどまる．

例 9 と同様に発生したデータを用いて AR–MH アルゴリズムを行った．$\hat{\mu}$ には事後分布のモードを用いて，初期値を $\mu^{(0)} = \hat{\mu}$ とおいた．事後平均，事後標準偏差，95%信用区間は表 11.6 の通りである．AR ステップにおける受容率は 99.9%，MH ステップにおける受容率は 99.8%と非常に高く，図 11.17 の標本経路から状態空間を十分にサンプリングしている様子がわかる．この例のように正規分布による近似が成功するのは，もちろん事後分布が単峰形で正規分布に近い場合である．事後分布が多峰形の場合には分布の複数の山のなかの 1 つの山の周辺ばかりをサンプリングしてしまうことになる危険もあり，必ずしも成功するとは限らない．

表 11.6 事後分布の平均, 標準偏差, 95%信用区間

パラメータ	事後平均	事後標準偏差	95%信用区間
μ	4.922	0.161	(4.609, 5.241)

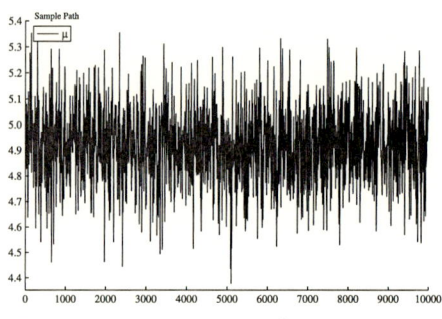

図 11.17 AR–MH アルゴリズム. μ の標本経路.

11.3.5 MH アルゴリズムとギブス・サンプラー

多変量の事後分布に対して実際にマルコフ連鎖モンテカルロ法を応用する場合, MH アルゴリズムを一度に行うのは難しい. つまり現在のベクトル θ に対して, 候補となるベクトル θ' を発生させても, 提案密度 q が事後分布 π をよく近似していないと θ' を棄却する確率が高くなるからである. そこで, θ の成分1つ1つに対して順次 MH アルゴリズムを行うという方法が通常とられる. つまり $\theta_{-i} = (\theta_1, \ldots, \theta_{i-1}, \theta_{i+1}, \ldots, \theta_p)^T$ として, 条件付分布 $\pi(\theta_i|\theta_{-i}, y)$ に対して順次 MH アルゴリズムを行っていく. p 個の MH アルゴリズムを組み合わせて次の確率標本を発生させるのである. この方法でも得られる確率標本の分布は, 不変分布である事後分布に収束していくことが知られている.

現実の応用ではまずギブス・サンプラーを考えて, 条件付分布から確率標本を発生させることが難しいときに, 途中で MH アルゴリズムを使って発生させることが多い. この方法は Müller (1991) により提唱された Metropolis within Gibbs として知られており, MH アルゴリズムの部分では1~5回程度の連鎖を繰り返して条件付分布から確率標本を発生させるというものである (現実の応用では MH アルゴリズムを1回だけ行って次のギブス・サンプラーへ移ることが多い). しかし, 実はギブス・サンプラーは成分ごとの MH アルゴリズムの特別な場合である. つまり提案分布の密度関数が不変分布の確率密度関数であるような場合であり,

MHアルゴリズムでは発生させた候補点を確率1で受容することになる．このことを考えれば，この手法は Metropolis within Gibbs というよりはむしろ Gibbs within Metropolis ともいうべきである．

11.4 参 考 文 献

最後にマルコフ連鎖モンテカルロ法に関する文献をいくつか紹介しておく．マルコフ連鎖モンテカルロ法の入門書としては Gamerman and Lopes (2006) がよく，Chib (2001) もコンパクトにまとまっていて読みやすい．また Gelman et al. (2003) ではベイズ統計入門書としてだけではなく，MCMC の説明とともに多くのモデル例が紹介されている．やや難しい内容も含むが Robert and Casella (2004), Chen et al. (2000), Liu (2001), Sorensen and Gianola (2002) などもよい．Gilks et al. (1996) には本章でも紹介したいくつかのトピックについて重要な論文が数多く収録されている．またその他の入門・応用としては伊庭 (1996), 大森 (2001), 渡部 (2000), 伊庭 他 (2005), 中妻 (2004, 2007), 和合 編 (2005), 阿部・近藤 (2005), Johnson and Albert (1999), Koop (2003), Banerjee et al. (2003), Lancaster (2004), Geweke (2005), Rossi et al. (2006), Frühwirth-Schnatter (2006), Koop et al. (2007) などがある．

11.5 補論：マルコフ連鎖

以下では Tierney (1994) に従って定義と記号を導入する．**不変分布** (invariant distribution) π をもつ斉時的な (time-homogeneous) **マルコフ連鎖** (Markov chain) とは，その**推移核** (transition kernel) P が，すべての可測集合 A について

$$P(\boldsymbol{X}_n, A) = P\{\boldsymbol{X}_{n+1} \in A | \boldsymbol{X}_0, \ldots, \boldsymbol{X}_n\}, \quad \pi(A) = \int \pi(d\boldsymbol{x}) P(\boldsymbol{x}, A)$$

であるような，状態空間 E に値をとる確率変数列 $\boldsymbol{X}_n$ $(n \geq 0)$ である．通常は E は p 次元ユークリッド空間で，π は σ-有限な測度 μ に関して密度をもつと仮定される．

$\boldsymbol{X}_0$ の分布は連鎖の初期分布であり，初期値 $\boldsymbol{X}_0$ が与えられたときの $\boldsymbol{X}_n$ の条件付分布は，P^n を推移核 P を n 回繰り返すことと定義すれば

$$P\{\boldsymbol{X}_n \in A | \boldsymbol{X}_0\} = P^n(\boldsymbol{X}_0, A)$$

となる (不変分布は確率分布であるときに**定常分布** (stationary distribution) ともよばれる). また不変分布 π は, すべての可測集合 A および π−almost all $\boldsymbol{x}$ について

$$\lim_{n \to \infty} P^n(\boldsymbol{x}, A) = \pi(A)$$

を満たすとき, 連鎖の均衡分布 (equilibrium distribution) ともよばれる.

不変分布 π をもつマルコフ連鎖は, 初期状態に関わらず π が正の確率を与える集合に入る確率が正であるとき **π-既約** (π-irreducible) であるという. これは, どんな初期値から始まっても, マルコフ連鎖を何回か反復するうちにどこでも到着する (ただし確率密度が正であるようなところ) という性質を意味する. また, マルコフ連鎖は一定の時間間隔で必ず訪れる状態空間があるとき周期的 (periodic) であるといい, そうでないとき**非周期的** (aperiodic) であるという. 非周期的であるとは, たとえば空間を 2 個以上の集合に分けて周期的にそれらの集合を訪れるということがないという性質, つまり特定の集合ばかりサンプリングしてしまうということがないということを意味する.

さて $\pi P(A) = \int \pi(d\boldsymbol{x}) P(\boldsymbol{x}, A)$ と定義し, $\pi(A) = \int \pi(d\boldsymbol{x}) P(\boldsymbol{x}, A)$ を $\pi = \pi P$ と表記すると, 推移核 P をもつマルコフ連鎖が π-既約で $\pi = \pi P$ であるならば, 連鎖は正再帰的で, π はマルコフ連鎖の唯一の不変分布となる. もしまた非周期的であるならば, $n \to \infty$ のとき, すべての可測集合 A および π−almost all $\boldsymbol{x} \in E$ について

$$||P^n(\boldsymbol{x}, A) - \pi(A)|| \to 0$$

($||\cdot||$ は total variation distance を表す) が成り立つ. さらに $P(\boldsymbol{x}, \cdot)$ がすべての $\boldsymbol{x}$ について π に関して絶対連続であるならばハリス再帰的となり, 上の収束はすべての $\boldsymbol{x}$ について成り立つ (Tierney (1994)). 既約性や非周期性の十分条件は, マルコフ連鎖モンテカルロ法の応用では, 多くの場合において満たされているが, たとえば Robert and Casella (2004), Mengersen and Tweedie (1996), Nummelin (1984), Roberts and Smith (1994) を参照されたい.

12

マルコフ連鎖の収束判定と効率性の診断

12.1 マルコフ連鎖の収束判定

　実際にマルコフ連鎖モンテカルロ法を使うときには標本が不変分布に収束するまでは，初期値に依存する期間を**稼動検査期間** (burn-in period) であるとして棄て，それ以降の標本を用いて推論を行うことになる．その場合，反復を何回以上行えば初期値に依存せず，不変分布に収束するのかという問題が生じる．収束に必要な反復回数を理論的に導く試みはなされているがまだ十分とはいえず，現在の段階では，まず反復を行って得られた系列を用いてマルコフ連鎖が収束しているかどうかを検査するという方法がとられている．ここではそのなかで応用範囲の広いと思われるものについて取り上げていく．

12.1.1　標本経路は安定的か

　収束を判定する方法で最も簡単なものは，すでにいくつかの例でみてきたように，得られた標本経路 (標本の時系列プロット) を作り，その変動が初期値に依存せず安定的な動きになっているかどうかで不変分布に収束したかどうかを判定する方法である．図 12.1 は，例 9 で紹介した酔歩連鎖 MH アルゴリズム ($\tau^2 = 0.2$ のケース) で，初期値 $\mu^{(0)} = 0$ から始めて得られた標本経路である．最初の 30 個は初期値に依存して 0 に引っ張られているが，すぐに事後分布の中心近くである 5 の周辺をサンプリングし始めており，$\mu^{(50)}$ 以降は不変分布へ収束を始めたと考えられる．初期値に依存する期間は稼動検査期間 (burn-in period) とよばれ，その期間に得られた標本は不変分布である事後分布に関する推論を行うための標本には含めず，棄ててしまう．

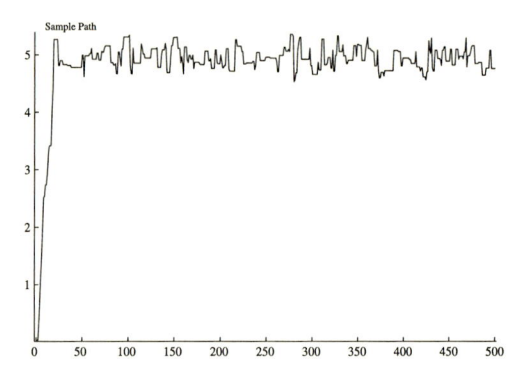

図 12.1 酔歩連鎖 MH アルゴリズム (例 9, $\tau^2 = 0.2$) における初期値から 500 個の標本の経路

12.1.2 標本平均は安定的か

Geweke (1992) は $\boldsymbol{\theta}^{(t)}$ $(t = 1, 2, \ldots, n)$ をマルコフ連鎖,その関数 $g(\boldsymbol{\theta}^{(t)})$ を $g^{(t)}$, $g^{(t)}$ のスペクトル密度関数を $f(\omega)$ とすると

$$\frac{\bar{g} - E[g(\boldsymbol{\theta})]}{\sqrt{2\pi f(0)/n}} \Rightarrow N(0,1), \quad \bar{g} = \frac{1}{n} \sum_{i=1}^{n} g^{(i)}$$

($\Rightarrow$ は分布収束を表す) であることを利用して,標本の分布が事後分布に収束していれば標本系列の前半の平均も後半の平均も同じになっているはずであると考えて,以下のようにマルコフ連鎖の収束を判定することを提案した.

(1) $\boldsymbol{\theta}^{(t)}$ $(t = 1, 2, \ldots, n)$ を発生させて,前半 n_1 個と後半 n_2 個の $g^{(t)}$ の標本平均をそれぞれ

$$\bar{g}_1 = \frac{1}{n_1} \sum_{t=1}^{n_1} g^{(t)},$$

$$\bar{g}_2 = \frac{1}{n_2} \sum_{t=n-n_2+1}^{n} g^{(t)}$$

とする (Geweke (1992) は $n_1 = 0.1n$, $n_2 = 0.5n$ を推奨している).また,それぞれの系列を用いたスペクトル密度の推定値を $\hat{f}_1(0)$, $\hat{f}_2(0)$ とする.

(2) 標準正規分布の z_α を上側 $100\%\alpha$ 点

$$Z = \frac{\bar{g}_1 - \bar{g}_2}{\sqrt{2\pi \hat{f}_1(0)/n_1 + 2\pi \hat{f}_2(0)/n_2}}$$

として $|Z| \le z_{\alpha/2}$ ならば「収束をしていないとはいえない」と判定する. g は何でもよいが $\boldsymbol{\theta}$ がベクトルのときには,その成分 θ_i の収束をみるために $g(\boldsymbol{\theta}) = \theta_i$ などとすればよい.この方法は標本系列の平均の安定性をみるもので,

12.1 マルコフ連鎖の収束判定

同じことは標本経路をみることによっても確認できる．しかし，図による判定にはあいまいな部分もあるため，Geweke (1992) は非ベイズ的な仮説検定という形式をとることにより，数値による収束診断 (convergence diagnostics, CD) を行うことを提案した．しかし Cowles and Carlin (1996) は，この方法がスペクトル密度の推定で用いられるウィンドウのとり方に左右されやすいことを指摘している．

ところで $2\pi \hat{f}_i(0)/n_i$ は標本平均 $\overline{g}_i$ の分散の推定値であるから，その推定方法はほかにも考えられる．たとえばバッチ平均による方法で，n_i 個の標本を k_i 個のグループに分割し (グループ内の標本は $m_i = n_i/k_i$ 個)，グループごとの標本平均を $\overline{g}_{i,1}, \ldots, \overline{g}_{i,k_i}$ として求め，

$$\widehat{Var}\left(\overline{g}_i\right) = \frac{m_i}{n_i} \frac{\sum_{j=1}^{k_i}(\overline{g}_{i,j} - \overline{\overline{g}}_i)^2}{k_i - 1}, \quad \overline{\overline{g}}_i = \frac{1}{k_i} \sum_{j=1}^{k_i} \overline{g}_{i,j}$$

としてもよい．

MH アルゴリズムの例で用いた方法について，表 12.1 に μ の事後分布の平均，標準偏差，95%信用区間とともに，Geweke の仮説検定の p 値をまとめた．酔歩連鎖で $\tau^2 = 0.001$ の場合については特に p 値が 0.02 と小さく，有意水準 5%の仮説検定では 2 つの母平均が等しいという帰無仮説が棄却される．つまり，まだ事後分布へ収束していないと判断される．その他の MH アルゴリズムでは p 値は大きく，2 つの母平均が等しくないとはいえないという結果となっている．つまり事後分布へ収束をしていないとはいえないという結果である．各手法で得られた事後平均や信用区間などを比較してみると多少ずれているが，これはサンプリングが効率的に行われているかどうかによって生じるずれである．このサンプリングの効率性の問題については，標本相関係数や非効率性因子などを用いて後述する．

本節で説明した収束判定の方法以外にもさまざまな方法が提案されており，たとえば Gelman (1996), Gelman and Rubin (1992) は，多重連鎖による方法を用いるとき，すべての連鎖が不変分布に収束しているかどうかを，分散の推定値が各

表 12.1 μ の事後分布の平均，標準偏差，95%信用区間，収束診断の p 値 (CD)

アルゴリズム	事後平均	事後標準偏差	95%信用区間	CD
酔歩連鎖 ($\tau^2 = 0.2$)	4.924	0.161	(4.615, 5.246)	0.70
酔歩連鎖 ($\tau^2 = 4.0$)	4.925	0.155	(4.626, 5.216)	0.40
酔歩連鎖 ($\tau^2 = 0.001$)	4.927	0.150	(4.623, 5.221)	0.02
独立連鎖 (MH)	4.921	0.161	(4.608, 5.243)	0.63
独立連鎖 (AR–MH)	4.922	0.161	(4.609, 5.241)	0.59

連鎖で同じかどうかによって診断する方法を提案している．その際，不変分布の確率密度関数に2つの山があるときには，MCMCの反復回数が少ないと一方の山の周辺ばかりで標本の発生が行われても収束したと誤認してしまうため，不変分布の形状に関する情報をできるだけ得て，初期値も不変分布の台に広く散らばるように発生させることが必要である．また，Raftery and Lewis (1992, 1996) も分位数を用いたマルコフ連鎖の収束判定方法を提案しているが，分位数のとり方によって収束の速さが異なるため，その利用には注意が必要である (Brooks and Roberts (1999))．このほか，初期値を定常分布からの確率標本として得る方法に完全シミュレーション (perfect simulation) がある (Propp and Wilson (1996), Murdoch and Green (1998))．

12.2 サンプリングの効率性の診断

12.2.1 標本自己相関関数

マルコフ連鎖モンテカルロ法によって得られる確率標本は互いに相関がある．もし標本の自己相関が高いならば，標本が現在の場所からなかなか移動せずに同じ場所ばかりサンプリングしていて，状態空間を自由に行き来できていないことを意味するので，そのサンプリング方法は非効率であるということになる．逆に標本の自己相関が低いということは，標本が自由に状態空間を動き回っており，基礎的なモンテカルロ法でみたような独立な確率標本に近いことを示唆するので，効率的なサンプリング方法であるといえる．そこで標本の関数 $g(\boldsymbol{\theta}^n)$ の自己相関関数をみることにより，サンプリング方法の効率性を診断することができる．その際，コレログラムとよばれる標本自己相関関数のプロットが有用である．

コレログラムは横軸に $k = 1, 2, \ldots$ ととり，縦軸に k 期のラグの標本の自己相関 ($g(\boldsymbol{\theta}^{(t)})$ と $g(\boldsymbol{\theta}^{(t+k)})$ の標本相関係数) をプロットする．標本自己相関関数が急速に減衰していれば，サンプリングは効率的であり不変分布への収束も速い．一方，逆に標本自己相関関数がなかなか減衰しなければサンプリングは非効率的であり，不変分布への収束も遅いと考えられる．

図 12.2 は例 9, 10, 11 で酔歩連鎖 ($\tau^2 = 0.2, 4.0, 0.001$)，独立連鎖，AR–MH の5つの MH アルゴリズムによって得られた μ の標本自己相関関数を描いたものである．まず上段は酔歩連鎖アルゴリズムのコレログラムである．提案分布の分散

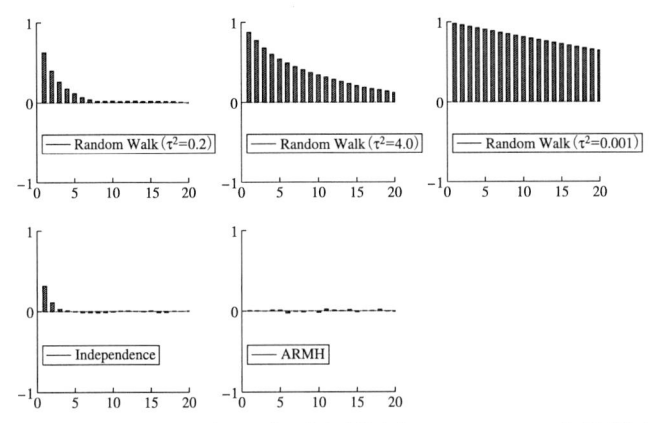

図 12.2 μ の標本自己相関関数. 酔歩連鎖 ($\tau^2 = 0.2, 4.0, 0.001$) (上段) と独立連鎖 (MH(左) と AR–MH(右))(下段).

が $\tau^2 = 0.2$ であるときに比べて, 分散が大きすぎる ($\tau^2 = 4.0$) と候補点が棄却されて同じ現在の点にとどまることが多くなり, 標本自己相関関数が大きくなっている. また, 分散が小さすぎる ($\tau^2 = 0.001$) と現在の点の周辺ばかりサンプリングしていて, 標本自己相関が非常に高くなっている. 適切な τ^2 を試行錯誤で見つけなければ, 酔歩連鎖の MH アルゴリズムでは, 状態空間全体からサンプリングするのに時間がかかってしまう.

下段は独立連鎖アルゴリズムのコレログラムで, 左側は MH の, 右側は AR–MH のアルゴリズムのものである. 提案分布による事後分布の近似が比較的よいため, 酔歩連鎖の MH アルゴリズムに比べて標本自己相関は低く, 速く減衰している. 提案分布にさらに工夫を加えた AR–MH アルゴリズムでは, 標本自己相関はほとんどなく, 非常に効率的なサンプリングであることを示している.

12.2.2 非効率性因子・有効標本数

コレログラムでは図による効率性の診断を行ったが, 数値により効率性の診断を行うのが, 非効率性因子 (inefficiency factor) または自己相関時間 (autocorrelation time) とよばれる尺度である. 非効率性因子は, 仮想的な独立標本から計算される標本平均と同じ精度を達成するために, マルコフ連鎖モンテカルロ法では何倍の標本数を発生することが必要かを示す目安である. マルコフ連鎖 $g(\boldsymbol{\theta}^{(t)})$ の不変分布の分散を σ^2 とすると, その標本平均 $\bar{g}$ の分散は $(\sigma^2/n)\{1+2\sum_{k=1}^{n}\frac{n-k}{n}\rho(k)\}$

である (ただし $\rho(k)$ はラグ k の自己相関関数). もし仮に $g(\boldsymbol{\theta}^{(t)})$ が互いに独立であるときには, その標本平均 $\bar{g}$ の分散は σ^2/n となるので, この 2 つの標本平均の分散比 $Var(\bar{g})/\{\sigma^2/n\}$

$$1 + 2\sum_{k=1}^{n} \frac{n-k}{n}\rho(k) \tag{12.1}$$

を非効率性因子 (inefficiency factor) といい, その逆数をサンプリングの相対数値的効率性 (relative numerical efficiency; Geweke (1992)) あるいはサンプリングの漸近的効率性という (Gelman et al. (1996)). 非効率性因子は $n \to \infty$ として

$$1 + 2\sum_{k=1}^{\infty} \rho(k)$$

と定義される場合もある.

非効率性因子は, 仮想的な独立標本に対するマルコフ連鎖モンテカルロ法による標本の効率性を示している. 非効率性因子の値が m であるならば, 独立な標本を n 個サンプリングした場合と同じ精度の標本平均を得るには, mn 個の標本をマルコフ連鎖モンテカルロ法により発生させる必要がある. 言い替えれば n 個の標本をマルコフ連鎖モンテカルロ法により発生したとき, n/m 個の独立な標本をサンプリングした場合と同じ精度の標本平均を得ることができる (n/m は有効標本数 (effective sample size) ともよばれる (Kass et al. (1998))). 非効率性因子を計算するには, まず (12.1) 式に推定された標本自己相関係数 $\hat{\rho}(k)$ を代入するか, マルコフ連鎖から得られる標本平均の分散 $Var(\bar{g})$ の推定値を, 仮想的な独立標本の標本分散の推定値 $s^2/n = \sum_{t=1}^{n}\{g(\boldsymbol{\theta}^{(t)}) - \bar{g}\}^2/\{n(n-1)\}$ で割ればよい. その際, 標本自己相関関数 $\hat{\rho}(k)$ が減衰して $\hat{\rho}(k) = 0$ ($k > B_M$) とみなせるようなラグについては $\hat{\rho}(k) = 0$ を代入して求め, 分散 $Var(\bar{g})$ の推定値は Geweke の方法を説明した 3.1.2 項のように, スペクトル密度関数を用いて $2\pi\hat{f}(0)/n$ を用いるか, バッチ平均による方法で求めればよい.

例 9, 10, 11 で得られた MH アルゴリズムの標本について, 非効率性因子の値を表 12.2 にまとめた. ただし, スペクトル密度関数 $\hat{f}(0)$ を Parzen ウィンドウを用いて推定し, その際のバンド幅は標本自己相関が減衰するまでとり, $\tau^2 = 0.001$ のとき 250, $\tau^2 = 4.0$ のとき 100, それ以外については 25 としている.

酔歩過程を用いた MH アルゴリズムでは, 提案分布の分散が $\tau^2 = 0.2$ の場合には非効率性因子の値が 4.2 と, 仮想的な独立標本に比べると約 4 倍の標本数が必要となる. もし $\tau^2 = 4.0$ と分散が大きすぎると非効率性因子は 16.9 と高くな

表 12.2 μ の事後分布の平均,標準偏差,95%信用区間,収束診断の p 値 (CD),非効率性因子 (IF)

アルゴリズム	事後平均	事後標準偏差	95%信用区間	CD	IF	採択率
酔歩連鎖 ($\tau^2 = 4.0$)	4.925	0.155	(4.626, 5.216)	0.40	16.9	10.3%
酔歩連鎖 ($\tau^2 = 1.0$)	4.929	0.162	(4.620, 5.259)	0.10	6.2	20.3%
酔歩連鎖 ($\tau^2 = 0.4$)	4.928	0.159	(4.621, 5.232)	0.33	4.8	30.7%
酔歩連鎖 ($\tau^2 = 0.2$)	4.924	0.161	(4.615, 5.246)	0.70	4.2	40.4%
酔歩連鎖 ($\tau^2 = 0.15$)	4.925	0.157	(4.625, 5.229)	0.56	4.1	45.5%
酔歩連鎖 ($\tau^2 = 0.11$)	4.921	0.162	(4.612, 5.235)	0.42	4.3	50.3%
酔歩連鎖 ($\tau^2 = 0.05$)	4.927	0.163	(4.607, 5.242)	0.81	5.5	62.2%
酔歩連鎖 ($\tau^2 = 0.03$)	4.926	0.164	(4.596, 5.239)	0.35	6.6	69.2%
酔歩連鎖 ($\tau^2 = 0.01$)	4.927	0.163	(4.613, 5.245)	0.53	10.5	80.8%
酔歩連鎖 ($\tau^2 = 0.001$)	4.927	0.150	(4.623, 5.221)	0.02	65.3	94.4%
独立連鎖 (MH)	4.921	0.161	(4.608, 5.243)	0.63	1.8	67.9%
独立連鎖 (AR–MH)	4.922	0.161	(4.609, 5.241)	0.59	1.0	99.8%*

* AR ステップの採択率は 99.9%, MH ステップの採択率は 99.8%.

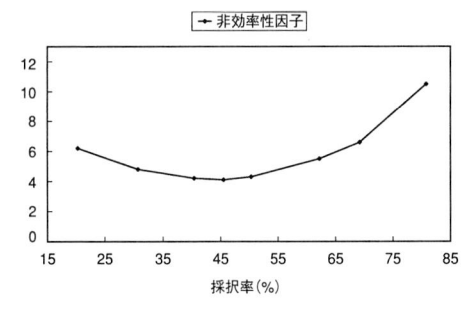

図 12.3 酔歩連鎖における採択率 (横軸) と非効率性因子 (縦軸)

り,また $\tau^2 = 0.001$ と分散が小さすぎると 65.3 と非常に高くなってしまう.図 12.3 からわかるように採択率を上げようとして τ^2 の値を小さくすると,非効率性因子はいったん小さくなった後 (採択率 40〜45%),再び大きくなってしまう.一般的に採択率をどの程度にすればよいかは,ケースバイケースである.正規分布からのサンプリングをベースにした Gelman et al. (1996) の結果を目安に考えると,たとえばパラメータの次元が 1〜2 次元では 35〜45%の採択率,3 次元以上では 25〜35%の採択率になるように始めて,試行錯誤で効率的なサンプリングになるように分散をチューニングしていくことが必要であろう.

これに対して独立連鎖の MH アルゴリズムと AR–MH アルゴリズムの非効率性因子は,それぞれ 1.8, 1.0 と低く,仮想的な独立標本に近い効率的なサンプリングであることがわかる.

12.2.3 サンプリングの効率性を改善する

すでにみたようにサンプリングの効率を改善するためには，酔歩過程 MH アルゴリズムでは提案分布の分散を調整することが必要であり，さらに独立連鎖では AR–MH アルゴリズムのように提案分布を工夫することが必要である．またパラメータ $\boldsymbol{\theta}$ の次元が大きい場合には，$\boldsymbol{\theta}$ の成分を 1 つずつ発生させるのではなく，パラメータをいくつかの小さなベクトルに分けて標本を発生させると，サンプリングの効率性が改善されることが多い．このような方法はブロック化 (blocking) といい，事後分布における相関が高い成分を 1 つのベクトル (ブロックという) にまとめてサンプリングするとよい．

また，パラメータの変換 (reparameterization) によってサンプリングする状態空間が変わり，効率性が改善されることもある．たとえば，分散分析モデルや順序プロビットモデル，変量効果のあるポアソン分布モデルなどにおいて有効であることが知られている (Chen et al. (2000))．

12.3 プログラミングの正しさを診断する

Geweke (2004) ではプログラムの誤りの存在を発見する方法を提案しており，その 1 つが事後シミュレーション比較 (posterior simulation comparison) である．y の確率密度関数を $f(\boldsymbol{y}|\boldsymbol{\theta})$，パラメータ $\boldsymbol{\theta}$ の (積分可能な) 事前分布を $\pi(\boldsymbol{\theta})$ とおくとき，通常事前分布は既知の分布であるので $\boldsymbol{\theta} \sim \pi(\boldsymbol{\theta})$ であるような乱数発生は容易であり，モーメントなどに関する情報も既知であることが多い．したがってこのような乱数発生を行うことによって，事前分布からの標本を得ることができる．

一方，次のようなサンプリングを考えてみよう．
(i) $\boldsymbol{\theta} \sim \pi(\boldsymbol{\theta}|\boldsymbol{y})$ (この部分は事後分布からのサンプリング部分)
(ii) $\boldsymbol{y} \sim f(\boldsymbol{y}|\boldsymbol{\theta})$．(i) に戻る．

これにより得られる $\boldsymbol{\theta}$ の周辺分布は，やはり事前分布 $\pi(\boldsymbol{\theta})$ に従っているはずである．そこで (1) $\boldsymbol{\theta} \sim \pi(\boldsymbol{\theta})$，(2) (i) と (ii) の反復，の 2 つの方法によって，たとえば得られる $\boldsymbol{\theta}$ の標本の 1 次と 2 次のモーメントから事前分布のモーメント (ただし存在する場合) に等しいかどうかを調べることによって，プログラムにバグがあるかどうかを調べることができる．

通常 (1) は容易であり，また事前分布の性質はよく知られていることが多い．(2) も事後分布からのサンプリングを行うプログラムに (ii) を加えるだけなので追加的なプログラミングはごくわずかで済む．ただし，単純にプログラムの誤りを発見するという目的のためには，事前分布をある程度ばらつきの小さな (ただし小さすぎない) 分布に設定したほうがよいであろう．あまりばらつきの大きな事前分布を仮定すると，事前分布におけるサンプリングがまんべんなく状態空間から行うために時間がかかりすぎてしまう．目的はデバギングなのでどんな事前分布でもかまわないのだから，速くデバギングできるような設定がよいであろう．

例 12. 例 11 の AR–MH アルゴリズムのプログラムを検証するために，アルゴリズムを反復する最後の部分に ν, μ, σ^2 をパラメータとする t 分布に従うデータを発生させる部分を加えて，μ を発生させた (毎回データが変わるので，毎回モードを求めて提案分布を構成している)．ν, σ^2 の値は例 11 と同じとしたが，事前分布は $\mu \sim N(0, 0.1)$ と設定した．μ の標本平均, 標本標準偏差はそれぞれ $-0.0098614, 0.31040$ であり，μ の事前分布の平均 0, 標準偏差 0.316 に近い値になっている．この例では，事前分布を $\mu \sim N(0, 0.1)$ と分散の小さな事前分布を用いて事後シミュレーション比較を行ったが，代わりに $\mu \sim N(0, 1)$ と分散を少し大きくすると収束が遅くなる．図 12.4 は事前分布が $\mu \sim N(0, 0.1)$ であるときの μ の標本経路 (上段) と事前分布が $\mu \sim N(0, 1)$ であるときの μ の標本経路 (下段) である．明らかに下段の動きが鈍く，不変分布への収束が遅い．したがって

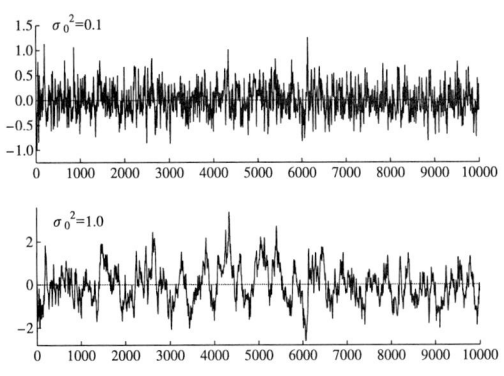

図 **12.4** 事後シミュレーション比較における μ の標本経路. 事前分布が $\mu \sim N(0, 0.1)$ (上段) と $\mu \sim N(0, 1.0)$ (下段).

より多くの反復回数を行わなければ，正しく事後シミュレーション比較を行うことができないことに注意が必要である．図 12.5 は μ の標本から推定した確率密度関数，累積分布関数と，事前分布の確率密度関数，累積分布関数である．いずれもほとんど重なっており，プログラミングが正しいことを示している．

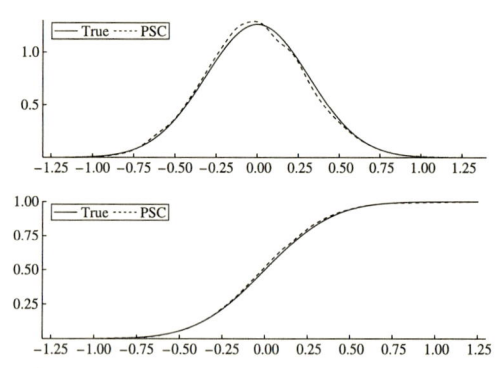

図 12.5 事後シミュレーション比較．推定した μ の周辺分布の確率密度関数 (実線，上段)・累積分布関数 (実線，下段) と真の事前分布の確率密度関数 (点線，上段)・累積分布関数 (点線，下段)

12.4 参 考 文 献

最後にマルコフ連鎖モンテカルロ法の収束判定に関する文献をいくつか紹介しておく．Cowles *et al.* (1999) で指摘されているようにどの方法も完全ではなく，現実にはいくつかの方法を併用して収束の判定をすることになる．いろいろな収束の判定手法やその比較については Robert and Casella (2004) や Mengersen *et al.* (1999)，Cowles and Carlin (1996) や Brooks and Roberts (1999) を参照されたい．

13

周 辺 尤 度

10章で述べたように,複数のモデルの候補が存在するときにモデル選択の重要な基準の1つに周辺尤度がある.その周辺尤度の計算方法にはいろいろあるが,以下では,重点サンプリング法による方法と周辺尤度の恒等式に基づく方法について説明する.

13.1 重点サンプリング法による推定法

周辺尤度 $m(\boldsymbol{y})$ の単純な推定値は,事前分布 $\pi(\boldsymbol{\theta})$ から独立な確率標本 $\boldsymbol{\theta}^{(1)},\ldots,\boldsymbol{\theta}^{(n)}$ を発生させ,12章のモンテカルロ積分を用いればよく

$$\hat{m}_{MC}(\boldsymbol{y}) = \frac{1}{n}\sum_{j=1}^{n} f(\boldsymbol{y}|\boldsymbol{\theta}^{(j)}) \tag{13.1}$$

である.しかし,事前密度 $\pi(\boldsymbol{\theta}_i)$ と尤度関数 $f(\boldsymbol{y}|\boldsymbol{\theta})$ の形状が大きく異なっていたり,ずれていたりするとき,この推定量は精度が悪いことが知られている (Raftery (1996)).実際,事前密度は情報があまりないことを反映することも多いので,通常裾が広く設定されているのに対して,尤度関数は事前密度より狭い領域に集中していることが多い.このため,裾の広い事前分布から発生される $\boldsymbol{\theta}$ の標本の極端な値に影響されて,(13.1) 式の推定値 $\hat{m}_{MC}(\boldsymbol{y})$ は不安定になりやすい.ここで重点サンプリング法の考え方を用いて

$$m(\boldsymbol{y}) = \int \frac{f(\boldsymbol{y}|\boldsymbol{\theta})\pi(\boldsymbol{\theta})}{g(\boldsymbol{\theta})} g(\boldsymbol{\theta}) d\boldsymbol{\theta}$$

であることから (ただし $\pi(\boldsymbol{\theta}) > 0$ である $\boldsymbol{\theta}$ について $g(\boldsymbol{\theta}) > 0$ とする),$g(\boldsymbol{\theta})$ から独立な確率標本 $\boldsymbol{\theta}^{(1)},\ldots,\boldsymbol{\theta}^{(n)}$ を発生させて

$$\hat{m}_{IS}(\boldsymbol{y}) = \frac{1}{n}\sum_{j=1}^{n} \frac{f(\boldsymbol{y}|\boldsymbol{\theta}^{(j)})\pi(\boldsymbol{\theta}^{(j)})}{g(\boldsymbol{\theta}^{(j)})} \tag{13.2}$$

という推定量も考えられる.しかし,この推定量の精度は g のとり方に依存しており,g は事後確率密度関数をできるだけよく近似していることが望ましい.

また Gelfand and Dey (1994) は

$$\frac{1}{m(\boldsymbol{y})} = \int \frac{g(\boldsymbol{\theta})}{m(\boldsymbol{y})} d\boldsymbol{\theta} = \int \frac{g(\boldsymbol{\theta})}{m(\boldsymbol{y})\pi(\boldsymbol{\theta}|\boldsymbol{y})} \pi(\boldsymbol{\theta}|\boldsymbol{y}) d\boldsymbol{\theta}$$
$$= \int \frac{g(\boldsymbol{\theta})}{f(\boldsymbol{y}|\boldsymbol{\theta})\pi(\boldsymbol{\theta})} \pi(\boldsymbol{\theta}|\boldsymbol{y}) d\boldsymbol{\theta}$$

であることから,事後分布 $\pi(\boldsymbol{\theta}|\boldsymbol{y})$ から確率標本 $\boldsymbol{\theta}^{(1)}, \ldots, \boldsymbol{\theta}^{(n)}$ を発生させて

$$\frac{1}{\hat{m}_{GD}(\boldsymbol{y})} = \frac{1}{n} \sum_{j=1}^{n} \frac{g(\boldsymbol{\theta}^{(j)})}{f(\boldsymbol{y}|\boldsymbol{\theta}^{(j)})\pi(\boldsymbol{\theta}^{(j)})} \tag{13.3}$$

とすることを提案した.ここで $g(\boldsymbol{\theta}) = \pi(\boldsymbol{\theta})$ とおくと,Newton and Raftery (1994) の提案した尤度関数の調和平均

$$\hat{m}_{NR}(\boldsymbol{y}) = \left[\frac{1}{n} \sum_{j=1}^{n} \frac{1}{f(\boldsymbol{y}|\boldsymbol{\theta}^{(j)})} \right]^{-1}$$

となる.しかし分母である $f(\boldsymbol{y}|\boldsymbol{\theta}^{(j)})$ に 0 に近い値があると推定値が大きく変動するため,n を十分大きくとる (少なくとも $n \geq 5000$) 必要がある (詳細は Raftery (1996) を参照).

13.2 周辺尤度の恒等式に基づく推定法

重点サンプリング法により周辺尤度を推定する際には,確率標本を発生させる g を注意深くとらなければ,精度の悪い推定値になってしまう.そこで Chib (1995) は g の選択を必要としない方法を以下のように提案した.すべての $\boldsymbol{\theta}$ に対して周辺尤度は,

$$m(\boldsymbol{y}) = \frac{f(\boldsymbol{y}|\boldsymbol{\theta})\pi(\boldsymbol{\theta})}{\pi(\boldsymbol{\theta}|\boldsymbol{y})} \tag{13.4}$$

を満たしており,(13.4)式は基本周辺尤度恒等式 (basic marginal likelihood identity) とよばれている.ここで両辺の対数をとると

$$\log m(\boldsymbol{y}) = \log f(\boldsymbol{y}|\boldsymbol{\theta}) + \log \pi(\boldsymbol{\theta}) - \log \pi(\boldsymbol{\theta}|\boldsymbol{y}) \tag{13.5}$$

となる.通常,尤度関数 $f(\boldsymbol{y}|\boldsymbol{\theta})$ や事前確率密度 $\pi(\boldsymbol{\theta})$ は既知であることが多いが,事後確率密度 $\pi(\boldsymbol{\theta}|\boldsymbol{y})$ は未知であることが多い (ただし状態空間モデルではフィルタリングによる尤度関数の計算が必要となる).したがって,もし $\boldsymbol{\theta} = \boldsymbol{\theta}^*$ において事後密度 $\pi(\boldsymbol{\theta}^*|\boldsymbol{y})$ の推定値 $\hat{\pi}(\boldsymbol{\theta}^*|\boldsymbol{y})$ が得られれば

$$\log \hat{m}(\boldsymbol{y}) = \log f(\boldsymbol{y}|\boldsymbol{\theta}^*) + \log \pi(\boldsymbol{\theta}^*) - \log \hat{\pi}(\boldsymbol{\theta}^*|\boldsymbol{y})$$

とすることで周辺尤度の推定値を得ることができる．$\boldsymbol{\theta}^*$ はどんな値でもよいが，事後密度の推定値が安定的であるような値，たとえば $\boldsymbol{\theta}$ の事後平均やモードなどを使うことが望ましい．以下では事後密度の推定方法をギブス・サンプラー，MHアルゴリズム，AR–MH アルゴリズムについて説明しよう．

13.2.1 ギブス・サンプラー

Chib (1995) は，ギブス・サンプラーで得られた標本を用いて周辺尤度を推定する方法を提案した．ギブス・サンプラーの第 j 回の反復で得られるサンプルを $\boldsymbol{\theta}^{(j)} = (\boldsymbol{\theta}_1^{(j)}, \ldots, \boldsymbol{\theta}_p^{(j)})$ としたとき，$k = 1, 2, \ldots, p$ の順に

$$\boldsymbol{\theta}_k^{(j+1)} \sim \pi(\boldsymbol{\theta}_k | \boldsymbol{y}, \boldsymbol{\theta}_1^{(j+1)}, \ldots, \boldsymbol{\theta}_{k-1}^{(j+1)}, \boldsymbol{\theta}_{k+1}^{(j)}, \ldots, \boldsymbol{\theta}_p^{(j)}) \tag{13.6}$$

とし，条件付事後密度 $\pi(\boldsymbol{\theta}_k | \boldsymbol{y}, \boldsymbol{\theta}_1, \ldots, \boldsymbol{\theta}_{k-1}, \boldsymbol{\theta}_{k+1}, \ldots, \boldsymbol{\theta}_p)$ が既知であるとする．ここで事後確率密度 $\pi(\boldsymbol{\theta}^* | \boldsymbol{y})$ は

$$\begin{aligned}
\pi(\boldsymbol{\theta}^* | \boldsymbol{y}) &= \pi(\boldsymbol{\theta}_1^*, \ldots, \boldsymbol{\theta}_p^* | \boldsymbol{y}) \\
&= \prod_{i=1}^p \pi(\boldsymbol{\theta}_i^* | \boldsymbol{y}, \boldsymbol{\theta}_1^*, \ldots, \boldsymbol{\theta}_{i-1}^*) \\
&= \prod_{i=1}^p \pi(\boldsymbol{\theta}_i^* | \boldsymbol{y}, \boldsymbol{\psi}_{i-1}^*), \quad \boldsymbol{\psi}_{i-1}^* \equiv (\boldsymbol{\theta}_1^*, \ldots, \boldsymbol{\theta}_{i-1}^*)
\end{aligned}$$

(ただし $\boldsymbol{\psi}_0^*$ は空集合とする) と書くことができることに注意すると

$$\log \pi(\boldsymbol{\theta}^* | \boldsymbol{y}) = \sum_{i=1}^p \log \pi(\boldsymbol{\theta}_i^* | \boldsymbol{y}, \boldsymbol{\psi}_{i-1}^*) \tag{13.7}$$

となる．ここで $\boldsymbol{\psi}^{i+1} \equiv (\boldsymbol{\theta}_{i+1}, \ldots, \boldsymbol{\theta}_p)$ とおくと

$$\begin{aligned}
\pi(\boldsymbol{\theta}_i^* | \boldsymbol{y}, \boldsymbol{\psi}_{i-1}^*) &= \int \pi(\boldsymbol{\theta}_i^*, \boldsymbol{\theta}_{i+1}, \ldots, \boldsymbol{\theta}_p | \boldsymbol{y}, \boldsymbol{\psi}_{i-1}^*) d\boldsymbol{\theta}_{i+1} \cdots d\boldsymbol{\theta}_p \\
&= \int \pi(\boldsymbol{\theta}_i^*, \boldsymbol{\psi}^{i+1} | \boldsymbol{y}, \boldsymbol{\psi}_{i-1}^*) d\boldsymbol{\psi}^{i+1} \\
&= \int \pi(\boldsymbol{\theta}_i^* | \boldsymbol{y}, \boldsymbol{\psi}_{i-1}^*, \boldsymbol{\psi}^{i+1}) \pi(\boldsymbol{\psi}^{i+1} | \boldsymbol{y}, \boldsymbol{\psi}_{i-1}^*) d\boldsymbol{\psi}^{i+1}
\end{aligned}$$

であることから，モンテカルロ積分を用いて $\pi(\boldsymbol{\theta}_i^* | \boldsymbol{y}, \boldsymbol{\psi}_{i-1}^*)$ を

$$\begin{aligned}
\hat{\pi}(\boldsymbol{\theta}_i^* | \boldsymbol{y}, \boldsymbol{\psi}_{i-1}^*) &= \frac{1}{M} \sum_{m=1}^M \pi(\boldsymbol{\theta}_i^* | \boldsymbol{\psi}_{i-1}^*, \boldsymbol{\psi}^{i+1,(m)}, \boldsymbol{y}), \\
\boldsymbol{\psi}^{i+1,(m)} &\equiv (\boldsymbol{\theta}_{i+1}^{(m)}, \ldots, \boldsymbol{\theta}_p^{(m)})
\end{aligned}$$

と推定すれば，(13.7) 式より対数事後密度 $\log \pi(\boldsymbol{\theta}^* | \boldsymbol{y})$ を推定することができる．ただし，$\boldsymbol{\psi}^{i+1,(m)} = (\boldsymbol{\theta}_{i+1}^{(m)}, \ldots, \boldsymbol{\theta}_p^{(m)})$ は $\pi(\boldsymbol{\theta}_i, \boldsymbol{\psi}^{i+1} | \boldsymbol{y}, \boldsymbol{\psi}_{i-1}^*)$ からの確率標本で

あり，具体的にはギブス・サンプラーを用いて，$k=i, i+1, \ldots, p$ の順に
$$\boldsymbol{\theta}_k^{(m)} \sim \pi(\boldsymbol{\theta}_k|\boldsymbol{y}, \boldsymbol{\psi}_{i-1}^*, \boldsymbol{\theta}_i^{(m)}, \boldsymbol{\theta}_{i+1}^{(m)}, \ldots, \boldsymbol{\theta}_{k-1}^{(m)}, \boldsymbol{\theta}_{k+1}^{(m-1)}, \ldots, \boldsymbol{\theta}_p^{(m-1)})$$
と発生して得られた標本である．このサンプリングを行うには，すでに事後分布の推論のために用意した (13.6) 式のギブス・サンプラーのプログラムにおいて，$\boldsymbol{\theta}$ の一部である $\boldsymbol{\psi}_{i-1}$ を $\boldsymbol{\psi}_{i-1}^*$ と固定すればよい．$i=1,2,\ldots,p$ となるに従って，(13.6) 式で最初は毎回 $(\boldsymbol{\theta}_1,\ldots,\boldsymbol{\theta}_p)$ の p 個発生させていたサンプルのうち，徐々に $\boldsymbol{\theta}_1=\boldsymbol{\theta}_1^*, \boldsymbol{\theta}_2=\boldsymbol{\theta}_2^*$ と $\boldsymbol{\psi}_{i-1}^*$ が固定されていくので，$p, p-1, \ldots, 1$ と毎回の発生個数が減少していく．またこれにともない $\hat{\pi}(\boldsymbol{\theta}_i^*|\boldsymbol{y}, \boldsymbol{\psi}_{i-1}^*)$ の計算に必要なサンプリング数も徐々に減少していく．

ここまでは，ギブス・サンプラーにおいて $\boldsymbol{\theta}$ 以外に潜在変数が存在しない場合を考えてきたが，潜在変数が存在したとしても上の議論をまったく同様に適用することができる．潜在変数を $\boldsymbol{z}$ とおいてギブス・サンプラーが
$$\boldsymbol{\theta}_k^{(j+1)} \sim \pi(\boldsymbol{\theta}_k|\boldsymbol{y}, \boldsymbol{\theta}_1^{(j+1)}, \ldots, \boldsymbol{\theta}_{k-1}^{(j+1)}, \boldsymbol{\theta}_{k+1}^{(j)}, \ldots, \boldsymbol{\theta}_p^{(j)}, \boldsymbol{z}^{(j)}), \quad k=1,\ldots,p,$$
$$\boldsymbol{z}^{(j+1)} \sim \pi(\boldsymbol{z}|\boldsymbol{y}, \boldsymbol{\theta}_1^{(j+1)}, \ldots, \boldsymbol{\theta}_p^{(j)})$$
と行われるとしよう．上と同様に
$$\pi(\boldsymbol{\theta}_i^*|\boldsymbol{y}, \boldsymbol{\psi}_{i-1}^*) = \int \pi(\boldsymbol{\theta}_i^*, \boldsymbol{\psi}^{i+1}, \boldsymbol{z}|\boldsymbol{y}, \boldsymbol{\psi}_{i-1}^*)d\boldsymbol{\psi}^{i+1}d\boldsymbol{z}$$
$$= \int \pi(\boldsymbol{\theta}_i^*|\boldsymbol{y}, \boldsymbol{\psi}_{i-1}^*, \boldsymbol{\psi}^{i+1}, \boldsymbol{z})\pi(\boldsymbol{\psi}^{i+1}, \boldsymbol{z}|\boldsymbol{y}, \boldsymbol{\psi}_{i-1}^*)d\boldsymbol{\psi}^{i+1}d\boldsymbol{z}$$
であることから，モンテカルロ積分を用いて
$$\hat{\pi}(\boldsymbol{\theta}_i^*|\boldsymbol{y}, \boldsymbol{\psi}_{i-1}^*) = \frac{1}{M}\sum_{m=1}^M \pi(\boldsymbol{\theta}_i^*|\boldsymbol{\psi}_{i-1}^*, \boldsymbol{\psi}^{i+1,(m)}, \boldsymbol{z}^{(m)}, \boldsymbol{y})$$
と推定すれば，$M \to \infty$ のとき確率 1 で $\pi(\boldsymbol{\theta}_i^*|\boldsymbol{y}, \boldsymbol{\psi}_{i-1}^*)$ に収束する．ただし，$\boldsymbol{\psi}^{i+1,(m)} = (\boldsymbol{\theta}_{i+1}^{(m)}, \ldots, \boldsymbol{\theta}_p^{(m)})$, $\boldsymbol{z}^{(m)}$ は $\pi(\boldsymbol{\theta}_i, \boldsymbol{\psi}^{i+1}, \boldsymbol{z}|\boldsymbol{y}, \boldsymbol{\psi}_{i-1}^*)$ からの確率標本であり，具体的にはギブス・サンプラーを用いて，
$$\boldsymbol{\theta}_k^{(m)} \sim \pi(\boldsymbol{\theta}_k|\boldsymbol{y}, \boldsymbol{\psi}_{i-1}^*, \boldsymbol{\theta}_i^{(m)}, \boldsymbol{\theta}_{i+1}^{(m)}, \ldots, \boldsymbol{\theta}_{k-1}^{(m)}, \boldsymbol{\theta}_{k+1}^{(m-1)}, \ldots, \boldsymbol{\theta}_p^{(m-1)}, \boldsymbol{z}^{(m-1)}),$$
$$k=i, i+1, \ldots, p,$$
$$\boldsymbol{z}^{(m)} \sim \pi(\boldsymbol{z}|\boldsymbol{y}, \boldsymbol{\psi}_{i-1}^*, \boldsymbol{\theta}_i^{(m)}, \boldsymbol{\theta}_{i+1}^{(m)}, \ldots, \boldsymbol{\theta}_p^{(m)})$$
$m=1,2,\ldots,M$ と発生させればよい．

最後に対数事後確率密度 $\log \pi(\boldsymbol{\theta}^*|\boldsymbol{y})$ の推定値の数値的な標準誤差の求め方について説明する．$p \times 1$ ベクトル $\boldsymbol{h}$ とその確率標本 $\boldsymbol{h}^{(m)}$ を

13.2 周辺尤度の恒等式に基づく推定法

$$\boldsymbol{h} = \begin{pmatrix} \pi(\boldsymbol{\theta}_1^*|\boldsymbol{\psi}^2,\boldsymbol{z},\boldsymbol{y}) \\ \pi(\boldsymbol{\theta}_2^*|\boldsymbol{\psi}_1^*,\boldsymbol{\psi}^3,\boldsymbol{z},\boldsymbol{y}) \\ \vdots \\ \pi(\boldsymbol{\theta}_{p-1}^*|\boldsymbol{\psi}_{p-2}^*,\boldsymbol{\psi}^p,\boldsymbol{z},\boldsymbol{y}) \\ \pi(\boldsymbol{\theta}_p^*|\boldsymbol{\psi}_{p-1}^*,\boldsymbol{z},\boldsymbol{y}) \end{pmatrix}, \quad \boldsymbol{h}^{(m)} = \begin{pmatrix} \pi(\boldsymbol{\theta}_1^*|\boldsymbol{\psi}^{2,(m)},\boldsymbol{z}^{(m)},\boldsymbol{y}) \\ \pi(\boldsymbol{\theta}_2^*|\boldsymbol{\psi}_1^*,\boldsymbol{\psi}^{3,(m)},\boldsymbol{z}^{(m)},\boldsymbol{y}) \\ \vdots \\ \pi(\boldsymbol{\theta}_{p-1}^*|\boldsymbol{\psi}_{p-2}^*,\boldsymbol{\psi}^{p,(m)},\boldsymbol{z}^{(m)},\boldsymbol{y}) \\ \pi(\boldsymbol{\theta}_p^*|\boldsymbol{\psi}_{p-1}^*,\boldsymbol{z}^{(m)},\boldsymbol{y}) \end{pmatrix}$$

とおき,$\boldsymbol{h}$ の期待値 $\boldsymbol{\mu_h}$ と標本平均 $\overline{\boldsymbol{h}}$ を

$$\boldsymbol{\mu_h} = \begin{pmatrix} \pi(\boldsymbol{\theta}_1^*|\boldsymbol{y}) \\ \pi(\boldsymbol{\theta}_2^*|\boldsymbol{\psi}_1^*,\boldsymbol{y}) \\ \vdots \\ \pi(\boldsymbol{\theta}_{p-1}^*|\boldsymbol{\psi}_{p-2}^*,\boldsymbol{y}) \\ \pi(\boldsymbol{\theta}_p^*|\boldsymbol{\psi}_{p-1}^*,\boldsymbol{y}) \end{pmatrix}, \quad \overline{\boldsymbol{h}} = \frac{1}{M}\sum_{m=1}^{M}\boldsymbol{h}^{(m)} = \begin{pmatrix} \hat{\pi}(\boldsymbol{\theta}_1^*|\boldsymbol{y}) \\ \hat{\pi}(\boldsymbol{\theta}_2^*|\boldsymbol{\psi}_1^*,\boldsymbol{y}) \\ \vdots \\ \hat{\pi}(\boldsymbol{\theta}_{p-1}^*|\boldsymbol{\psi}_{p-2}^*,\boldsymbol{y}) \\ \hat{\pi}(\boldsymbol{\theta}_p^*|\boldsymbol{\psi}_{p-1}^*,\boldsymbol{y}) \end{pmatrix}$$

とする.すると (13.7) 式より対数事後確率密度の推定値が

$$\log\hat{\pi}(\boldsymbol{\theta}^*|\boldsymbol{y}) = \sum_{i=1}^{p}\log\overline{h}_i,$$

(ただし $\overline{h}_i$ は $\overline{\boldsymbol{h}}$ の第 i 成分) と表現できるので,$\overline{\boldsymbol{h}}$ の分散行列 $Var(\overline{\boldsymbol{h}})$ の推定値を $\widehat{Var}(\overline{\boldsymbol{h}})$ とすればデルタ法 (たとえば Greene (2007) を参照) により,その標準誤差は

$$\sqrt{\hat{\boldsymbol{c}}'\widehat{Var}(\overline{\boldsymbol{h}})\hat{\boldsymbol{c}}}, \quad \text{ただし } \hat{\boldsymbol{c}}' = \left(\overline{h}_1^{-1},\overline{h}_2^{-1},\ldots,\overline{h}_p^{-1}\right)$$

と数値的に求めることができる.$Var(\overline{\boldsymbol{h}})$ の推定値はたとえば

$$\widehat{Var}(\overline{\boldsymbol{h}}) = \frac{1}{M}\left\{\hat{\Omega}_0 + \sum_{s=1}^{B_M}\left(1-\frac{s}{B_M+1}\right)(\hat{\Omega}_s+\hat{\Omega}_s')\right\},$$

$$\hat{\Omega}_s = \frac{1}{M}\sum_{m=s+1}^{M}(\boldsymbol{h}^{(m)}-\overline{\boldsymbol{h}})(\boldsymbol{h}^{(m-s)}-\overline{\boldsymbol{h}})'$$

として求めることができる (Newey and West (1987) または Geweke (1992) 参照).ただし,B_M は自己相関関数が減衰して 0 とみなせるような大きさにとることとする.

13.2.2 MH アルゴリズム

Chib and Jeliazkov (2001) は,MH アルゴリズムで得られる確率標本を用いて周辺尤度を計算する方法を次のように提案している.MH アルゴリズムで $\boldsymbol{\theta}$ を

一度にサンプリングする場合について考えよう．提案密度を $q(\boldsymbol{\theta}, \boldsymbol{\theta}^*|\boldsymbol{y})$ とし，q の基準化定数は既知であることを仮定する．点 $\boldsymbol{\theta}$ から新しい点 $\boldsymbol{\theta}^*$ に移る確率を $\alpha(\boldsymbol{\theta}, \boldsymbol{\theta}^*|\boldsymbol{y})$ とすると

$$\alpha(\boldsymbol{\theta}, \boldsymbol{\theta}^*|\boldsymbol{y}) = \min\left\{\frac{f(\boldsymbol{y}|\boldsymbol{\theta}^*)\pi(\boldsymbol{\theta}^*)}{f(\boldsymbol{y}|\boldsymbol{\theta})\pi(\boldsymbol{\theta})}\frac{q(\boldsymbol{\theta}^*, \boldsymbol{\theta}|\boldsymbol{y})}{q(\boldsymbol{\theta}, \boldsymbol{\theta}^*|\boldsymbol{y})}, 1\right\}$$

であり，

$$\alpha(\boldsymbol{\theta}, \boldsymbol{\theta}^*|\boldsymbol{y})\pi(\boldsymbol{\theta}|\boldsymbol{y})q(\boldsymbol{\theta}, \boldsymbol{\theta}^*|\boldsymbol{y}) = \alpha(\boldsymbol{\theta}^*, \boldsymbol{\theta}|\boldsymbol{y})\pi(\boldsymbol{\theta}^*|\boldsymbol{y})q(\boldsymbol{\theta}^*, \boldsymbol{\theta}|\boldsymbol{y})$$

が成り立つ．この両辺を $\boldsymbol{\theta}$ に関して積分すれば

$$\int \alpha(\boldsymbol{\theta}, \boldsymbol{\theta}^*|\boldsymbol{y})\pi(\boldsymbol{\theta}|\boldsymbol{y})q(\boldsymbol{\theta}, \boldsymbol{\theta}^*|\boldsymbol{y})d\boldsymbol{\theta} = \pi(\boldsymbol{\theta}^*|\boldsymbol{y})\int \alpha(\boldsymbol{\theta}^*, \boldsymbol{\theta}|\boldsymbol{y})q(\boldsymbol{\theta}^*, \boldsymbol{\theta}|\boldsymbol{y})d\boldsymbol{\theta}$$

であることから

$$\pi(\boldsymbol{\theta}^*|\boldsymbol{y}) = \frac{\int \alpha(\boldsymbol{\theta}, \boldsymbol{\theta}^*|\boldsymbol{y})\pi(\boldsymbol{\theta}|\boldsymbol{y})q(\boldsymbol{\theta}, \boldsymbol{\theta}^*|\boldsymbol{y})d\boldsymbol{\theta}}{\int \alpha(\boldsymbol{\theta}^*, \boldsymbol{\theta}|\boldsymbol{y})q(\boldsymbol{\theta}^*, \boldsymbol{\theta}|\boldsymbol{y})d\boldsymbol{\theta}} \tag{13.8}$$

$$= \frac{E_{\pi(\boldsymbol{\theta}|\boldsymbol{y})}\{\alpha(\boldsymbol{\theta}, \boldsymbol{\theta}^*|\boldsymbol{y})q(\boldsymbol{\theta}, \boldsymbol{\theta}^*|\boldsymbol{y})\}}{E_{q(\boldsymbol{\theta}^*, \boldsymbol{\theta}|\boldsymbol{y})}\{\alpha(\boldsymbol{\theta}^*, \boldsymbol{\theta}|\boldsymbol{y})\}} \tag{13.9}$$

を得る．このとき事後確率密度 $\pi(\boldsymbol{\theta}|\boldsymbol{y})$ からの確率標本を $\boldsymbol{\theta}^{(l)}$ $(l=1,\ldots,L)$ とし，提案密度 $q(\boldsymbol{\theta}^*, \boldsymbol{\theta}|\boldsymbol{y})$ からの確率標本を $\tilde{\boldsymbol{\theta}}^{(m)}$ $(l=1,\ldots,M)$ として (13.9) 式の分子と分母の期待値をそれぞれ標本平均で置き換えることによって，事後確率密度の推定値を

$$\hat{\pi}(\boldsymbol{\theta}^*|\boldsymbol{y}) = \frac{\frac{1}{L}\sum_{l=1}^{L}\alpha(\boldsymbol{\theta}^{(l)}, \boldsymbol{\theta}^*|\boldsymbol{y})q(\boldsymbol{\theta}^{(l)}, \boldsymbol{\theta}^*|\boldsymbol{y})}{\frac{1}{M}\sum_{m=1}^{M}\alpha(\boldsymbol{\theta}^*, \tilde{\boldsymbol{\theta}}^{(m)}|\boldsymbol{y})} \tag{13.10}$$

と求めることができる．MH アルゴリズムで $\boldsymbol{\theta} = (\boldsymbol{\theta}_1,\ldots,\boldsymbol{\theta}_p)$ として，$\boldsymbol{\theta}_i$ を $\{\boldsymbol{\theta}_1,\ldots,\boldsymbol{\theta}_{i-1},\boldsymbol{\theta}_{i+1},\ldots,\boldsymbol{\theta}_p,\boldsymbol{y}\}$ を所与として MH アルゴリズムにより発生させる場合と標準誤差の求め方については補論を参照されたい．

Chib and Jeliazkov (2001) による例では，周辺尤度の計算結果は L,M の大きさ (5000～20000)，ブロック化の方法 (いくつのブロックに分けるかなど)，提案分布などには影響されないが，事後分布からのサンプリングの効率が悪ければ計算精度は悪くなることが示されている．

13.2.3 AR–MH アルゴリズム

AR–MH アルゴリズムを用いた場合には，提案密度 q の基準化定数が未知であるので Chib and Jeliazkov (2001) の方法をそのまま適用することはできない．この問題を解決するために，Chib and Jeliazkov (2005) では AR–MH アルゴリズムのための改良を提案している．AR–MH アルゴリズムは前章で説明したように，以下の独立連鎖である．

1) AR ステップ．まず，提案密度 $q(\boldsymbol{\theta}'|\boldsymbol{y})$ からの確率標本を発生させる．$q(\boldsymbol{\theta}'|\boldsymbol{y}) \propto \min\{f(\boldsymbol{y}|\boldsymbol{\theta}')\pi(\boldsymbol{\theta}'), ch(\boldsymbol{\theta}'|\boldsymbol{y})\} \leq ch(\boldsymbol{\theta}'|\boldsymbol{y})$ より，棄却サンプリングを用いて

   (a) $h(\boldsymbol{\theta}'|\boldsymbol{y})$ から確率標本 $\boldsymbol{\theta}'$ を発生させ，確率
   $$\alpha_{AR}(\boldsymbol{\theta}'|\boldsymbol{y}) = \min\left\{\frac{f(\boldsymbol{y}|\boldsymbol{\theta}')\pi(\boldsymbol{\theta}')}{ch(\boldsymbol{\theta}'|\boldsymbol{y})}, 1\right\}$$
   で受容する．

   (b) 棄却されたら (a) に戻る．

2) MH ステップ．現在の点を $\boldsymbol{\theta}$ として，AR ステップで得られた $\boldsymbol{\theta}'$ を確率
$$\alpha_{MH}(\boldsymbol{\theta}, \boldsymbol{\theta}'|\boldsymbol{y}) = \min\left\{\frac{f(\boldsymbol{y}|\boldsymbol{\theta}')\pi(\boldsymbol{\theta}')}{f(\boldsymbol{y}|\boldsymbol{\theta})\pi(\boldsymbol{\theta})} \frac{\min\{f(\boldsymbol{y}|\boldsymbol{\theta})\pi(\boldsymbol{\theta}), ch(\boldsymbol{\theta}|\boldsymbol{y})\}}{\min\{f(\boldsymbol{y}|\boldsymbol{\theta}')\pi(\boldsymbol{\theta}'), ch(\boldsymbol{\theta}'|\boldsymbol{y})\}}, 1\right\}$$
で受容する．

同じことであるが，MH ステップはまた次のように表されることもある．

2') MH ステップ．$\mathcal{D} = \{\boldsymbol{\theta}' : f(\boldsymbol{y}|\boldsymbol{\theta}')\pi(\boldsymbol{\theta}') \leq ch(\boldsymbol{\theta}'|\boldsymbol{y})\}$ として，

   (a) もし $\boldsymbol{\theta} \in \mathcal{D}$ ならば，$\alpha_{MH}(\boldsymbol{\theta}, \boldsymbol{\theta}'|\boldsymbol{y}) = 1$.

   (b) もし $\boldsymbol{\theta} \notin \mathcal{D}$ かつ $\boldsymbol{\theta}' \in \mathcal{D}$ ならば，
   $$\alpha_{MH}(\boldsymbol{\theta}, \boldsymbol{\theta}'|\boldsymbol{y}) = \frac{ch(\boldsymbol{\theta}|\boldsymbol{y})}{f(\boldsymbol{y}|\boldsymbol{\theta})\pi(\boldsymbol{\theta})}.$$

   (c) もし $\boldsymbol{\theta} \notin \mathcal{D}$ かつ $\boldsymbol{\theta}' \notin \mathcal{D}$ ならば，
   $$\alpha_{MH}(\boldsymbol{\theta}, \boldsymbol{\theta}'|\boldsymbol{y}) = \min\left\{\frac{f(\boldsymbol{y}|\boldsymbol{\theta}')\pi(\boldsymbol{\theta}')h(\boldsymbol{\theta}|\boldsymbol{y})}{f(\boldsymbol{y}|\boldsymbol{\theta})\pi(\boldsymbol{\theta})h(\boldsymbol{\theta}'|\boldsymbol{y})}, 1\right\}.$$

この提案密度 $q(\boldsymbol{\theta}|\boldsymbol{y}) \propto \min\{f(\boldsymbol{y}|\boldsymbol{\theta})\pi(\boldsymbol{\theta}), ch(\boldsymbol{\theta}|\boldsymbol{y})\}$ は
$$\begin{aligned} q(\boldsymbol{\theta}|\boldsymbol{y}) &= d(\boldsymbol{y})^{-1}\alpha_{AR}(\boldsymbol{\theta}|\boldsymbol{y})h(\boldsymbol{\theta}|\boldsymbol{y}), \\ d(\boldsymbol{y}) &= \int \alpha_{AR}(\boldsymbol{\theta}|\boldsymbol{y})h(\boldsymbol{\theta}|\boldsymbol{y})d\boldsymbol{\theta} \end{aligned} \qquad (13.11)$$
であり，基準化定数 d は未知である．

さて $\boldsymbol{\theta}$ を一度にサンプリングする場合に，周辺尤度を計算する方法について考えよう．(13.8) 式に (13.11) 式を代入すると

$$\pi(\boldsymbol{\theta}^*|\boldsymbol{y}) = \frac{\int \alpha_{MH}(\boldsymbol{\theta},\boldsymbol{\theta}^*|\boldsymbol{y})\pi(\boldsymbol{\theta}|\boldsymbol{y})d(\boldsymbol{y})^{-1}\alpha_{AR}(\boldsymbol{\theta}^*|\boldsymbol{y})h(\boldsymbol{\theta}^*|\boldsymbol{y})d\boldsymbol{\theta}}{\int \alpha_{MH}(\boldsymbol{\theta}^*,\boldsymbol{\theta}|\boldsymbol{y})d(\boldsymbol{y})^{-1}\alpha_{AR}(\boldsymbol{\theta}|\boldsymbol{y})h(\boldsymbol{\theta}|\boldsymbol{y})d\boldsymbol{\theta}}$$

$$= \frac{\alpha_{AR}(\boldsymbol{\theta}^*|\boldsymbol{y})h(\boldsymbol{\theta}^*|\boldsymbol{y})\int \alpha_{MH}(\boldsymbol{\theta},\boldsymbol{\theta}^*|\boldsymbol{y})\pi(\boldsymbol{\theta}|\boldsymbol{y})d\boldsymbol{\theta}}{\int \alpha_{MH}(\boldsymbol{\theta}^*,\boldsymbol{\theta}|\boldsymbol{y})\alpha_{AR}(\boldsymbol{\theta}|\boldsymbol{y})h(\boldsymbol{\theta}|\boldsymbol{y})d\boldsymbol{\theta}}$$

となる.ここで $\boldsymbol{\theta}^*$ を $\boldsymbol{\theta}^* \in \mathcal{D}$ となるようにとれば $\alpha_{MH}(\boldsymbol{\theta}^*,\boldsymbol{\theta}) = 1$ となるから

$$\pi(\boldsymbol{\theta}^*|\boldsymbol{y}) = \frac{f(\boldsymbol{y}|\boldsymbol{\theta}^*)\pi(\boldsymbol{\theta}^*)\int \alpha_{MH}(\boldsymbol{\theta},\boldsymbol{\theta}^*|\boldsymbol{y})\pi(\boldsymbol{\theta}|\boldsymbol{y})d\boldsymbol{\theta}}{c\int \alpha_{AR}(\boldsymbol{\theta}|\boldsymbol{y})h(\boldsymbol{\theta}|\boldsymbol{y})d\boldsymbol{\theta}}$$

である.したがって

$$m(\boldsymbol{y}) = \frac{c\int \alpha_{AR}(\boldsymbol{\theta}|\boldsymbol{y})h(\boldsymbol{\theta}|\boldsymbol{y})d\boldsymbol{\theta}}{\int \alpha_{MH}(\boldsymbol{\theta},\boldsymbol{\theta}^*|\boldsymbol{y})\pi(\boldsymbol{\theta}|\boldsymbol{y})d\boldsymbol{\theta}}, \quad \boldsymbol{\theta}^* \in \mathcal{D}. \quad (13.12)$$

このことから確率標本

$$\boldsymbol{\theta}^{(l)} \sim h(\boldsymbol{\theta}|\boldsymbol{y}), \quad l=1,\ldots,L,$$
$$\tilde{\boldsymbol{\theta}}^{(m)} \sim \pi(\boldsymbol{\theta}|\boldsymbol{y}), \quad m=1,\ldots,M$$

を用いて周辺尤度の推定値は

$$\hat{m}(\boldsymbol{y}) = \frac{\dfrac{c}{L}\sum_{l=1}^{L}\alpha_{AR}(\boldsymbol{\theta}^{(l)}|\boldsymbol{y})}{\dfrac{1}{M}\sum_{m=1}^{M}\alpha_{MH}(\tilde{\boldsymbol{\theta}}^{(m)},\boldsymbol{\theta}^*|\boldsymbol{y})}, \quad \boldsymbol{\theta}^* \in \mathcal{D} \quad (13.13)$$

とすればよい.AR–MH アルゴリズムにおいて $\boldsymbol{\theta}=(\theta_1,\ldots,\theta_p)$ として,θ_i を $\{\theta_1,\ldots,\theta_{i-1},\theta_{i+1},\ldots,\theta_p,\boldsymbol{y}\}$ を所与として発生させる場合の周辺尤度の計算については,補論を参照されたい.

13.3 参 考 文 献

周辺尤度のいくつかの計算方法を比較した Han and Carlin (2001) によれば,周辺尤度の恒等式に基づいた Chib (1995), Chib and Jeliazkov (2001) の方法による推定値の精度がよいとされている.ただし,パラメータの数が非常に多い場

合や事後分布が多峰型になる場合など,すべてのモデルに対して調べられているわけではない.

本章で紹介した計算方法以外に,ラプラス近似を用いた方法については小西・北川 (2004) および Raftery (1996) (Laplace–Metropolis 推定量) を,Gelman and Meng (1998) によるパス・サンプリングや Meng and Wong (1996) によるブリッジ・サンプリングで 2 つのモデルの基準化定数の比を求める方法については Chen et al. (2000) を参照されたい.また多重積分については伊庭 他 (2005) (第 I 部) による解説も参照されたい.

また混合分布モデルの場合には修正が必要であり,Frühwirth-Schnatter (2004, 2006) により周辺尤度の計算方法が提案されている.このほか,ディリクレ混合過程モデルの周辺尤度の計算方法には Basu and Chib (2003) がある.

13.4 補論

13.4.1 MH アルゴリズムを用いた周辺尤度の推定

MH アルゴリズムにおいて $\boldsymbol{\theta} = (\boldsymbol{\theta}_1, \ldots, \boldsymbol{\theta}_p)$ として,$\boldsymbol{\theta}_i$ を $\{\boldsymbol{\theta}_1, \ldots, \boldsymbol{\theta}_{i-1}, \boldsymbol{\theta}_{i+1}, \ldots, \boldsymbol{\theta}_p, \boldsymbol{y}\}$ を所与として発生させる場合に周辺尤度の計算をするためには,(13.7) 式から $\pi(\boldsymbol{\theta}_i^* | \boldsymbol{y}, \boldsymbol{\psi}_{i-1}^*)$ の推定値を以下のように求めればよい.

$(\boldsymbol{y}, \boldsymbol{\psi}_{i-1}^*, \boldsymbol{\psi}^{i+1})$ を所与として,提案密度を $q(\boldsymbol{\theta}_i, \boldsymbol{\theta}_i^* | \boldsymbol{y}, \boldsymbol{\psi}_{i-1}^*, \boldsymbol{\psi}^{i+1})$,点 $\boldsymbol{\theta}_i$ から新しい点 $\boldsymbol{\theta}_i^*$ に移る確率を $\alpha(\boldsymbol{\theta}_i, \boldsymbol{\theta}_i^* | \boldsymbol{y}, \boldsymbol{\psi}_{i-1}^*, \boldsymbol{\psi}^{i+1})$ とすると

$$
\begin{aligned}
&\alpha(\boldsymbol{\theta}_i, \boldsymbol{\theta}_i^* | \boldsymbol{y}, \boldsymbol{\psi}_{i-1}^*, \boldsymbol{\psi}^{i+1}) \\
&= \min \left\{ \frac{f(\boldsymbol{y}|\boldsymbol{\theta}_i^*, \boldsymbol{\psi}_{i-1}^*, \boldsymbol{\psi}^{i+1}) \pi(\boldsymbol{\theta}_i^* | \boldsymbol{\psi}_{i-1}^*, \boldsymbol{\psi}^{i+1})}{f(\boldsymbol{y}|\boldsymbol{\theta}_i, \boldsymbol{\psi}_{i-1}^*, \boldsymbol{\psi}^{i+1}) \pi(\boldsymbol{\theta}_i | \boldsymbol{\psi}_{i-1}^*, \boldsymbol{\psi}^{i+1})} \frac{q(\boldsymbol{\theta}_i^*, \boldsymbol{\theta}_i | \boldsymbol{y}, \boldsymbol{\psi}_{i-1}^*, \boldsymbol{\psi}^{i+1})}{q(\boldsymbol{\theta}_i, \boldsymbol{\theta}_i^* | \boldsymbol{y}, \boldsymbol{\psi}_{i-1}^*, \boldsymbol{\psi}^{i+1})}, 1 \right\} \\
&= \min \left\{ \frac{f(\boldsymbol{y}|\boldsymbol{\theta}_i^*, \boldsymbol{\psi}_{i-1}^*, \boldsymbol{\psi}^{i+1}) \pi(\boldsymbol{\theta}_i^*, \boldsymbol{\psi}_{i-1}^*, \boldsymbol{\psi}^{i+1})}{f(\boldsymbol{y}|\boldsymbol{\theta}_i, \boldsymbol{\psi}_{i-1}^*, \boldsymbol{\psi}^{i+1}) \pi(\boldsymbol{\theta}_i, \boldsymbol{\psi}_{i-1}^*, \boldsymbol{\psi}^{i+1})} \frac{q(\boldsymbol{\theta}_i^*, \boldsymbol{\theta}_i | \boldsymbol{y}, \boldsymbol{\psi}_{i-1}^*, \boldsymbol{\psi}^{i+1})}{q(\boldsymbol{\theta}_i, \boldsymbol{\theta}_i^* | \boldsymbol{y}, \boldsymbol{\psi}_{i-1}^*, \boldsymbol{\psi}^{i+1})}, 1 \right\} \\
&= \min \left\{ \frac{f(\boldsymbol{y}|\boldsymbol{\theta}_i^*, \boldsymbol{\psi}_{i-1}^*, \boldsymbol{\psi}^{i+1}) \pi(\boldsymbol{\theta}_i^*, \boldsymbol{\psi}^{i+1} | \boldsymbol{\psi}_{i-1}^*)}{f(\boldsymbol{y}|\boldsymbol{\theta}_i, \boldsymbol{\psi}_{i-1}^*, \boldsymbol{\psi}^{i+1}) \pi(\boldsymbol{\theta}_i, \boldsymbol{\psi}^{i+1} | \boldsymbol{\psi}_{i-1}^*)} \frac{q(\boldsymbol{\theta}_i^*, \boldsymbol{\theta}_i | \boldsymbol{y}, \boldsymbol{\psi}_{i-1}^*, \boldsymbol{\psi}^{i+1})}{q(\boldsymbol{\theta}_i, \boldsymbol{\theta}_i^* | \boldsymbol{y}, \boldsymbol{\psi}_{i-1}^*, \boldsymbol{\psi}^{i+1})}, 1 \right\}
\end{aligned}
$$

である.このとき

$$
\begin{aligned}
&\alpha(\boldsymbol{\theta}_i, \boldsymbol{\theta}_i^* | \boldsymbol{y}, \boldsymbol{\psi}_{i-1}^*, \boldsymbol{\psi}^{i+1}) f(\boldsymbol{y}|\boldsymbol{\theta}_i, \boldsymbol{\psi}_{i-1}^*, \boldsymbol{\psi}^{i+1}) \pi(\boldsymbol{\theta}_i, \boldsymbol{\psi}^{i+1} | \boldsymbol{\psi}_{i-1}^*) q(\boldsymbol{\theta}_i, \boldsymbol{\theta}_i^* | \boldsymbol{y}, \boldsymbol{\psi}_{i-1}^*, \boldsymbol{\psi}^{i+1}) \\
&= \alpha(\boldsymbol{\theta}_i^*, \boldsymbol{\theta}_i | \boldsymbol{y}, \boldsymbol{\psi}_{i-1}^*, \boldsymbol{\psi}^{i+1}) f(\boldsymbol{y}|\boldsymbol{\theta}_i^*, \boldsymbol{\psi}_{i-1}^*, \boldsymbol{\psi}^{i+1}) \pi(\boldsymbol{\theta}_i^*, \boldsymbol{\psi}^{i+1} | \boldsymbol{\psi}_{i-1}^*) q(\boldsymbol{\theta}_i^*, \boldsymbol{\theta}_i | \boldsymbol{y}, \boldsymbol{\psi}_{i-1}^*, \boldsymbol{\psi}^{i+1})
\end{aligned}
$$

が成り立つ.この両辺を $f(\boldsymbol{y}|\boldsymbol{\psi}_{i-1}^*) = \int f(\boldsymbol{y}|\boldsymbol{\psi}_{i-1}^*, \boldsymbol{\psi}^i) \pi(\boldsymbol{\psi}^i | \boldsymbol{\psi}_{i-1}^*) d\boldsymbol{\psi}^i$,$\boldsymbol{\psi}^i =$

$(\boldsymbol{\theta}_i, \boldsymbol{\psi}^{i+1})$ で割ると

$$\alpha(\boldsymbol{\theta}_i, \boldsymbol{\theta}_i^*|\boldsymbol{y}, \boldsymbol{\psi}_{i-1}^*, \boldsymbol{\psi}^{i+1})\pi(\boldsymbol{\psi}^i|\boldsymbol{y}, \boldsymbol{\psi}_{i-1}^*)q(\boldsymbol{\theta}_i, \boldsymbol{\theta}_i^*|\boldsymbol{y}, \boldsymbol{\psi}_{i-1}^*, \boldsymbol{\psi}^{i+1})$$
$$= \alpha(\boldsymbol{\theta}_i^*, \boldsymbol{\theta}_i|\boldsymbol{y}, \boldsymbol{\psi}_{i-1}^*, \boldsymbol{\psi}^{i+1})\pi(\boldsymbol{\theta}_i^*, \boldsymbol{\psi}^{i+1}|\boldsymbol{y}, \boldsymbol{\psi}_i^*)q(\boldsymbol{\theta}_i^*, \boldsymbol{\theta}_i|\boldsymbol{y}, \boldsymbol{\psi}_{i-1}^*, \boldsymbol{\psi}^{i+1}) \quad (13.14)$$

となる. ここで

$$\pi(\boldsymbol{\theta}_i^*, \boldsymbol{\psi}^{i+1}|\boldsymbol{y}, \boldsymbol{\psi}_{i-1}^*) = \pi(\boldsymbol{\theta}_i^*|\boldsymbol{y}, \boldsymbol{\psi}_{i-1}^*)\pi(\boldsymbol{\psi}^{i+1}|\boldsymbol{y}, \boldsymbol{\psi}_i^*)$$

に注意して (13.14) 式の両辺を $\boldsymbol{\psi}^i = (\boldsymbol{\theta}_i, \boldsymbol{\psi}^{i+1})$ に関して積分すれば

$$\int \alpha(\boldsymbol{\theta}_i, \boldsymbol{\theta}_i^*|\boldsymbol{y}, \boldsymbol{\psi}_{i-1}^*, \boldsymbol{\psi}^{i+1})q(\boldsymbol{\theta}_i, \boldsymbol{\theta}_i^*|\boldsymbol{y}, \boldsymbol{\psi}_{i-1}^*, \boldsymbol{\psi}^{i+1})\pi(\boldsymbol{\psi}^i|\boldsymbol{y}, \boldsymbol{\psi}_{i-1}^*)d\boldsymbol{\psi}^i$$
$$= \pi(\boldsymbol{\theta}_i^*|\boldsymbol{y}, \boldsymbol{\psi}_{i-1}^*)$$
$$\times \int \alpha(\boldsymbol{\theta}_i^*, \boldsymbol{\theta}_i|\boldsymbol{y}, \boldsymbol{\psi}_{i-1}^*, \boldsymbol{\psi}^{i+1})\pi(\boldsymbol{\psi}^{i+1}|\boldsymbol{y}, \boldsymbol{\psi}_i^*)q(\boldsymbol{\theta}_i^*, \boldsymbol{\theta}_i|\boldsymbol{y}, \boldsymbol{\psi}_{i-1}^*, \boldsymbol{\psi}^{i+1})d\boldsymbol{\psi}^i$$

となるから

$$\pi(\boldsymbol{\theta}_i^*|\boldsymbol{y}, \boldsymbol{\psi}_{i-1}^*)$$
$$= \frac{\int \alpha(\boldsymbol{\theta}_i, \boldsymbol{\theta}_i^*|\boldsymbol{y}, \boldsymbol{\psi}_{i-1}^*, \boldsymbol{\psi}^{i+1})q(\boldsymbol{\theta}_i, \boldsymbol{\theta}_i^*|\boldsymbol{y}, \boldsymbol{\psi}_{i-1}^*, \boldsymbol{\psi}^{i+1})\pi(\boldsymbol{\psi}^i|\boldsymbol{y}, \boldsymbol{\psi}_{i-1}^*)d\boldsymbol{\psi}^i}{\int \alpha(\boldsymbol{\theta}_i^*, \boldsymbol{\theta}_i|\boldsymbol{y}, \boldsymbol{\psi}_{i-1}^*, \boldsymbol{\psi}^{i+1})\pi(\boldsymbol{\psi}^{i+1}|\boldsymbol{y}, \boldsymbol{\psi}_i^*)q(\boldsymbol{\theta}_i^*, \boldsymbol{\theta}_i|\boldsymbol{y}, \boldsymbol{\psi}_{i-1}^*, \boldsymbol{\psi}^{i+1})d\boldsymbol{\psi}^i}$$
$$\quad (13.15)$$
$$= \frac{E_{\pi(\boldsymbol{\psi}^i|\boldsymbol{y}, \boldsymbol{\psi}_{i-1}^*)}\{\alpha(\boldsymbol{\theta}_i, \boldsymbol{\theta}_i^*|\boldsymbol{y}, \boldsymbol{\psi}_{i-1}^*, \boldsymbol{\psi}^{i+1})q(\boldsymbol{\theta}_i, \boldsymbol{\theta}_i^*|\boldsymbol{y}, \boldsymbol{\psi}_{i-1}^*, \boldsymbol{\psi}^{i+1})\}}{E_{\pi(\boldsymbol{\psi}^{i+1}|\boldsymbol{y}, \boldsymbol{\psi}_i^*)q(\boldsymbol{\theta}_i^*, \boldsymbol{\theta}_i|\boldsymbol{y}, \boldsymbol{\psi}_{i-1}^*, \boldsymbol{\psi}^{i+1})}\{\alpha(\boldsymbol{\theta}_i^*, \boldsymbol{\theta}_i|\boldsymbol{y}, \boldsymbol{\psi}_{i-1}^*, \boldsymbol{\psi}^{i+1})\}}$$
$$\quad (13.16)$$

となる. したがって確率標本

$$\boldsymbol{\theta}_k^{(l)} \sim \pi(\boldsymbol{\theta}_k|\boldsymbol{y}, \boldsymbol{\psi}_{i-1}^*, \boldsymbol{\psi}_{-k}^{i,(l)}), \quad k = i, \ldots, p, \quad l = 1, \ldots, L,$$
$$\text{ただし } \boldsymbol{\psi}_{-k}^{i,(l)} = \{\boldsymbol{\theta}_i^{(l)}, \ldots, \boldsymbol{\theta}_{k-1}^{(l)}, \boldsymbol{\theta}_{k+1}^{(l-1)}, \ldots, \boldsymbol{\theta}_p^{(l-1)}\}$$

を発生させ,また確率標本

$$\tilde{\boldsymbol{\theta}}_k^{(m)} \sim \pi(\boldsymbol{\theta}_k|\boldsymbol{y}, \boldsymbol{\psi}_i^*, \tilde{\boldsymbol{\psi}}_{-k}^{i+1,(m)}), \quad k = i+1, \ldots, p,$$
$$\text{ただし } \tilde{\boldsymbol{\psi}}_{-k}^{i+1,(m)} = \{\tilde{\boldsymbol{\theta}}_{i+1}^{(m)}, \ldots, \tilde{\boldsymbol{\theta}}_{k-1}^{(m)}, \tilde{\boldsymbol{\theta}}_{k+1}^{(m-1)}, \ldots, \tilde{\boldsymbol{\theta}}_p^{(m-1)}\}$$
$$\tilde{\boldsymbol{\theta}}_i^{(m)} \sim q(\boldsymbol{\theta}_i^*, \boldsymbol{\theta}_i|\boldsymbol{y}, \boldsymbol{\psi}_{i-1}^*, \tilde{\boldsymbol{\psi}}^{i+1,(m)}), \quad \tilde{\boldsymbol{\psi}}^{i+1,(m)} = (\tilde{\boldsymbol{\theta}}_{i+1}^{(m)}, \ldots, \tilde{\boldsymbol{\theta}}_p^{(m)})$$

$(m = 1, \ldots, M)$ を発生させて, 条件付事後密度の推定値を

$$\hat{\pi}(\boldsymbol{\theta}_i^*|\boldsymbol{y}, \boldsymbol{\psi}_{i-1}^*) = \frac{\hat{\pi}_{i,1}}{\hat{\pi}_{i,2}}$$

ただし

$$\hat{\pi}_{i,1} = \frac{1}{L}\sum_{l=1}^{L} \alpha(\boldsymbol{\theta}_i^{(l)}, \boldsymbol{\theta}_i^*|\boldsymbol{y}, \boldsymbol{\psi}_{i-1}^*, \boldsymbol{\psi}^{i+1,(l)}) q(\boldsymbol{\theta}_i^{(l)}, \boldsymbol{\theta}_i^*|\boldsymbol{y}, \boldsymbol{\psi}_{i-1}^*, \boldsymbol{\psi}^{i+1,(l)})$$

$$\hat{\pi}_{i,2} = \frac{1}{M}\sum_{m=1}^{M} \alpha(\boldsymbol{\theta}_i^*, \tilde{\boldsymbol{\theta}}_i^{(m)}|\boldsymbol{y}, \boldsymbol{\psi}_{i-1}^*, \tilde{\boldsymbol{\psi}}^{i+1,(m)})$$

$$\boldsymbol{\psi}^{i+1,(l)} = (\boldsymbol{\theta}_{i+1}^{(l)}, \ldots, \boldsymbol{\theta}_p^{(l)})$$

とすればよい．これを用いて (13.7) 式から対数事後密度 $\log \pi(\boldsymbol{\theta}^*|\boldsymbol{y})$ を推定する．この方法はパラメータ $\boldsymbol{\theta}$ のほかに潜在変数 $\boldsymbol{z}$ が存在する場合もまったく同様に計算することができる．具体的には $\boldsymbol{\psi}^i, \boldsymbol{\psi}^{i,(m)}, \tilde{\boldsymbol{\psi}}^{i,(m)}, \boldsymbol{\psi}_{-k}^{i,(m)}$ を $\boldsymbol{\psi}^i = (\boldsymbol{\theta}_i, \ldots, \boldsymbol{\theta}_p, \boldsymbol{z})$, $\boldsymbol{\psi}^{p+1} = \boldsymbol{z}$, $\boldsymbol{\psi}^{i,(m)} = (\boldsymbol{\theta}_i^{(m)}, \ldots, \boldsymbol{\theta}_p^{(m)}, \boldsymbol{z}^{(m)})$, $\boldsymbol{\psi}^{p+1,(m)} = \boldsymbol{z}^{(m)}$, $\tilde{\boldsymbol{\psi}}^{i+1,(m)} = (\tilde{\boldsymbol{\theta}}_{i+1}^{(m)}, \ldots, \tilde{\boldsymbol{\theta}}_p^{(m)}, \tilde{\boldsymbol{z}}^{(m)})$, $\tilde{\boldsymbol{\psi}}^{p+1,(m)} = \tilde{\boldsymbol{z}}^{(m)}$, $\boldsymbol{\psi}_{-k}^{i,(m)} = \{\boldsymbol{\theta}_i^{(m)}, \ldots, \boldsymbol{\theta}_{k-1}^{(m)}, \boldsymbol{\theta}_{k+1}^{(m-1)}, \ldots, \boldsymbol{\theta}_p^{(m-1)}, \boldsymbol{z}^{(m-1)}\}$, $\tilde{\boldsymbol{\psi}}_{-k}^{i+1,(m)} = \{\tilde{\boldsymbol{\theta}}_{i+1}^{(m)}, \ldots, \tilde{\boldsymbol{\theta}}_{k-1}^{(m)}, \tilde{\boldsymbol{\theta}}_{k+1}^{(m-1)}, \ldots, \tilde{\boldsymbol{\theta}}_p^{(m-1)}, \tilde{\boldsymbol{z}}^{(m-1)}\}$ とすればよい．潜在変数の標本 $\boldsymbol{z}^{(l)}, \boldsymbol{z}^{(m)}$ は

$$\boldsymbol{z}^{(l)} \sim \pi(\boldsymbol{z}|\boldsymbol{y}, \boldsymbol{\psi}_{i-1}^*, \boldsymbol{\theta}_i^{(l)}, \ldots, \boldsymbol{\theta}_p^{(l)})$$
$$\tilde{\boldsymbol{z}}^{(m)} \sim \pi(\boldsymbol{z}|\boldsymbol{y}, \boldsymbol{\psi}_i^*, \tilde{\boldsymbol{\theta}}_{i+1}^{(m)}, \ldots, \tilde{\boldsymbol{\theta}}_p^{(m)})$$

として発生する．また，一部 $\boldsymbol{\theta}_k$ の発生をギブス・サンプラーでできるときには(つまり提案密度が定常分布の条件付密度に等しくなり $\alpha = 1$ となる)，ギブス・サンプラーにおける方法を用いればよい (簡単な例が Chib and Jeliazkov (2001) にある)．

最後に $L = M$ としたときの事後確率密度の標準誤差を数値的に求める方法について説明しよう．ギブス・サンプラーを用いた場合と同様に，$2p \times 1$ ベクトル $\boldsymbol{h}$ を

$$\boldsymbol{h} = \begin{pmatrix} \alpha(\boldsymbol{\theta}_1, \boldsymbol{\theta}_1^*|\boldsymbol{y}, \boldsymbol{\psi}^2) q(\boldsymbol{\theta}_1, \boldsymbol{\theta}_1^*|\boldsymbol{y}, \boldsymbol{\psi}^2) \\ \alpha(\boldsymbol{\theta}_1^*, \boldsymbol{\theta}_1|\boldsymbol{y}, \boldsymbol{\psi}^2) \\ \alpha(\boldsymbol{\theta}_2, \boldsymbol{\theta}_2^*|\boldsymbol{y}, \boldsymbol{\psi}_1^*, \boldsymbol{\psi}^3) q(\boldsymbol{\theta}_2, \boldsymbol{\theta}_2^*|\boldsymbol{y}, \boldsymbol{\psi}_1^*, \boldsymbol{\psi}^3) \\ \alpha(\boldsymbol{\theta}_2^*, \boldsymbol{\theta}_2|\boldsymbol{y}, \boldsymbol{\psi}_1^*, \boldsymbol{\psi}^3) \\ \vdots \\ \alpha(\boldsymbol{\theta}_p, \boldsymbol{\theta}_p^*|\boldsymbol{y}, \boldsymbol{\psi}_{p-1}^*, \boldsymbol{\psi}^{p+1}) q(\boldsymbol{\theta}_p, \boldsymbol{\theta}_p^*|\boldsymbol{y}, \boldsymbol{\psi}_{p-1}^*, \boldsymbol{\psi}^{p+1}) \\ \alpha(\boldsymbol{\theta}_p^*, \boldsymbol{\theta}_p|\boldsymbol{y}, \boldsymbol{\psi}_{p-1}^*, \boldsymbol{\psi}^{p+1}) \end{pmatrix}$$

とし，その確率標本 $\boldsymbol{h}^{(m)}$ を

$$h^{(m)} = \begin{pmatrix} \alpha(\boldsymbol{\theta}_1^{(m)}, \boldsymbol{\theta}_1^*|\boldsymbol{y}, \boldsymbol{\psi}^{2,(m)}) q(\boldsymbol{\theta}_1^{(m)}, \boldsymbol{\theta}_1^*|\boldsymbol{y}, \boldsymbol{\psi}^{2,(m)}) \\ \alpha(\boldsymbol{\theta}_1^*, \tilde{\boldsymbol{\theta}}_1^{(m)}|\boldsymbol{y}, \tilde{\boldsymbol{\psi}}^{2,(m)}) \\ \alpha(\boldsymbol{\theta}_2^{(m)}, \boldsymbol{\theta}_2^*|\boldsymbol{y}, \boldsymbol{\psi}_1^*, \boldsymbol{\psi}^{3,(m)}) q(\boldsymbol{\theta}_2^{(m)}, \boldsymbol{\theta}_2^*|\boldsymbol{y}, \boldsymbol{\psi}_1^*, \boldsymbol{\psi}^{3,(m)}) \\ \alpha(\boldsymbol{\theta}_2^*, \tilde{\boldsymbol{\theta}}_2^{(m)}|\boldsymbol{y}, \boldsymbol{\psi}_1^*, \tilde{\boldsymbol{\psi}}^{3,(m)}) \\ \vdots \\ \alpha(\boldsymbol{\theta}_p^{(m)}, \boldsymbol{\theta}_p^*|\boldsymbol{y}, \boldsymbol{\psi}_{p-1}^*, \boldsymbol{\psi}^{p+1,(m)}) q(\boldsymbol{\theta}_p^{(m)}, \boldsymbol{\theta}_p^*|\boldsymbol{y}, \boldsymbol{\psi}_{p-1}^*, \boldsymbol{\psi}^{p+1,(m)}) \\ \alpha(\boldsymbol{\theta}_p^*, \tilde{\boldsymbol{\theta}}_p^{(m)}|\boldsymbol{y}, \boldsymbol{\psi}_{p-1}^*, \tilde{\boldsymbol{\psi}}^{p+1,(m)}) \end{pmatrix}$$

とおき,標本平均 $\overline{h}$ を $\overline{h} = \sum_{m=1}^{M} h^{(m)}/M$ とする.すると (13.7) 式より対数事後確率密度の推定値が

$$\log \hat{\pi}(\boldsymbol{\theta}^*|\boldsymbol{y}) = \sum_{i=1}^{2p} (-1)^{i+1} \log \overline{h}_i$$

(ただし $\overline{h}_i$ は $\overline{h}$ の第 i 成分) と表現できるので,$\overline{h}$ の分散行列 $Var(\overline{h})$ の推定値を $\widehat{Var}(\overline{h})$ とすればデルタ法 (たとえば Greene (2007) を参照) により,その標準誤差は

$$\sqrt{\hat{\boldsymbol{c}}' \widehat{Var}(\overline{h}) \hat{\boldsymbol{c}}}, \quad \text{ただし} \quad \hat{\boldsymbol{c}}' = \left(\overline{h}_1^{-1}, -\overline{h}_2^{-1}, \overline{h}_3^{-1}, -\overline{h}_4^{-1}, \ldots, \overline{h}_{2p-1}^{-1}, -\overline{h}_{2p}^{-1} \right)$$

と数値的に求めることができる.$Var(\overline{h})$ の推定値はたとえば

$$\widehat{Var}(\overline{h}) = \frac{1}{M} \left\{ \hat{\Omega}_0 + \sum_{s=1}^{B_M} \left(1 - \frac{s}{B_M+1} \right) (\hat{\Omega}_s + \hat{\Omega}_s') \right\},$$

$$\hat{\Omega}_s = \frac{1}{M} \sum_{m=s+1}^{M} (h^{(m)} - \overline{h})(h^{(m-s)} - \overline{h})'$$

として求めることができる.ただし,B_M は自己相関関数が減衰して 0 とみなせるような大きさにとることとする.

13.4.2 AR–MH アルゴリズムを用いた周辺尤度の推定

AR–MH アルゴリズムにおいて $\boldsymbol{\theta} = (\boldsymbol{\theta}_1, \ldots, \boldsymbol{\theta}_p)$ として,$\boldsymbol{\theta}_i$ を $\{\boldsymbol{\theta}_1, \ldots, \boldsymbol{\theta}_{i-1}, \boldsymbol{\theta}_{i+1}, \ldots, \boldsymbol{\theta}_p, \boldsymbol{y}\}$ を所与として発生させる場合に周辺尤度を計算する方法について考える.

$(\boldsymbol{y}, \boldsymbol{\psi}_{i-1}^*, \boldsymbol{\psi}^{i+1})$ を所与とし,提案密度を

$$q(\boldsymbol{\theta}_i^*|\boldsymbol{y}, \boldsymbol{\psi}_{i-1}^*, \boldsymbol{\psi}^{i+1}) = \frac{\alpha_{AR}(\boldsymbol{\theta}_i^*|\boldsymbol{y}, \boldsymbol{\psi}_{i-1}^*, \boldsymbol{\psi}^{i+1}) h(\boldsymbol{\theta}_i^*|\boldsymbol{y}, \boldsymbol{\psi}_{i-1}^*, \boldsymbol{\psi}^{i+1})}{d(\boldsymbol{y}, \boldsymbol{\psi}_{i-1}^*, \boldsymbol{\psi}^{i+1})}$$

(13.17)

13.4 補論

とする. ただし d は q の基準化定数で

$$d(\boldsymbol{y}, \boldsymbol{\psi}_{i-1}^*, \boldsymbol{\psi}^{i+1})$$
$$= \int \alpha_{AR}(\boldsymbol{\theta}_i^*|\boldsymbol{y}, \boldsymbol{\psi}_{i-1}^*, \boldsymbol{\psi}^{i+1}) h(\boldsymbol{\theta}_i^*|\boldsymbol{y}, \boldsymbol{\psi}_{i-1}^*, \boldsymbol{\psi}^{i+1}) d\boldsymbol{\theta}_i^*$$

である. いま, 点 $\boldsymbol{\theta}_i$ から新しい点 $\boldsymbol{\theta}_i^*$ に移る確率を $\alpha_{MH}(\boldsymbol{\theta}_i, \boldsymbol{\theta}_i^*|\boldsymbol{y}, \boldsymbol{\psi}_{i-1}^*, \boldsymbol{\psi}^{i+1})$ とすれば, (13.17) 式を (13.15) 式に代入して

$$\pi(\boldsymbol{\theta}_i^*|\boldsymbol{y}, \boldsymbol{\psi}_{i-1}^*) = \frac{\pi_{i,1}}{\pi_{i,2}}$$

ただし

$$\begin{aligned}
\pi_{i,1} &= \int \alpha_{MH}(\boldsymbol{\theta}_i, \boldsymbol{\theta}_i^*|\boldsymbol{y}, \boldsymbol{\psi}_{i-1}^*, \boldsymbol{\psi}^{i+1}) \alpha_{AR}(\boldsymbol{\theta}_i^*|\boldsymbol{y}, \boldsymbol{\psi}_{i-1}^*, \boldsymbol{\psi}^{i+1}) \\
&\quad \cdot h(\boldsymbol{\theta}_i^*|\boldsymbol{y}, \boldsymbol{\psi}_{i-1}^*, \boldsymbol{\psi}^{i+1}) \pi(\boldsymbol{\psi}^i|\boldsymbol{y}, \boldsymbol{\psi}_{i-1}^*) d\boldsymbol{\psi}^i \\
&= E_{\pi(\boldsymbol{\psi}^i|\boldsymbol{y}, \boldsymbol{\psi}_{i-1}^*)} \{\alpha_{MH}(\boldsymbol{\theta}_i, \boldsymbol{\theta}_i^*|\boldsymbol{y}, \boldsymbol{\psi}_{i-1}^*, \boldsymbol{\psi}^{i+1}) \alpha_{AR}(\boldsymbol{\theta}_i^*|\boldsymbol{y}, \boldsymbol{\psi}_{i-1}^*, \boldsymbol{\psi}^{i+1}) \\
&\quad \cdot h(\boldsymbol{\theta}_i^*|\boldsymbol{y}, \boldsymbol{\psi}_{i-1}^*, \boldsymbol{\psi}^{i+1})\} \\
\pi_{i,2} &= \int \alpha_{MH}(\boldsymbol{\theta}_i^*, \boldsymbol{\theta}_i|\boldsymbol{y}, \boldsymbol{\psi}_{i-1}^*, \boldsymbol{\psi}^{i+1}) \pi(\boldsymbol{\psi}^{i+1}|\boldsymbol{y}, \boldsymbol{\psi}_i^*) \alpha_{AR}(\boldsymbol{\theta}_i|\boldsymbol{y}, \boldsymbol{\psi}_{i-1}^*, \boldsymbol{\psi}^{i+1}) \\
&\quad \cdot h(\boldsymbol{\theta}_i|\boldsymbol{y}, \boldsymbol{\psi}_{i-1}^*, \boldsymbol{\psi}^{i+1}) d\boldsymbol{\psi}^i \\
&= E_{\pi(\boldsymbol{\psi}^{i+1}|\boldsymbol{y}, \boldsymbol{\psi}_i^*) h(\boldsymbol{\theta}_i|\boldsymbol{y}, \boldsymbol{\psi}_{i-1}^*, \boldsymbol{\psi}^{i+1})} \{\alpha_{MH}(\boldsymbol{\theta}_i^*, \boldsymbol{\theta}_i|\boldsymbol{y}, \boldsymbol{\psi}_{i-1}^*, \boldsymbol{\psi}^{i+1}) \\
&\quad \cdot \alpha_{AR}(\boldsymbol{\theta}_i|\boldsymbol{y}, \boldsymbol{\psi}_{i-1}^*, \boldsymbol{\psi}^{i+1})\}
\end{aligned}$$

を得る. したがって確率標本

$$\boldsymbol{\theta}_k^{(l)} \sim \pi(\boldsymbol{\theta}_k|\boldsymbol{y}, \boldsymbol{\psi}_{i-1}^*, \boldsymbol{\psi}_{-k}^{i,(l)}), \quad k = i, \ldots, p, \quad l = 1, 2, \ldots, L,$$
$$\text{ただし } \boldsymbol{\psi}_{-k}^{i,(l)} = \{\boldsymbol{\theta}_i^{(l)}, \ldots, \boldsymbol{\theta}_{k-1}^{(l)}, \boldsymbol{\theta}_{k+1}^{(l-1)}, \ldots, \boldsymbol{\theta}_p^{(l-1)}\}$$

を発生させ, また確率標本

$$\tilde{\boldsymbol{\theta}}_k^{(m)} \sim \pi(\boldsymbol{\theta}_k|\boldsymbol{y}, \boldsymbol{\psi}_i^*, \tilde{\boldsymbol{\psi}}_{-k}^{i+1,(m)}), \quad k = i+1, \ldots, p,$$
$$\text{ただし } \tilde{\boldsymbol{\psi}}_{-k}^{i+1,(m)} = \{\tilde{\boldsymbol{\theta}}_{i+1}^{(m)}, \ldots, \tilde{\boldsymbol{\theta}}_{k-1}^{(m)}, \tilde{\boldsymbol{\theta}}_{k+1}^{(m-1)}, \ldots, \tilde{\boldsymbol{\theta}}_p^{(m-1)}\}$$
$$\tilde{\boldsymbol{\theta}}_i^{(m)} \sim h(\boldsymbol{\theta}_i|\boldsymbol{y}, \boldsymbol{\psi}_{i-1}^*, \tilde{\boldsymbol{\psi}}^{i+1,(m)}), \quad \tilde{\boldsymbol{\psi}}^{i+1,(m)} = (\tilde{\boldsymbol{\theta}}_{i+1}^{(m)}, \ldots, \tilde{\boldsymbol{\theta}}_p^{(m)})$$

$(m = 1, \ldots, M)$ を発生して条件付事後密度の推定値

$$\hat{\pi}(\boldsymbol{\theta}_i^*|\boldsymbol{y}, \boldsymbol{\psi}_{i-1}^*) = \frac{\hat{\pi}_{i,1}}{\hat{\pi}_{i,2}}$$

ただし

$$\hat{\pi}_{i,1} = \frac{1}{L}\sum_{l=1}^{L}\alpha_{MH}(\boldsymbol{\theta}_i^{(l)},\boldsymbol{\theta}_i^*|\boldsymbol{y},\boldsymbol{\psi}_{i-1}^*,\boldsymbol{\psi}^{i+1,(l)})\alpha_{AR}(\boldsymbol{\theta}_i^*|\boldsymbol{y},\boldsymbol{\psi}_{i-1}^*,\boldsymbol{\psi}^{i+1,(l)})$$
$$\cdot h(\boldsymbol{\theta}_i^*|\boldsymbol{y},\boldsymbol{\psi}_{i-1}^*,\boldsymbol{\psi}^{i+1,(l)})$$
$$\hat{\pi}_{i,2} = \frac{1}{M}\sum_{m=1}^{M}\alpha_{MH}(\boldsymbol{\theta}_i^*,\tilde{\boldsymbol{\theta}}_i^{(m)}|\boldsymbol{y},\boldsymbol{\psi}_{i-1}^*,\tilde{\boldsymbol{\psi}}^{i+1,(m)})\alpha_{AR}(\tilde{\boldsymbol{\theta}}_i^{(m)}|\boldsymbol{y},\boldsymbol{\psi}_{i-1}^*,\tilde{\boldsymbol{\psi}}^{i+1,(m)})$$

とすればよい．ただし $\boldsymbol{\psi}^{i+1,(l)} = (\boldsymbol{\theta}_{i+1}^{(l)},\ldots,\boldsymbol{\theta}_p^{(l)})$ である．これを用いて (13.7) 式から対数事後密度 $\log\pi(\boldsymbol{\theta}^*|\boldsymbol{y})$ を推定する．潜在変数 z が存在する場合についても MH アルゴリズムと同様に拡張できる．数値的な標準誤差もまた，MH アルゴリズムと同様に計算することができる．

文　　献

阿部 誠・近藤 文代 (2005). マーケティングの科学. 朝倉書店.
Banerjee, S., Carlin, B. P. and Gelfand., A. E. (2003). *Hierarchical Modeling and Analysis for Spatial Data*. Chapman & Hall/CRC.
Basu, S. and Chib, S. (2003). Marginal likelihood and Bayes factors for Dirichlet process mixture models. *Journal of the American Statistical Association*, **98**, 224–235.
Bauwens, L., Lubrano, M. and Richard., J. -F. (2000). *Bayesian Inference in Dynamic Econometric Models*. Oxford University Press, Oxford.
Berger, J. O. and Mortera, J. (1999). Default Bayes factos of nonnested hypothesis testing. *Journal of the American Statistical Association*, **94**, 542–554.
Berger, J. O. and Pericchi, L. R. (1996). The intrinsic Bayes factor for linear models. In Bernardo, J. M., Berger, J. O., Dawid, A. P. and Smith A. F. M. (eds.) *Bayesian Statistics*, Vol. 5. Oxford University Press, Oxford, pp.25–44.
Bernardo, J. M. and Smith., A. F. M. (1994). *Bayesian Theory*. Wiley, New York.
Brooks, S. P. and Roberts, G. O. (1999). On quantile estimation and Markov chain Monte Carlo convergence. *Biometrika*, **86**, 710–717.
Carlin, B. P. and Louis, T. A. (2000). *Bayes and Empirical Bayes Methods for Data Analysis*, 2nd edition. Chapman & Hall/CRC.
Chan, K. S. (1993). Asymptotic behavior of the Gibbs sampler. *Journal of the American Statistical Association*, **88**, 320–326.
Chan, K. S. and Geyer, C. J. (1994). Discussion of Markov chains for exploring posterior distributions. *The Annals of Statistics*, **22**, 1747–1758.
Chen, M. -H., Shao, Q. -M. and Ibrahim, J. G. (2000). *Monte Carlo Methods in Bayesian Computation*. Springer, New York.
Chib, S. (1995). Marginal likelihood from the Gibbs output. *Journal of the American Statistical Association*, **90**, 1313–1321.
Chib, S. (2001). Markov chain Monte Carlo methods: Computation and inference. In Heckman, J. J. and Leamer, E. (eds.) *Handbook of Econometrics*, Vol. 5. North Holland, Amsterdam, pp.3569–3649.
Chib, S. and Greenberg, E. (1995). Understanding the Metropolis-Hastings algorithm. *The American Statistician*, **49**, 327–335.
Chib, S. and Jeliazkov, I. (2001). Marginal likelihood from the Metropolis-Hastings output. *Journal of the American Statistical Association*, **96**, 270–281.
Chib, S. and Jeliazkov, I. (2005). Accept-Reject Metropolis-Hastings sampling and marginal likelihood estimation. *Statistica Neerlandica*, **59**, 30–44.
Cowles, M. K. and Carlin, B. P. (1996). Markov chain Monte Carlo convergence diagnostics: A comparative review. *Journal of the American Statistical Association*, **91**, 883–904.
Cowles, M. K., Roberts, G. O. and Rosenthal, J. S. (1999). Possible bias induced by MCMC convergence diagnostics. *Journal of Statistical Computation and Simulation*,

64, 87–104.

Doornik, J. A. (2002). *Object-Oriented Matrix Programming Using Ox*, 3rd edition. Timberlake Consultants Press, Oxford: www.nuff.ox.ac.uk/Users/Doornik.

Fishman, G. (1996). *Monte Carlo*. Springer, New York.

Frühwirth-Schnatter, S. (2004). Estimating marginal likelihoods for mixture and Markov switching models using bridge sampling techniques. *The Econometrics Journal*, **7**, 143–167.

Frühwirth-Schnatter, S. (2006). *Finite Mixture and Markov Switching Models*. Springer.

Gamerman, D. and Lopes, H. F. (2006). *Markov Chain Monte Carlo: Stochastic Simulation for Bayesian Inference*, 2nd edition. Chapman & Hall, London.

Gelfand, A. E. and Dey, D. K. (1994). Bayesian model choice: Asymptotics and exact calculations. *Journal of the Royal Statistical Society*, Ser. B **56**, 501–514.

Gelfand, A. E. and Smith, A. F. M. (1990). Sampling-based approaches to calculating marginal densities. *Journal of the American Statistical Association*, **85**, 398–409.

Gelman, A. (1996). Inference and monitoring convergence. In Gilks, W. R., Richardson, S. T. and Spiegelhalter, D. J. (eds.) *Markov chain Monte Carlo in Practice*. Chapman & Hall, London, pp.131–143.

Gelman, A., Carlin, J. B., Stern, H. S. and Rubin, D. B. (2003). *Bayesian Data Analysis*, 2nd edition. Chapman & Hall, London.

Gelman, A. and Meng, X. -L. (1998). Simulating normalizing constants: From importance sampling to bridge sampling to path sampling. *Statistical Science*, **13**, 163–185.

Gelman, A., Roberts, G. O. and Gilks, W. R. (1996). Efficient Metropolis jumping rules. In Bernardo, J. M., Berger, J. O., Dawid, A. P. and Smith, A. F. M. (eds.) *Bayesian Statistics*, Vol. 5. Oxford University Press, Oxford, pp.599–608.

Gelman, A. and Rubin, D. B. (1992). Inference from iterative simulation using multiple sequences (with discussion). *Statistical Science*, **7**, 457–511.

Geman, S. and Geman, D. (1984). Stochastic relaxation, Gibbs distributions and the Bayesian restoration of images. *Institute of Electrical and Electronics Engineers, Transactions on Pattern Analysis and Machine Intelligence*, **6**, 721–741.

Geweke, J. (1989). Bayesian inference in econometric models using Monte Carlo integration. *Econometrica*, **57**, 1317–1339.

Geweke, J. (1992). Evaluating the accuracy of sampling-based approaches to the calculation of posterior moments. In Bernardo, J. M., Berger, J. O., Dawid, A. P. and Smith, A. F. M. (eds.) *Bayesian Statistics*, Vol. 4. Oxford University Press, Oxford, pp.169–188.

Geweke, J. (2004). Getting it right: Joint distribution tests of posterior simulators. *Journal of the American Statistical Association*, **99**, 799–804.

Geweke, J. (2005). *Contemporary Bayesian Econometrics and Statistics*. Wiley-Interscience, New York.

Gilks, W. R., Richardson, S. and Spiegelhalter, D. J. (1996). *Markov Chain Monte Carlo in Practice*. Chapman & Hall, London.

Greene, W. H. (2007). *Econometric Analysis*, 6th edition. Prentice-Hall, New Jersey.

Han, C. and Carlin, P. C. (2001). Markov chain Monte Carlo methods for computing Bayes factors: A comparative review. *Journal of the American Statistical Association*, **96**, 1122–1132.

Hastings, W. K. (1970). Monte Calro sampling methods using Markov chains and their applications. *Biometrika*, **57**, 97–109.

伊庭 幸人 (1996). マルコフ連鎖モンテカルロ法とその統計学への応用. 統計数理, **44**, 49–84.

伊庭 幸人・種村 正美・大森 裕浩・和合 肇・佐藤 整尚・高橋 明彦 (2005). 計算統計 II ——マルコフ連鎖モンテカルロ法とその周辺. 岩波書店.

Ibrahim, J. G., Chen, M. -H. and Sinha, D. (2001). *Bayesian Survival Analysis*. Springer, New York.

Jeffreys, H. (1961). *Theory of Probability*, 3rd edition. Oxford University Press, Oxford.

Johnson, V. E. and Albert, J. H. (1999). *Ordinal Data Modeling*. Springer, New York.

Kass, R. E., Carlin, B. P., Gelman, A. and Neal, R. (1998). Bayes factors. *The American Statistician*, **52**, 93–100.

Kass, R. E. and Raftery, A. E. (1995). Markov chain Monte Carlo in practice: A round table discussion. *Journal of the American Statistical Association*, **90**, 773–795.

小西 貞則・北川 源四郎 (2004). 情報量規準. 朝倉書店.

Koop, G. (2003). *Bayesian Econometrics*. Wiley-Interscience, New York.

Koop, G., Poirier, D. J. and Tobias, J. L. (2007). *Bayesian Econometric Methods*. Cambridge University Press, New York.

Lancaster, T. (2004). *An Introduction to Modern Bayesian Econometrics*. Blackwell Publishers.

Lee, P. M. (2004). *Bayesian Statistics: An Introduction*, 3rd edition. Arnold Publishers.

Liu, J. S. (2001). *Monte Carlo Strategies in Scientific Computing*. Springer, New York.

Meng, X. -L. and Wong, W. H. (1996). Simulating ratios of normalizing constants via simple identity: A theoretical expolration. *Statistica Sinica*, **6**, 831–860.

Mengersen, K. L., Robert, C. P. and Guihenneuc-Jouyaux, C. (1999). MCMC convergence diagnostics: A review. In Bernardo, J. M., Berger, J. O., Dawid, A. P. and Smith, A. F. M. (eds.) *Bayesian Statistics*, Vol. 6. Oxford University Press, Oxford, pp.415–440.

Mengersen, K. L. and Tweedie, R. L. (1996). Rates of convergence of the Hastings and Metropolis algorithms. *The Annals of Statistics*, **24**, 101–121.

Metropolis, N., Rosenbluth, A. W., Rosenbluth, M. N., Teller, A. H. and Teller, E. (1953). Equations of state calculations by fast computing machines. *The Journal of Chemical Physics*, **21**, 1087–1091.

Müller, P. (1991). A generic approach to posterior integration and Gibbs sampling. Technical report #91-09, Institute of Statistics and Decision Sciences, Duke University.

Murdoch, D. J. and Green, P. J. (1998). Exact sampling for a continuous state. *Scandinavian Journal of Statistics*, **25**, 483–502.

中妻 照雄 (2004). ファイナンスのためのマルコフ連鎖モンテカルロ法. 三菱経済研究所.

中妻 照雄 (2007). 入門ベイズ統計学. 朝倉書店.

Newey, W. K. and West, K. D. (1987). A simpler positive semi-definite, heteroskedasticity and autocorrelation consistent covariance matrix. *Econometrica*, **55**, 703–708.

Newton, M. A. and Raftery, A. E. (1994). Approximate Bayesian inference with the weighted likelihood bootstrap. *Journal of the Royal Statistical Society*, Ser. B **56**, 3–26.

Nummelin, E. (1984). *General Irreducible Markov Chains and Nonnegative Operators*. Cambridge University Press, Cambridge.

大森 裕浩 (2001). マルコフ連鎖モンテカルロ法の最近の展開. 日本統計学会誌, **31**, 305–344.

Propp, J. G. and Wilson, D. B. (1996). Exact sampling with coupled Markov chains and applications to statistical mechanics. *Random Structures and Algorithms*, **9**, 223–252.

Raftery, A. E. (1996). Hypothesis testing and model selection. In Gilks, W. R., Richardson, S. T. and Spiegelhalter, D. J. (eds.) *Markov chain Monte Carlo in Practice*. Chapman & Hall, London, pp.165–187.

Raftery, A. E. and Lewis, S. (1992). How many iterations in the Gibbs sampler? In Bernardo, J. M., Berger, J. O., Dawid, A. P. and Smith, A. F. M. (eds.) *Bayesian Statistics*, Vol. 4. Oxford University Press, Oxford, pp.763–773.

Raftery, A. E. and Lewis, S. (1996). Implementing MCMC. In Gilks, W. R., Richardson, S. T. and Spiegelhalter, D. J. (eds.) *Markov chain Monte Carlo in Practice*. Chapman & Hall, London, pp.115–130.

Ripley, B. D. (1987). *Stochastic Simulation*. Wiley, New York.

Robert, C. P. (2001). *The Bayesian Choice: A Decision-Theoretic Motivation*, 2nd edition. Springer, New York.

Robert, C. P. and Casella, G. (2004). *Monte Carlo Statistical Methods*, 2nd edition. Springer, New York.

Roberts, G. O., Gelman, A. and Gilks, W. R. (1997). Weak convergence and optimal scaling of random walk Metropolis algorithms. *The Annals of Applied Probability*, **7**, 110–120.

Roberts, G. O. and Smith, A. F. M. (1994). Simple conditions for the convergence of the Gibbs sampler and Metropolis-Hastings algorithms. *Stochastic Processes and Their Applications*, **49**, 207–216.

Roberts, G. O. and Tweedie, R. L. (1996). Exponential convergence of Langevin distributions and their discrete approximations. *Bernoulli*, **2**, 341–363.

Rossi, P. E., Allenby, G. M. and McCulloch, R. (2006). *Bayesian Statistics and Marketing*. Wiley.

Rubin, D. B. (1987). Comment on "The calculation of posterior distributions by data augmentation" by Tanner, M. A. and Wong, W. H. *Journal of the American Statistical Association*, **82**, 543–546.

繁桝 算男 (1985). ベイズ統計学入門. 東京大学出版会.

Smith, A. F. M. and Gelfand, A. E. (1992). Bayesian statistics without tears. *The American Statistican*, **46**, 84–88.

Sorensen, D. and Gianola, D. (2002). *Likelihood, Bayesian and MCMC Methods in Quantitative Genetics*. Springer, New York.

Spiegelhalter, D. J., Best, N. G., Carlin, B. P. and van der Linde, A. (2002). Bayesian measures of model complexity and fit. *Journal of the Royal Statistical Society*, Ser. B **64**, 583–639.

鈴木 雪夫 (1987). 統計学. 朝倉書店.
Tierney, L. (1994). Markov chains for exploring posterior distributions. *The Annals of Statistics*, **22**, 1701–1762.
和合 肇 (1998). ベイズ計量経済分析における最近の発展. 日本統計学会誌, **28**, 253–305.
和合 肇 編 (2005). ベイズ計量経済分析. 東洋経済新報社.
和合 肇・大森 裕浩 (2005). 計量経済分析へのベイズ統計学の応用. 和合 肇 編. ベイズ計量経済分析. 東洋経済新報社, pp.1–37.
渡部 洋 (1999). ベイズ統計学入門. 福村出版.
渡部 敏明 (2000). ボラティリティ変動モデル. 朝倉書店.
Zellner, A. (1971). *An Introduction to Bayesian Inference in Econometrics*. Wiley-Interscience, New York.

索　　引

ア　行

鞍点　74, 118

EM アルゴリズム　75
イェンゼンの不等式　114
ECM アルゴリズム　131
ECME アルゴリズム　131
E ステップ　77
1 次の精度　41
1 ステップ・ニュートン・ラフソン法　105
一様分布　111
一般化 EM アルゴリズム　104
遺伝子　83
遺伝的連鎖　82, 109, 125
遺伝モデル　134

AR–MH アルゴリズム　183–185, 205–206
影響関数　37
AECM アルゴリズム　133
AML　95
エイトケンの加速法　129
SEM アルゴリズム　125
SAGE アルゴリズム　133
エッジワース展開　22
ABC 信頼区間　38
MH アルゴリズム　175–187, 203–204
MCEM アルゴリズム　134
MCMC 法　136
M ステップ　77, 78
L 分割交差検証法　48

オーダー　74

カ　行

回帰構造　96
回帰パラメータ　96
回帰分析　54, 97
回帰モデル　25
カイ 2 乗分布　73, 161
確率関数　5, 71
確率分布関数　5
確率密度関数　5
確率有界　24
加速項　37
加速法　126
稼動検査期間　189
カルバック・ライブラー情報量　56, 61
完全データ　75
観測情報　72
観測情報行列　72, 75
ガンマ関数　147
ガンマ分布　147

棄却サンプリング　159
擬似的な完全データ　76
擬似ニュートン法　130
基準化定数　147
期待値　6
　欠測の──　76
ギブス・サンプラー　165–175, 186, 201–203
ギブス・サンプリング　136
逆ガンマ分布　148
急性骨髄性白血病　95

共役勾配法　130
共役分布　110
曲指数分布族　117
局所最小点　74, 115
局所最適解　104, 115, 118
均衡分布　188
近似精度の評価　38

経験影響関数　37
経験分布関数　6
経験尤度法　62
計数データ　134
系列の加速　78
欠測　75
欠測情報　121, 122, 124
欠測情報原理　122, 128
欠損　75

交差検証法　48, 55
勾配　73
効率的ブートストラップシミュレーション　24
誤差　96
コーニッシュ・フィッシャー逆展開　23
固有値　127
コレログラム　192
混合化　89
混合比率　88
混合分布　88
コンパクト　116, 119

サ　行

最高事後密度区間　154
最小2乗法　26
最頻値　108, 119, 134
最尤推定値　71
最尤推定量　71
最尤法　71, 75
残差平方和　54
サンプリング/重点リサンプリング法　161–162
サンプリングの効率性の診断　192–195

GEM アルゴリズム　104

自己一致性　115
事後確率　46
事後確率密度関数　147, 153
事後シミュレーション比較　196–198
事後分布　108, 134, 147
事後平均　154
事後予測分析　156–157, 173–174
指示確率変数　90
指示変数　90, 96, 97
指数分布　148
指数分布族　102, 117, 124
事前確率　46
事前確率密度関数　146
自然共役事前分布　148–151
事前分布　108, 146
ジャックナイフ影響関数　37
ジャックナイフ法　35
収束条件　78
収束の速さ　74
収束判定　189–192
収束率　126
重点サンプリング　63
重点サンプリング法　163–164, 199–200
十分統計量　102, 125
周辺尤度　155–156, 199–212
　　——の恒等式　200
受容–棄却法　159–161, 183
条件付期待値　77
条件付分布　78
条件付密度　90
詳細釣合方程式　176
情報　72, 83, 122
情報行列　72, 75
情報量規準　57
初期値　81, 85, 94, 101, 118
信用区間　154
信用係数　154
信用領域　154

推移核　175, 187
推定量
　　——の確率分布　15

——のバイアス　12
　　　——の標準誤差　12
　　　——の分散　12
酔歩過程　177
酔歩連鎖 MH アルゴリズム　177–181
数値計算　73, 104
数値的な標準誤差　202
スコア　73
スコア関数　73, 87, 121, 123
スコア検定統計量　73
スチューデント化された統計量　33
スペクトル密度　191

正規化定数　147
正規化変換　38
正規混合分布　128
正規分布　79, 149
正規乱数　9
正準型　102, 117, 125
正則条件　70, 72, 74, 116, 118, 119
生存時間　96, 134
正定値　74, 107
説明変数　96
漸近正規性　39, 72
漸近的一致性　40
漸近特性　72
漸近分散　123
線形回帰モデル　27
線形判別関数　45
潜在構造分析　128

タ　行

大域的最適解　104, 115, 118
大域的収束　130
大域的収束速度　127
対数正規分布　97, 148
対数尤度　57, 72
多群線形判別法　46
多項分布　82, 109
多次元確率分布　11
多次元正規分布　46
多重代入　135

多重連鎖　166
多対 1 写像　75, 107
脱落　95
多変量平均ベクトルの滑らかな関数　43
単位行列　106, 127
単一連鎖　166
単回帰　95
単調増加　105, 107, 113
単峰　114, 120

中央値　94
中途打ち切り　95

追補 EM アルゴリズム　125

DIC　158
提案分布　178, 182, 183
提案密度　175, 205
定義関数　7, 18
定常分布　188
t 分布　179
停留点　114, 120
データ拡大アルゴリズム　135
テーラー展開　73, 105
デルタ関数　37
点・集合写像　117

統計的汎関数　14
統計モデル　56
同時密度　89
独立連鎖 MH アルゴリズム　181–183
凸包　133

ナ　行

内点　116

2 項分布　84
2 次形式　106
2 次収束　74, 86, 130
2 次の正確さ　42
2 次の精度　41
2 次判別法　46

2次方程式　83
二段階ブートストラップ法　35
ニュートン・ラフソン法　73, 86, 97, 105, 130

ノンパラメトリック傾斜法　61

ハ行

バイアス　101
バイアス修正項　37, 38
π-既約　188
ハイパー・パラメータ　111
ハイブリッド法　130
ハザード関数　99
パーセンタイル法　33
パーセント点　15
発現確率　83
発現系　83
罰則付最尤法　109
バッチ平均　191
パラメータ空間　75
パラメータ推定値の系列　76, 116, 119
パラメータの更新式　85, 100, 103–105
パラメトリックブートストラップ法　19, 20
反復抽出の回数　13, 17
判別・識別　45

PMDA1　136
非効率性因子　193
BC_a 信頼区間　37
　——の近似精度　43
BC_a 法　36
非周期的　188
B-スプライン回帰モデル　29
B-スプライン基底関数　30
非負定値　75
微分幾何学　119
標準誤差　101, 122
標本空間
　完全な観測の——　75
　観測データの——　75
　欠測データの——　75
標本経路　189

標本自己相関関数　192
標本相関係数　22, 40
標本分散共分散行列　22
標本平均　20, 39
標本平均ベクトル　22

poor man's data augmentation アルゴリズム1　136
フィッシャー情報行列　72, 74
フィッシャー情報量　151
フィッシャーのスコア法　74, 86, 97
不完全データを補完　76
不完全な観測　75
復元抽出　10
ブートストラップ-t 信頼区間　34
ブートストラップ-t 法　33
　——の近似精度　42
ブートストラップアルゴリズム　12, 16
ブートストラップ上側信頼限界　23
ブートストラップ情報量規準　56, 59
ブートストラップ信頼区間　17, 33
　——の近似精度　41
ブートストラップ信頼限界　22
ブートストラップ推定値　13, 16
ブートストラップ選択確率　53
ブートストラップバイアス推定　49, 55, 58
ブートストラップ標本　9, 12
ブートストラップ分布の近似精度　39
ブートストラップ法　1, 9, 11, 125
ブートストラップ予測誤差推定　48
部分母集団　89
不偏分散　93
不変分布　175, 187
分位数　192
分割表解析　128
分散共分散行列の推定値　75
分散推定量　93
分散成分　128

閉　117
平滑化ブートストラップ法　60
平均対数尤度　57

索引

ベイズ 108
　——の定理 145–148
ベイズ推測 108, 134
ベイズ・ファクター 155–156
ヘシアン 74
ベータ分布 110
偏回帰係数 96
変数選択 52

ポアソン分布 147
母集団 89
母数 71

マ 行

マルコフ連鎖 187
マルコフ連鎖・モンテカルロ法 136

見かけ上の誤判別率 47
右側中途打ち切り 95
密度関数 71

無作為抽出 89
無作為標本 79
無情報事前分布 111, 151–153

メトロポリス–ヘイスティングス・アルゴリズム 175–187, 203–204

モード 108
モンテカルロ積分 134, 135, 162–164, 199–200
モンテカルロ法 9

ヤ 行

有界 114, 116
有効標本数 194
尤度 71, 113
　——の系列 116, 119
尤度関数 71, 146
尤度原理 72, 104
尤度比検定統計量 73
尤度方程式 73, 80, 83, 86, 89, 92, 103

予後因子 96
予測確率密度関数 155, 168
予測誤差 45, 47
予測誤差推定 45
予測2乗誤差 54
予測分布 155, 168

ラ 行

ラプラス展開 134
乱数生成 125

リッジ回帰 109

0.632 推定量 50
連結 119
連鎖データ拡大アルゴリズム 136
連続 117

ワ 行

ワルド検定 73

MEMO

著者略歴

小西貞則〔第Ⅰ部担当〕
- 1948年 岡山県に生まれる
- 1975年 広島大学大学院理学研究科博士課程中退
- 現在 九州大学大学院数理学研究院教授
  理学博士

越智義道〔第Ⅱ部担当〕
- 1956年 広島県に生まれる
- 1983年 ワシントン大学大学院生物統計学科 Ph.D. コース修了
- 現在 大分大学工学部教授
  Ph.D.

大森裕浩〔第Ⅲ部担当〕
- 1961年 東京都に生まれる
- 1992年 ウィスコンシン大学マディソン校大学院統計学部 Ph.D. コース修了
- 現在 東京大学大学院経済学研究科准教授
  Ph.D.

〈予測と発見の科学〉5

計算統計学の方法
——ブートストラップ・EMアルゴリズム・MCMC——

定価はカバーに表示

2008年3月25日 初版第1刷
2024年3月25日 第13刷

著者	小西貞則
	越智義道
	大森裕浩
発行者	朝倉誠造
発行所	株式会社 朝倉書店

東京都新宿区新小川町6-29
郵便番号 162-8707
電話 03(3260)0141
FAX 03(3260)0180
https://www.asakura.co.jp

〈検印省略〉

© 2008〈無断複写・転載を禁ず〉　印刷・製本 デジタルパブリッシングサービス

ISBN 978-4-254-12785-0 C3341　Printed in Japan

JCOPY 〈出版者著作権管理機構 委託出版物〉

本書の無断複写は著作権法上での例外を除き禁じられています。複写される場合は、そのつど事前に、出版者著作権管理機構(電話 03-5244-5088, FAX 03-5244-5089, e-mail: info@jcopy.or.jp)の許諾を得てください。

好評の事典・辞典・ハンドブック

数学オリンピック事典	野口　廣 監修	B5判 864頁
コンピュータ代数ハンドブック	山本　慎ほか 訳	A5判 1040頁
和算の事典	山司勝則ほか 編	A5判 544頁
朝倉 数学ハンドブック［基礎編］	飯高　茂ほか 編	A5判 816頁
数学定数事典	一松　信 監訳	A5判 608頁
素数全書	和田秀男 監訳	A5判 640頁
数論＜未解決問題＞の事典	金光　滋 訳	A5判 448頁
数理統計学ハンドブック	豊田秀樹 監訳	A5判 784頁
統計データ科学事典	杉山高一ほか 編	B5判 788頁
統計分布ハンドブック（増補版）	蓑谷千凰彦 著	A5判 864頁
複雑系の事典	複雑系の事典編集委員会 編	A5判 448頁
医学統計学ハンドブック	宮原英夫ほか 編	A5判 720頁
応用数理計画ハンドブック	久保幹雄ほか 編	A5判 1376頁
医学統計学の事典	丹後俊郎ほか 編	A5判 472頁
現代物理数学ハンドブック	新井朝雄 著	A5判 736頁
図説ウェーブレット変換ハンドブック	新　誠一ほか 監訳	A5判 408頁
生産管理の事典	圓川隆夫ほか 編	B5判 752頁
サプライ・チェイン最適化ハンドブック	久保幹雄 著	B5判 520頁
計量経済学ハンドブック	蓑谷千凰彦ほか 編	A5判 1048頁
金融工学事典	木島正明ほか 編	A5判 1028頁
応用計量経済学ハンドブック	蓑谷千凰彦ほか 編	A5判 672頁

価格・概要等は小社ホームページをご覧ください．